気候変動適応に向けた地域政策と社会実装

田中　充・馬場健司　編著

技報堂出版

はじめに ― 適応策の社会実装化に向けて

近年の地球温暖化の進行とその深刻な影響が拡大するなかで、気候変動への関心は急速に高まっています。国際社会では２０５０年の二酸化炭素排出実質ゼロに向けた合意が広がり、各国は２０３０年の意欲的な数値目標を打ち出している状況です。地域においても、多くの自治体が「気候非常事態宣言」などを発出して総力で気候変動対策を進める決意を表明しています。

こうした気候変動の原因である温室効果ガスの大気中濃度を抑制する緩和策は、国際社会が一丸となって長期にわたり取り組むことが必要です。他方で、いま地域で多発している熱中症、各地で猛威を振るう豪雨災害、激しい気象変化による農業被害など拡大する気候変動被害への備え、すなわち「適応」は、地域が自らの足元から緊急に、かつ将来を見すえた中長期的な観点から具体的な対応が求められる課題となっています。

２０１８年６月制定の気候変動適応法を受けて、国内では体系的な適応策の取組みが始まりました。政府は同法に基づく適応計画を制定し、気候変動影響の現状や将来の予測結果等を取りまとめた報告書を公表しています。また、全国の地方自治体では、同法の規定に基づき、地域適応計画や地域適応方針の形式により自ら取り組む適応の考え方と施策体系を策定したり、環境基本計画や温暖化対策実行計画区域施策編の改定にあわせて計画中に適応施策の枠組みを位置づけたり、さまざまな工夫で気候変動影響への適応を本格化させています。

先進自治体では、水害や熱中症などの気候変動被害が住民や事業者に顕在化している現状を踏まえ、住民らが参加する意識啓発事業や行動メニューの作成などを展開し、地域を巻き込む手法で適応策の「社会化」（適応策を社会全体に広める）を積極的に進めている事例もみられます。

地域における気候変動影響の把握と適応策の推進は、先行者が着手する導入期から、多くの関係者に広がる成長期・拡大期へと移行している段階です。しかし、そこには気候変動と適応策に内在する特有の難しい課題があります。例えば、将来の気候変動影響を予測する科学的知見をいかにして現在の課題への対応に力点を置く行政施策に組み込むか（科学的知見の活用）、気候変動データや適応策情報を収集分析・発信する役割を担う地域適応センターを政策面や啓発面からどのように機能を発揮させるか（適応センターの機能化）、気候変動への適応策の範囲が社会の幅広い分野に及ぶなかで関係部局の連携をいかに強めるか（部局間の連携強化）、気候変動影響の被害者となる住民がその影響を回避する行動を広げるためにはどのような方策が効果的か（住民の適応行動の展開）などが挙げられます。

いま地域では、気候変動問題に伴うこれらの課題を解決し、地域特性に基づく適応策を実践していくことが求められています。そこで本書は、気候変動影響の把握や適応の取組みを、社会への展開と実装化を図る手法である「社会技術」の概念に包含して、具体的な考え方と枠組み、地域での実践例を紹介し、そうした社会技術が地域に定着することを願って執筆したものです。本書を活用することにより、地域に根ざした実効ある適応策の立案・推進が期待されます。

本書が、地方自治体の行政職員はもとより、気候変動と適応策の研究等に携わる研究者・専門家の方々、地域で活動するＮＰＯや市民の皆さんなど、幅広い関係者に手に取っていただくことを心より念願しています。

執筆者を代表して　田中　充

目次

第1部

気候変動影響と適応をめぐる政策と技術の動向

第1章

気候変動適応法と自治体の役割

1・1 気候変動適応法と地方自治体

●適応法の制定の経緯

2015年12月のパリ協定では、産業革命以前からの気温上昇を2度未満に抑えるとする温暖化対策の長期目標が掲げられ、2050年までに世界の温室効果ガス排出量を実質ゼロにする緩和策の方向性が確認されました。加えて、適応の長期目標として「気候変動の負の影響に適応し、気候への強靭性を促進する能力を向上させる」ことが合意されています。

これを受けて日本では、従来の地球温暖化対策推進法（1998年制定）が緩和策中心の体系であることを踏まえ、気候変動影響への適応の取組みを総合的に推進するため、2018年6月、本文20条で構成される気候変動適応法（以下「適応法」という）が国会で可決・公布され、同年12月に施行されました。

●適応法の概要と地方自治体の役割

適応法の概要を**図1**に示します。本法では、気候変動の基礎的な概念について次のように規定しています。まず「気候変動影響」とは、気候変動に起因して人の健康または生活環境の悪化、生物の多様性の低下その他の社会、経済または自然環境において生ず

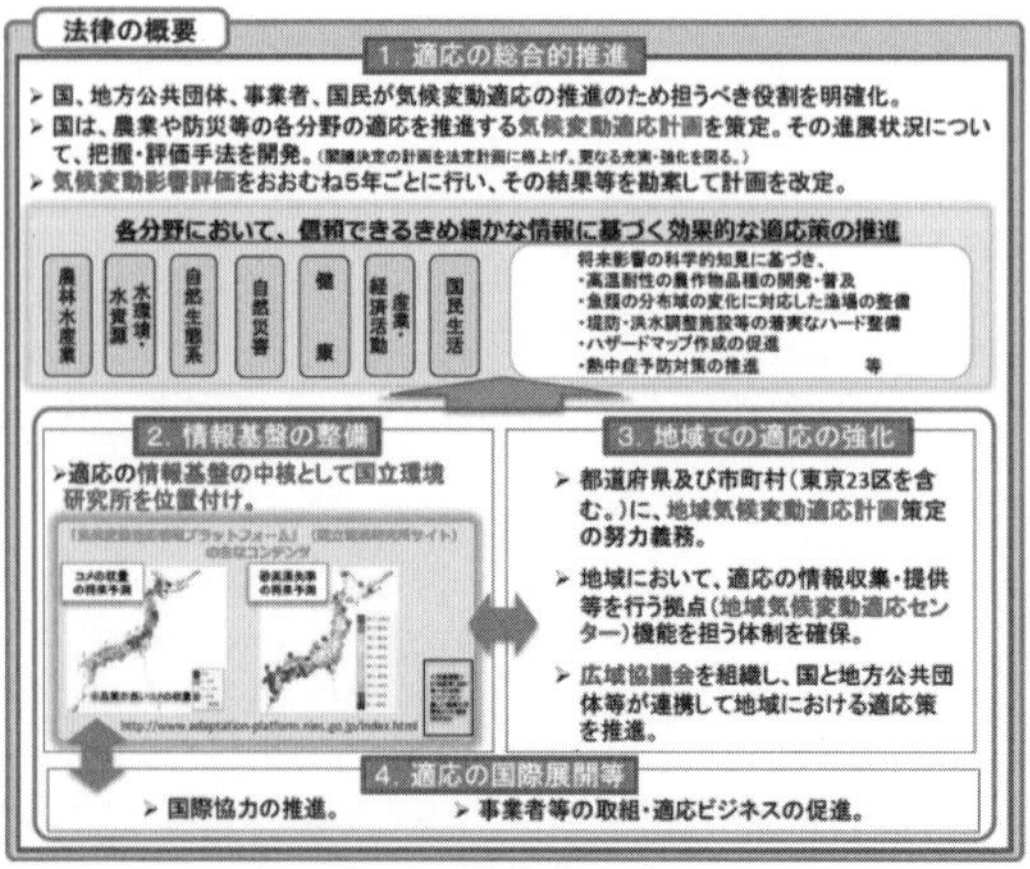

図1　気候変動適応法の概要（出典：文献（1）に加筆）

る影響を指しています。また「気候変動適応」とは、気候変動影響に対応してこれによる被害の防止または軽減その他生活の安定、社会もしくは経済の健全な発展または自然環境の保全を図ることを意味します。さらに、国や地方自治体、事業者、国民の役割について規定し、地方自治体には「区域の状況に応じた気候変動適応に関する施策の推進」と、「事業者等の気候変動適応を促進するための情報の提供」などについて明記しています。

このような責務規定のもと、適応法において具体的に地方自治体に求められる取組みとして地域適応計画の策定と地域気候変動適応センターの設置があります。

適応法第12条では、都道府県および市区町村は、単独または共同で区域の状況に応じた「地域気候変動適応計画」を策定する努力義務を定めています。適応法に基づく政府の気候変動適応計画は２０１８年11月に策定されており、地方自治体はこうした政府の適応計画の内容などを参考として策定することが求められます。２０２１年６月現在、全国では89自治体が地域適応計画を策定*していますが、適応計画として単独で策定している例は少なく、その多くが既存の環境基本計画や温暖化対策実行計画などに適応の章を設けて、これを法に基づく適応計画として位置づけています。

適応法第13条では、都道府県および市区町村は、地域における気候変動影響や適応策などに関する情報の収集・整理・分析や情報提供、普及啓発などの拠点となる「地域気候変動適応センター」を確保するよう努めるとしています。地域気候変動適応センターは、都道府県および市区町村が単独で、または共同で設置することができ、２０２１年７月現在、全国で43自治体においてセンター(2)が設置されています。

（田中　充）

＊「気候変動適応情報プラットフォーム」の調査では、適応法第12条の地域気候変動適応計画として位置づけている計画は、２０２１年６月現在89自治体が策定済みです。ただし、この数は自治体が適応法に基づく計画と明記している計画数です。すでに策定済みの地域温暖化対策実行計画などに適応策を位置づけている自治体数は相当数に上っています。

1・2 社会実装の考え方と社会技術の見取り図

本書では、社会実装を以下の4段階で捉えています（**図2**）。この考え方は、2015～2019年度に実施された文部科学省の気候変動適応技術社会実装プログラム（SI-CAT）*に、筆者らが「社会実装機関」のメンバーとして参画した際にベースとしたものです。「技術開発機関」には、海洋研究開発機構や国立環境研究所を中心として全国から多くの大学、研究機関が参画して、気候変動科学や適応技術の成果を創出しました。また、その成果の実装先としていくつかの「モデル自治体」等も参画しました（主に第2章で紹介のある各地の気候変動地域適応センターです）。

（1）気候変動科学の知見や開発された適応技術の社会実装は、国の大型研究プロジェクトなどによる技術開発・技術革新を契機に始まります（A：技術革新）。（2）開発された技術は、政策に組み込まれ政策変容・政策革新を引き起こします（B：政策変容）。以上の二つの過程と到達点が、政策実装と呼ばれるプロセスになります。そして（3）技術が実装された新たな政策の実施は、社会制度の変化（社会変容）をもたらし、住民の意識や活動様式を支える社会制度、企業活動に関係する諸制度が変化します（C：社会制度変容）。（4）技術変容、政策変容、社会制度変容の最終的なゴールとして社会のハード・ソフト面全体が気候変動に適応する社会へと変化し、適応社会が実現します（D：社会変革）。

ここでは、政策実装を受けて（3）と（4）を実現するプロセスを「社会実装」とし、

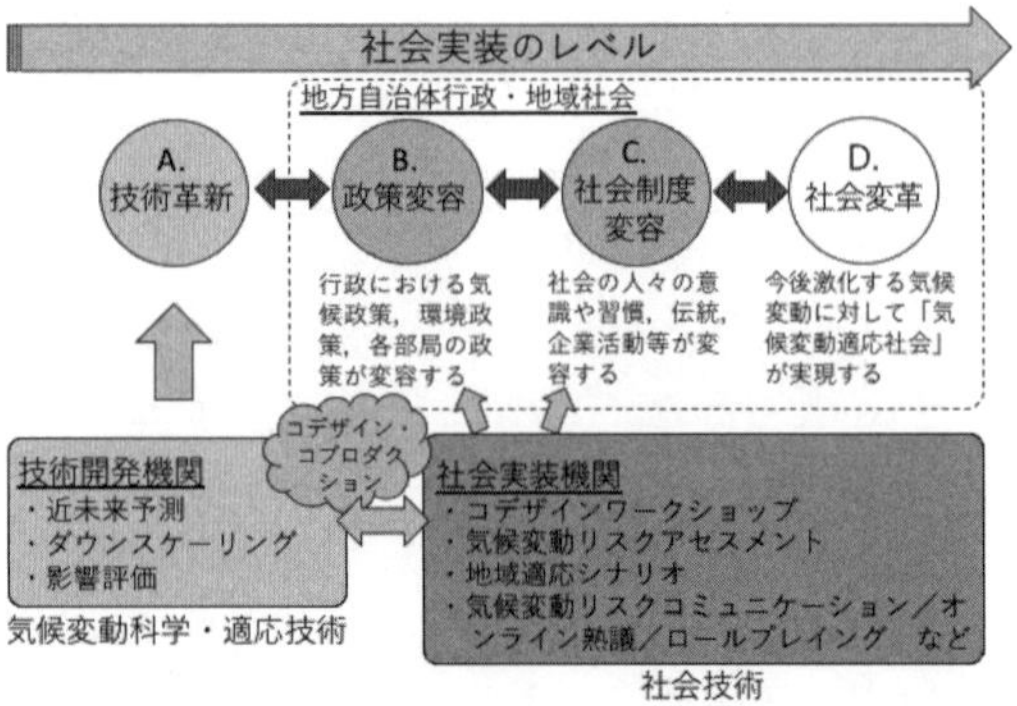

図2　気候変動科学・適応技術の社会実装に係わる考え方

＊SI-CATで生み出された科学的知見は、本書の姉妹編である次の書籍にまとめられています。
SI-CATガイドブック編集委員会編『気候変動適応技術の社会実装ガイドブック』技報堂出版、2020

またより広義の「社会実装」として（1）から（4）に至る全体プロセスを指すとしています。すなわち「社会実装」とはAからBへ、そして可能な範囲でCを実現することを意図しています。

自治体政策への具体的な実装プロセスについては、大別して、（a）メインストリーム化、（b）個別施策・事業への組み込み、という二つの課題が存在すると仮定しています。（a）メインストリーム化とは、自治体政策の総体に気候変動影響評価と適応の視点や方針を組み込むことであり、具体的には、行政計画の中で最も包括的かつ長期的である基本構想・基本計画（総合計画）の策定に際し、そのような視点や方針を組み込むことを想定しています。（b）個別施策・事業への組み込みとは、例えば農業分野では、高気温耐用品種の開発など、既存施策で適応策とみなされうる「潜在的適応策」は実施されており、さらに新たな科学的知見を基に、一層の掘り込みや新規分野の展開を図るなどの「追加的適応策」を立案していくことを想定しています。自然環境・生態系保全、農業分野、防災・水災害防止、水環境、健康（熱環境、感染症）などの各分野での追加的適応策については、各種プロジェクトで開発される新たな技術が、これをさらに促進・拡大、補強する役割を果たし、政策実装の一部を実現することが期待されます。

しかしながら、自治体の「政策変容」が実効性の高い形で進められ、「社会制度変容」に至るまでの広義の「社会実装」が実現するためには、単純に各種プロジェクトで開発される科学的知見を一方的に提供するだけでは十分ではありません。例えば、ステークホルダーや一般市民との合意形成やリスクコミュニケーション、長期を見据えた計画策定手法などといった多様な「社会技術」の活用が必要です。このような考え方に基づき、第2部において、さまざまな社会実装のための手法を章ごとに紹介していきます。庁内外との調整や計画策定支援を意図したコデザインワークショップや気候変動リスクアセスメント、地域社会やステークホルダーとのコミュニケーションの支援を意図した地域適応シナリオづくりやオンライン熟議、そして気候変動の地元学などを取り上げます。

（馬場健司・田中　充）

１・３　国内自治体の動向と適応計画の概要

●はじめに

気候変動への適応は、その影響の幅広さから、環境省だけでなく、国土交通省や農林水産省でもそれぞれに気候変動適応計画を２０１５年に策定しています。２００８年に環境省が「気候変動への賢い適応」という各分野における影響と適応策の基本的な報告書を公表した同年に、国土交通省では社会資本整備審議会から「水災害分野における地球温暖化に伴う気候変化への適応策のあり方について」が答申されたり、農林水産省では「地球温暖化影響調査レポート」を毎年公表するようになったりと、いずれも２００８年ごろから取組みが活発になっています。

一方で気候変動の科学的知見については、気象庁が数年ごとに「温暖化予測情報」を発表していますが（最新刊は第9巻）、新たに２００９年には、環境省、文部科学省、気象庁により、気候変動の観測・予測および影響評価統合レポートが作成され、気候変動の現状と将来の予測および気候変動が及ぼす影響について体系だった情報が提供されました。この統合レポートは２０１３年に更新され、さらに、２０１５年3月には、政府の適応計画の策定に先立って、当時の最新の科学的知見として、「気候変動影響評価報告書」が中央環境審議会において取りまとめられました。そして、２０１８年には、環境省と文部科学省、気象庁に農林水産省、国土交通省も加わって、「気候変動の観測・

予測及び影響評価統合レポート２０１８」が作成されました。

　地方自治体は、これまで地球温暖化対策の推進に関する法律に基づいて、義務が課されている都道府県と政令指定都市などで、緩和策を中心とする地球温暖化対策実行計画の策定を行ってきました。適応計画については、政府の気候変動適応計画が閣議決定されて以降、各自治体において策定が加速しました。そのパターンには大別すると次の三つがあります。①方針や戦略などの独立した行政文書となっているもの、②地球温暖化対策実行計画の一部に含まれるもの、③環境基本計画の一部に含まれるもの、です。

　そして、地方自治体に地域気候変動適応計画策定の努力義務を課し、地域気候変動適応センターの設置を促す気候変動適応法が２０１８年12月に施行され、自治体での計画策定・改定に向けた動きは加速しています。法の施行以前の２０１６年、パリ協定や国の気候変動適応計画が閣議決定された直後の段階における各自治体での適応計画策定状況や策定に向けた促進・阻害要因などについては、各自治体の環境部局への質問紙調査（配布数：１５５、回収数：１２３、回収率：79・４％）や聞き取り調査結果を基に以下のように指摘されています[(3)]。すなわち、都道府県の23％、政令指定都市の44％が適応計画をまったく検討していない状況であったこと、また適応計画の検討・推進上、想定される課題として「行政内部の経験・専門性の蓄積不足」「行政内部での予算措置の困難・資源不足」「行政内部署間の職務分掌や優先度をめぐる認識の相違」が半分以上の自治体から、「科学的知見の行政ニーズとのミスマッチ」が２割程度の自治体から指摘されていることなどです。

　また、気候変動影響の分野と科学的データの使用については、各自治体における適応計画の詳細な文献調査より、影響評価で使用された科学的データとして、多くは

ＩＰＣＣの評価報告書や国の適応計画、気象庁の温暖化予測情報などからの引用が大半であり、より詳細な空間スケールについて推計されたものは極めて稀であったことが示されています(4)。

一方で、その後の気候変動適応関係の研究プロジェクトとして、文科省・気候変動適応技術社会実装プログラム（ＳＩ-ＣＡＴ）、文科省・統合的気候モデル高度化研究プログラム（ＴＯＵＧＯＵ）、環境省・地域適応コンソーシアム事業などが実施され、より詳細な空間スケールや近未来の時間スケールでの科学的知見が生み出されてきたところです。前述のように、適応計画の検討・推進上、想定される課題はさまざまあり、特に「科学的知見の行政ニーズとのミスマッチ」が、これらの科学的知見により解消され、今後の適応計画に活用（実装化）されていくのかを検証することは、適応計画の立案手法に係わる知見を蓄積するうえで重要です。また、このことは、予防原則に基づいた計画立案、科学的知見に基づく（エビデンスベース）政策形成の可能性を検証していく意味を持つと考えられます。そこで本節では、馬場ほか(5)を基に、全国の自治体における適応計画の動向や、科学的知見の実装化に焦点をあてながら経年的な変化を分析した結果、そして、地域気候変動適応センターが今後具備すべき機能について明らかにしていきます。

●データベースの集計にみる適応計画の深化

まず筆者らが構築してきた全国の都道府県および政令指定都市の適応計画データベース（ＤＢ）を更新し、２０１７年1月～２０１９年6月の間に策定・改定された適応計画（環境基本計画などを含む）を対象として、詳細な文献調査より、計画目標年、予測年、予測の範囲、対象とした影響分野、予測項目、科学的根拠などについて整理しました。

対象期間中に適応計画を策定・改定した自治体は全国で9団体（北海道、岩手県、宮城県、福井県、静岡県、愛知県、鹿児島県、名古屋市、大阪市）でした。そこで、気候変動影響や適応に係わる予測に対するニーズが策定・改定によって深化したと判断する基準として、①影響予測項目数、②予測の対象地域を設定し、これまでに構築されたものを旧ＤＢ、今回更新されたものを改訂版ＤＢとして比較した結果を**図３**に示します。①影響予測項目数については、計画の中で予測情報がいくつ活用されているかをカウントしたものであり、より多くの予測情報が活用されているほうが深化したと判断しています。また、②予測の対象地域については、予測情報の対象とする地域が世界／日本全国／当該地域のどれにあたるかを整理し、より詳細な空間スケールに焦点があてられている、つまり自地域に即した予測情報を活用しているほうが深化したと判断しています。なお、各自治体における①影響予測項目数については、対象地域が判断可能なものをカウントし、対象地域が不明なものや、世界を対象としたものなどは除外しています。以下、旧ＤＢから改訂版ＤＢを比較し、「当該地域の影響予測項目数の増分が10以上」であった自治体における変化の概要について示します。

北海道については、従前の「地球温暖化対策推進計画」においても北海道の予測情報が若干記述されていましたが、２０１８年に策定された「北

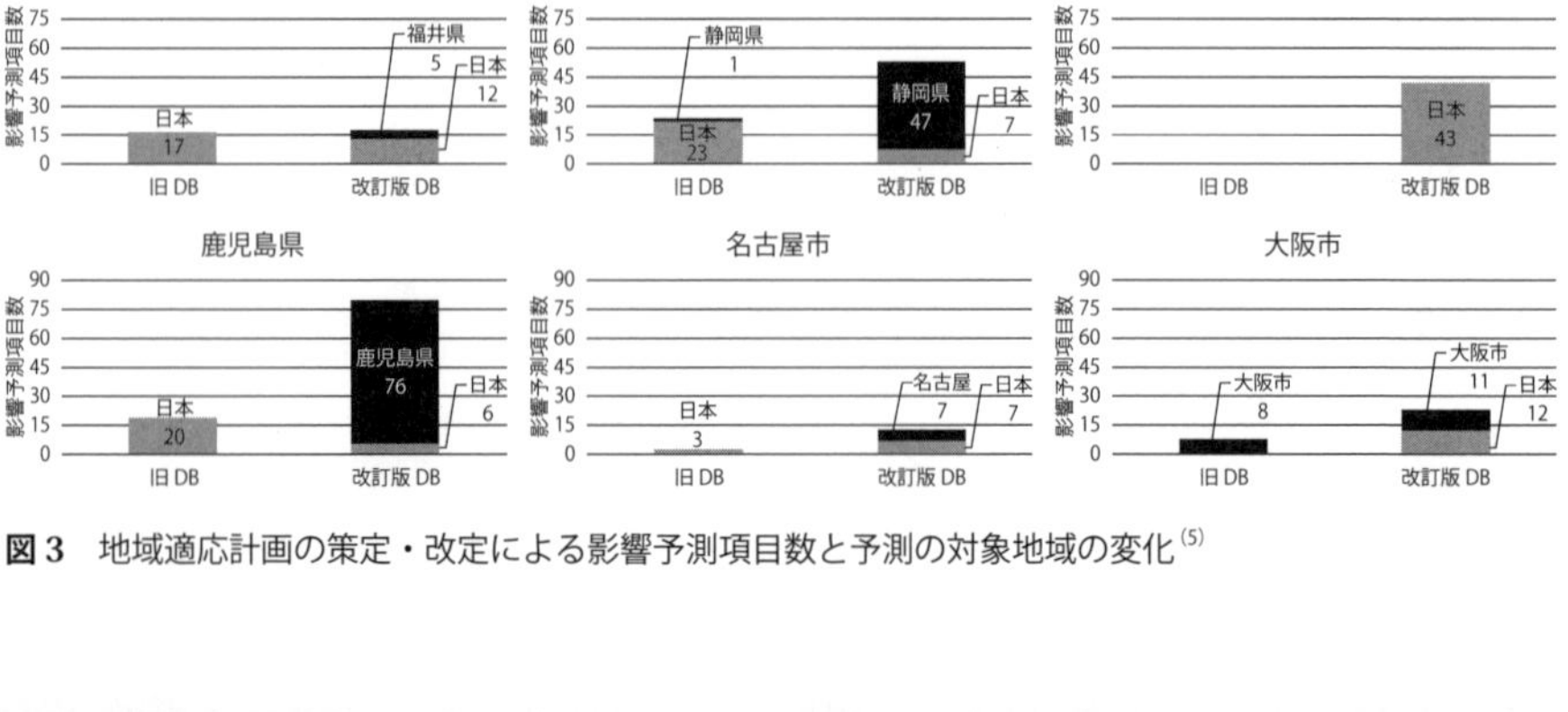

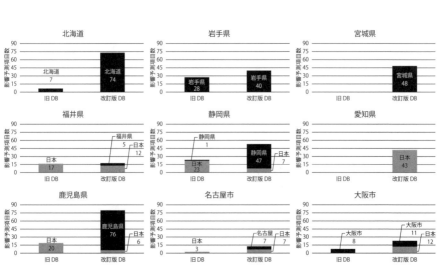

図３　地域適応計画の策定・改定による影響予測項目数と予測の対象地域の変化[5]

海道における気候変動の影響への適応方針」では、定性的な記述も多いものの、予測情報の記述が大幅に増えています。これは、札幌管区気象台の予測情報は従前からもあったものですが、北海道立総合研究機構農業試験場資料である『戦略研究「地球温暖化と生産構造の変化に対応できる北海道農林業の構築─気候変動が道内主要作物に及ぼす影響の予測─」成果集』からの引用が多くなったことが寄与しています。

岩手県については、従前の「地球温暖化対策実行計画」から２０１９年に策定された「岩手県気候変動適応策取組方針」において、盛岡地方気象台の予測情報は従前と大きく変わりませんが、環境省Ｓ‐８プロジェクトの影響予測結果の引用が増えている点が特徴となっています。これは国立環境研究所の気候変動適応情報プラットフォーム（Ａ‐ＰＬＡＴ）から、当該地域の情報を切り出すことができるようになった点が大きいと考えられます。従前の計画から当該地域についての影響予測項目数は多く、さらに項目数が増加しました。

宮城県については、２０１８年に策定された「宮城県地球温暖化対策実行計画」の一部に記述されたものが最初となり、一部にＡ‐ＰＬＡＴより環境省Ｓ‐８プロジェクトの影響予測結果（ＭＩＲＯＣ５での宮城県の将来（今世紀半ば、今世紀末の気候と影響予測結果）が引用されています。

静岡県については、従前の「ふじのくに地球温暖化対策実行計画」では、ほとんどが環境省の報告書や全国地球温暖化防止活動推進センターの全国的な情報の引用でしたが、２０１９年に策定された「静岡県の気候変動影響と適応取組方針」では、地域の詳細な予測情報の記述が大幅に増えています。東京管区気象台の予測情報に加えて、ほとんどが各分野の影響予測に係わる論文等の文献資料からの引用であり、環境省・地域適応コンソーシアム事業の調査結果も一部に含まれています。

鹿児島県については、従前の「鹿児島県地球温暖化対策実行計画」が２０１８年に改定され、静岡県と同様に、それまで全国的な情報の引用であったところから、地域の詳細な予測情報（南九州海洋水産研究集会など県独自の調査結果を中心としたもの）や福岡管区気象台の予測情報も用いられているようになっています。

●聞き取り調査による科学的知見に対するニーズ

表1は、これら5自治体における環境部局の担当者を対象として、２０１８年7～8月に行った聞き取り調査の結果の概要を示したものです。この表から横断的に読み取ることができる傾向は次のとおりです。
まず、計画策定の前提となる庁内体制については、調査対象の自治体だけでなく、どの自治体でも庁内横断的な組織を設定するのが通例であり、かつ各部局に温度差が存在することもたびたび指摘されており、今回の調査対象でも同様でした。しかしながら、気候変動適応法が施行され、気候変動影響が現れつつあるなど社会の状況が変化し、一定の認識の変化が各部局にも生じているケースが出始めています。一方で、環境部局からの働きかけには限界があり、各部局の関連省庁からの働きかけのほうが効果的であるとの見解も示されており、地域間、自治体間での温度差が依然としてあるともいえます。ただ、国土交通省が２０１９年10月に「気候変動を踏まえた治水計画に係る技術検討会」においてとりまとめられた「気候変動を踏まえた治水計画のあり方 提言」を踏まえて、気候変動による降雨量の増加を反映した治水対策に転換するための具体的な方策につい

て検討を速やかに進める方針を打ち出したり、農林水産省が２０２０年８月から一連の「農業生産における気候変動適応ガイド」を作成して地域の現場において具体的な適応策の進め方を提示したりするなど、各部局の関連省庁からの働きかけが変化していく予兆もみえはじめています。

次に、科学的知見の活用については、県単独予算を使ってまでは科学的知見を収集・創出しようとしなかったところ、県単独予算を使ってまで科学的知見を収集・創出しようとしたところ、国による事業への参加により一部分の科学的知見を得ようとしているとこ

表１　適応計画の深化した地方自治体における科学的知見に対するニーズなど

	北海道	岩手県	宮城県	静岡県	鹿児島県
庁内体制	・2016 年の台風による大きな被害は適応推進のトリガーになっている ・元来は緩和策検討のための「北海道地球温暖化対策推進本部」を活用して各施策分野への適応を進めている ・**抽出した項目について予測される影響や関連する施策をあげてほしい旨の照会を各部局**にしているが、温度差はあり、例えば農業は先行的に検討を進めている	・各部局担当者に気候変動影響に関する情報の整理を依頼しても温度差があり、関連する省庁から直接的に各部局に働きかけるる方法が有効ではないか ・各部局に問い合わせても、とりまとめ窓口が対応することとなり、事務的な話に終始しがちであるため、今後、**各部局と議論を行う際は、実際の現場の職員や試験研究機関職員らを巻き込めるように工夫する必要がある**	・適応に特化した庁内連絡会議を設立し計画策定の際に議論した ・庁内における適応への温度差はあり、気候変動適応という概念があまり浸透していないところと、水産分野ではすでに気候変動影響が生じており、調査等の取組みを進めているところもある	・計画策定過程で、地球温暖化対策推進本部の下に庁内横断の適応策推進部会を新たに設置した ・**現時点で適応の取組みに非協力的な部局はなく、**かつ環境部局が各部局へ適応の取組みを催促したのではなく、各部局が実際に生じた問題へ対策をとる必要があると認識していると解釈できる	・地球温暖化対策推進本部、この下に存在する幹事会に適応に関する WG を設置し、各課の課長補佐 / 技術補佐が参加して検討した ・環境部局で気候変動影響について情報を集め、それを基に各部局が検討したところ、**農業、水産業で特に検討が進み、環境部局が各部局の情報に総合評価を行った**
科学的知見の活用	・**北海道立総合研究機構農業試験場資料からの引用**が多くなった ・北海道建設部と北海道開発局で設置した「平成 28 年 8 月北海道大雨激甚災害を踏まえた水防災対策検討委員会」の報告書にある科学的知見は未記載	・**地域適応コンソーシアム事業においてリンゴの着色不良と品質低下に関する調査を実施**しており、主に県農業研究センターが調査に関わっている ・将来的に県内全域でリンゴの被害が生じる可能性が示され、これを契機としてさまざまな部局に、適応の考え方を理解してもらうことは重要	・A-PLAT や国の適応計画の情報を活用しているが、学術論文や県の試験場や研究機関等による成果は参照していない ・コンサル等に情報収集を委託する方法も検討したが、時間や予算の観点から困難であった	・**各分野の気候変動影響に関する論文の引用が多いのは、県単独予算によりコンサルへ委託したため** ・環境省などの協力のもと庁内勉強会を開催し、他部局の担当者に気候変動影響・適応に関する情報共有を行っている	・国の影響評価に基づいているものが多いが、**南九州海洋水産研究集会などの県独自の調査結果を記載**している ・特に農業では鹿児島県水稲栽培技術指針などがあり、独自に影響評価を実施している
予測情報利用時の課題・ニーズ	・定量的な影響評価の重要性は理解するが、**現段階では道独自の定量的な影響評価を各分野で行える体制にはない** ・影響評価の際、広大な北海道のエリアをどう区切るかも問題であり、データを提供していただく際にどのエリアなら絞れるのかということを検討しなければならない	・県内全域でリンゴへの影響が生じることが予測されたが、その**予測結果をどのように農家に伝えていくかが難しく**、農業分野のステークホルダーに**環境部局から直接的に伝えることは困難** ・気象庁温暖化予測情報第 9 巻のデータを現在活用しているが、RCP8.5 シナリオしかなく、少なくとも 2 つのシナリオは欲しいところ	・環境部局から各部局へ、将来の気温や水温等の予測を提供するが、それが県の重点産業にどのような影響を与えるのかまでは踏み込めていない ・各部局の試験研究機関が調査する必要がある	・時間スケールは、100 年先の問題に対して取組みを行う必要もあるが、**行政計画である以上は対象年は長くても 10 年程度先だと考える** ・他部局等に気候変動影響を説明する際に、RCP8.5 を念頭においた行動を提案することも極端すぎて困難であり、緩和策も実施するため少しは軽減されるという見解で RCP6.0 を念頭において説明する	・地球温暖化予測情報 8 巻等の情報は参照しているが、これを踏まえて将来の適応策を検討するという流れにはなり難く、現在よりは気温が上がるので何らかの対策が必要になるという流れ（コストベネフィット評価などの情報がない） ・**2 度 / 4 度上昇時の違いを聞いても対応を変えることは難しい**
その他	・窓口は庁内各部局の担当者であり、その先の各部局の試験研究機関に意見を照会できるかは各部局の判断次第	・公的な文書で適応策が体系化されれば、他部局と話し合う際にも今の対策は適応の大きな体系の中でこの段階にあると説得することができる	・他部局に対して適応を理解してもらうための研修の機会があると好ましい ・環境部局より国からの働きかけのほうが話はとおりやすい	・適応策推進上の課題については、首長や議会の関心の低さや、行政内部の予算など ・予算については緩和策も含めても少なく、厳しい状況である	・国の影響評価に基づいているものが多いが、**南九州海洋水産研究集会などの県独自の調査結果を記載**している ・農業では鹿児島県水稲栽培技術指針などがある

出典：文献（5）より改変

ろというパターンがみられました。県単独予算を投入した自治体は、適応策に係わる国の別の補助事業を実施しており、それがために県単独予算を投入する余地や機運が生まれたとも考えられます。そういった状況になかった自治体では、国の適応計画から引用しているものなどが多く、したがって、計画の深化を生み出すためには、多かれ少なかれ国による補助事業の影響を受けているといえます。

さらに、予測情報利用時の課題・ニーズについては、前記のことが反映されて、十分な影響評価が得られていないため、各部局に対して適応策として検討すべきことまで踏み込めていないことや、一部分についての影響評価だけでは他部局の担当者やさらにステークホルダーまで効果的に情報提供することが困難であることが指摘されました。そしてより詳細な影響評価に係わる情報が得られているところでは、より具体的なニーズが示されているといえます。

●質問紙調査による各自治体の適応計画の動向

以下では、聞き取り調査と同時並行的に、全国の自治体における適応計画の策定状況や科学的知見の実装化に係わるより詳細な状況を把握するため、都道府県、政令指定都市の環境部局を対象として、**表2**の右列に示すとおり質問紙調査を実施した結果についてご紹介します。

まず、自治体における適応計画の策定・改定状況について時系列で確認しておきます（**図4**）。パリ協定や国の気候変動適応計画が閣議決定された2016年にもっとも多くの自治体（N＝22）で策定されており、それ以降より改定する自治体も少しずつ出

表2　質問紙調査の実施要領[5]

	2016年質問紙調査	2019年質問紙調査
実施期間	2016年2～3月	2019年6～7月
調査対象	全国155団体の自治体の環境部局（都道府県、政令指定都市、中核市、施行時特例市、その他の県庁所在都市）	全国67団体の自治体の環境部局（都道府県、政令指定都市）
実施方法	郵送による配布回収（希望者には電子ファイルを用いた電子メールでの配布回収）	郵送による配布回収（希望者には電子ファイルを用いた電子メールでの配布回収）
回　収	123件（79.4%）	63件（94.0%）
調査項目（共通するもののみ）	・適応計画の検討・策定状況 ・計画検討に用いたデータと今後のニーズ ・適応策の検討・推進上の課題 ・適応策の検討・推進・社会実装に向けて期待する支援 など	

現しています。また、**図5**は、策定・改定された計画の庁内における位置づけを示したものです。２０１６年に策定された計画の多く（Ｎ＝16）が「地球温暖化対策推進法に基づく温暖化対策実行計画（区域施策編）の一分野として策定（適応法の法定計画ではない）」という位置づけであり、法が施行された２０１８年以降は、「地球温暖化対策推進法に基づく温暖化対策実行計画（区域施策編）や環境基本計画の一分野として策定したものを適応法の法定計画」と位置づけるものが多くなっており（２０１８年：Ｎ＝11、２０１９年：Ｎ＝10、２０２０年以降：Ｎ＝13）、前者から後者に移行しているものも存在します（２０１８年以前にカウントされているものが相当）。また、２０１８年以降は、「気候変動適応法や条例に基づく単体の地域適

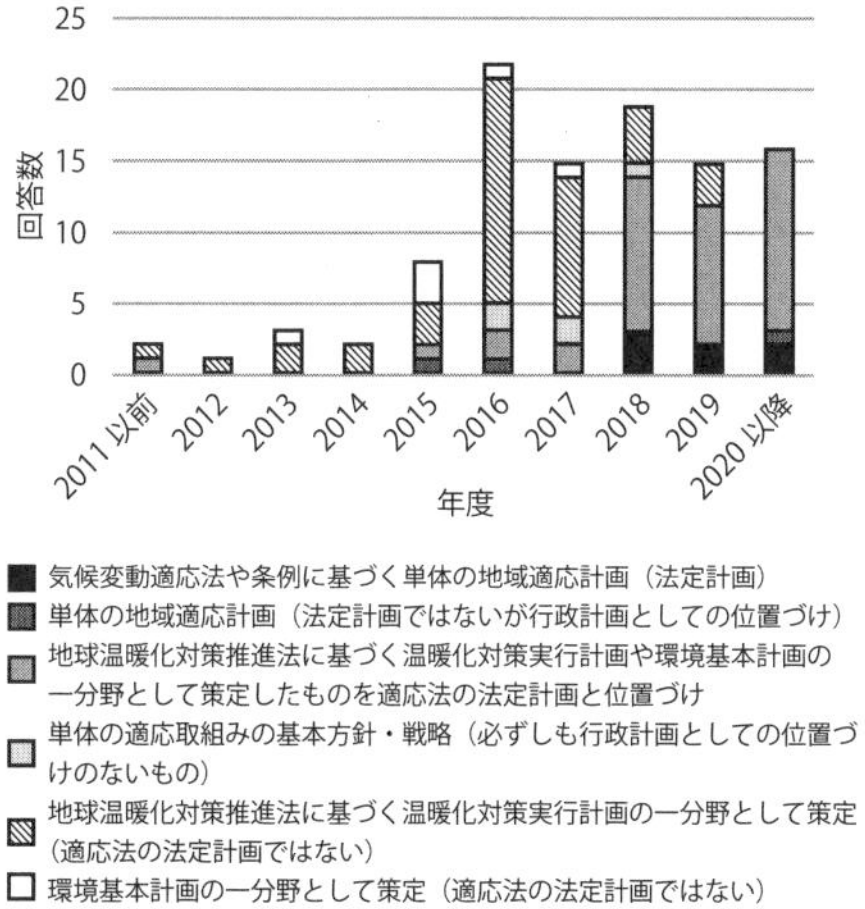

図5　自治体における気候変動適応計画の位置づけ (5)

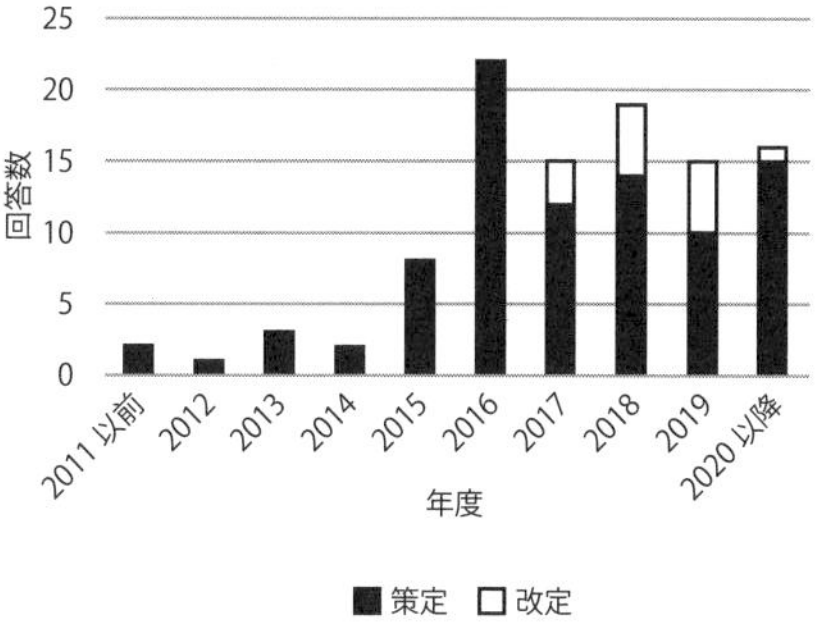

図4　自治体における気候変動適応計画の策定・改定状況 (5)

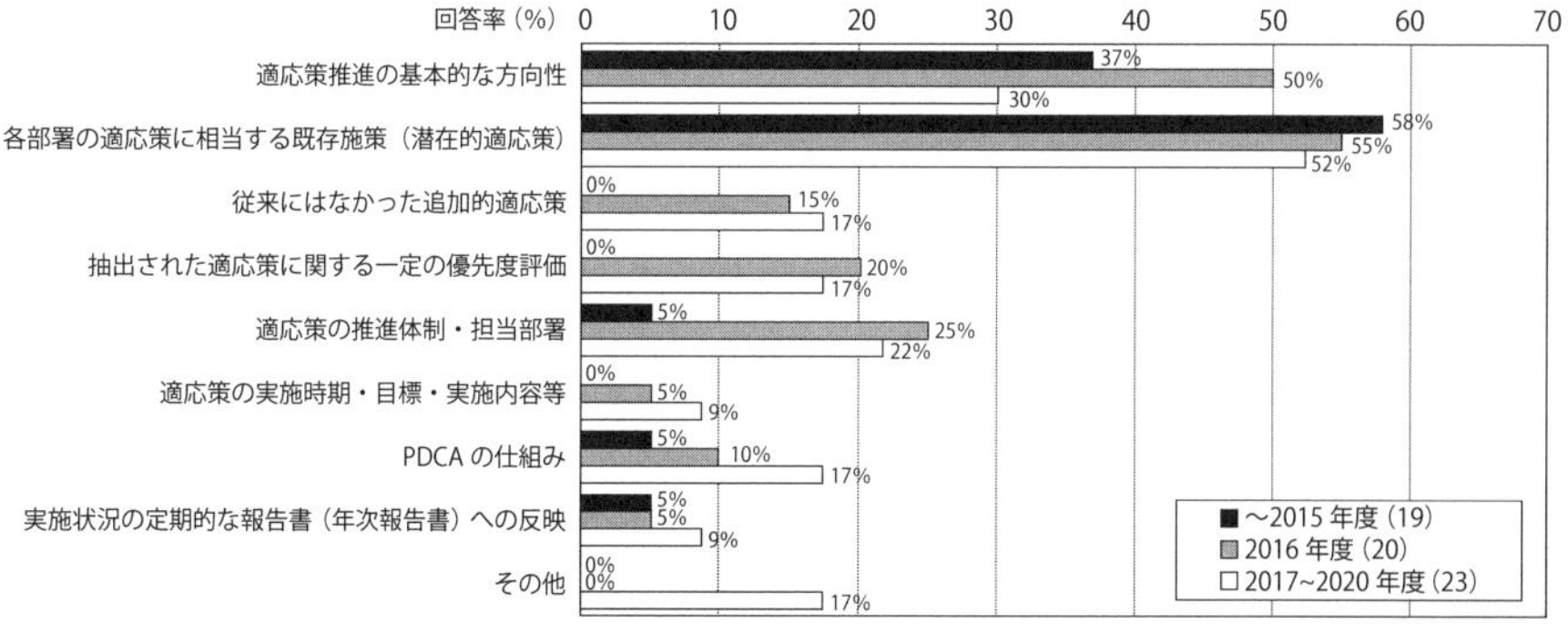

図6　自治体における気候変動適応の内容 (5)

応計画（法定計画）」という位置づけも数件ずつですが増えつつあります。この傾向は２０２０年に入ってさらに強まっています。

図６は、各自治体における最新の適応計画の内容について複数回答で得られた集計結果を、三つの策定年度の期間別に示したものです。凡例にある括弧内の数値はそれぞれの自治体数であり、また、それぞれの選択肢については回答率（％）が示されています。「各部署の適応策に相当する既存施策（潜在的適応策）」と「適応策推進の基本的な方向性」の二つの回答率が突出して高くなっています。前者については、策定年度が新しくなるほど回答率が少しずつ低くなる一方で、「従来にはなかった追加的適応策」については、まだ回答率がかなり低いものの、高くなる傾向がみられます。

これは、初期段階では既存施策のうち適応策としても解釈可能なものの洗い出しを各部局へお願いすることにとどまっていたところから、少しずつ適応策として新規に施策化する試みが始まっていることを意味しています。さらに、「ＰＤＣＡの仕組み」「実施状況の定期的な報告書（年次報告書）への反映」などの回答率も増加傾向にあり、これらも一つの深化の形態と考えられます。２０１６年にＡ-ＰＬＡＴや「地方公共団体における気候変動適応計画策定ガイドライン（初版）」が公開され、２０１８年にはその後継である「地域気候変動適応計画策定マニュアル 手順編／ひな形編」が公開されていることも、こういった深化を後押ししていると考えられます。

図７は、各自治体における最新の適応計画で引用されている科学的知見について複数回答で得られた集計結果を、三つの策定年度の期間別に示したものです。凡例にある括弧内の数値はそれぞれの自治体数であり、また、それぞれの選択肢については回答率（％）が示されています。回答率が最も高く経年的にも一貫して高くなっている「気

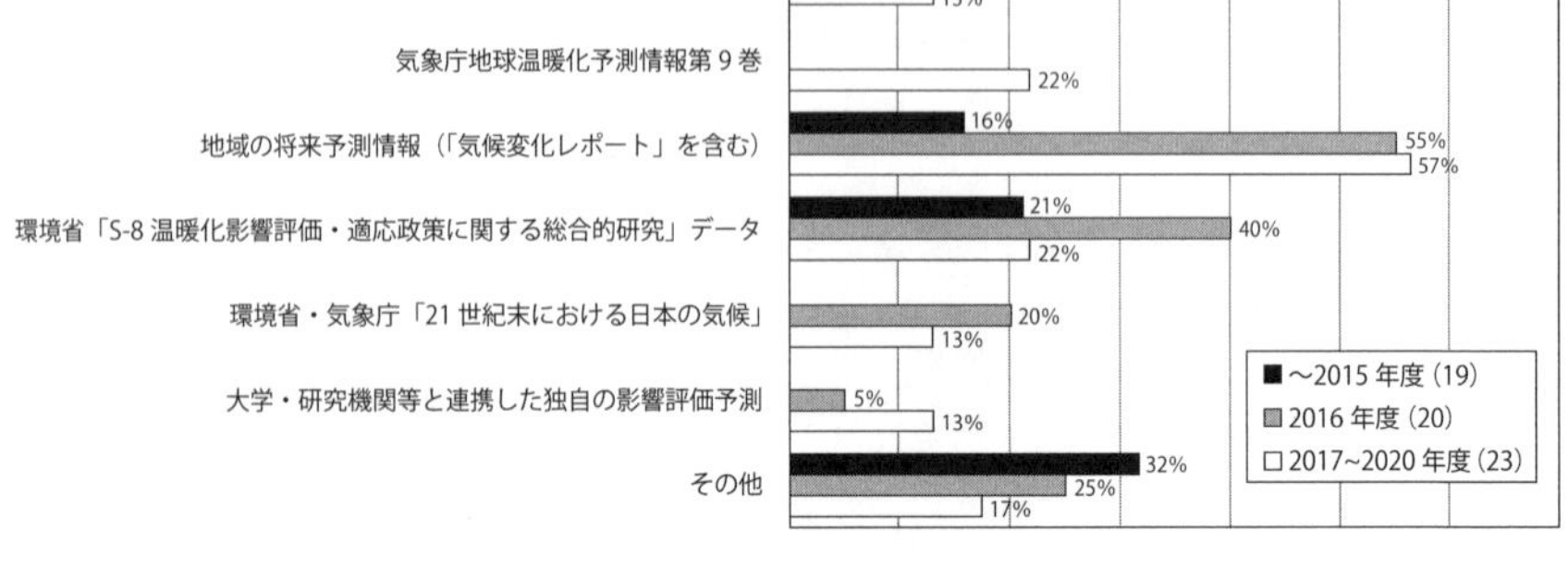

図７　自治体における気候変動適応で引用されている科学的知見 (5)

候変化レポート２０１５／２０１８」は、**表3**に示すとおり、気象庁の「地球温暖化予測情報第8巻」（２０１３）や「地球温暖化予測情報第9巻」（２０１７）を基に各地方気象台から公表されているものであり、概ね3年ごとに更新されているため、２０１６年以前に策定された適応計画でも引用されています。過去に観測された変化や今後予測される気候の変化を都道府県単位で把握できるため、自治体が適応計画を策定するうえでは最も基本的でかつ利用しやすく、信頼性も高いと考えられます。「Ｓ‐８温暖化影響評価・適応策に関する総合的研究」データは、Ａ‐ＰＬＡＴを介して比較的容易に入手可能となっており、コンスタントに利用されています。これは上記の気候予測だけではなく、影響評価に重点が置かれており、それが一定程度は網羅的であることが考えられます。「大学・研究機関等と連携した独自の影響評価予測」については、まだ回答率は低いものの、経年的には高くなりつつあり、ＳＩ‐ＣＡＴや地域適応コンソーシアム事業などで実装化を試みた自治体がいくつか存在していることから、今後はさらにこのような形態が増えていくことが見込まれます。

そして今後、自治体が適応計画を策定する際に活用したい科学的知見へのニーズについて、複数回答で得られた集計結果をみると、最も回答率の高かったのは「国や研究機関が作成・公開したもので信頼が置けること」です。これについては、定期的に複数の大規模な国家的プロジェクトが実施され、その成果が公表されているところであり、このような科学的知見の継続的な創出が求められています。次いで「さまざまな分野における影響評価データが得られること」となっており、これが現時点では十分にニーズに応じた各地域、各分野の成果が得られていないといえま

表3　引用されている科学的知見の概要 (5)

将来予測情報	作成者	シナリオ	対象年代	気候モデル（水平解像度）
地球温暖化予測情報 第8巻（2013）	気象庁	SRES A1B	21世紀末 （2076-2095）	MRI-AGCM3.2S*（20km） NHRCM** 05（5km）
地球温暖化予測情報 第9巻（2017）	気象庁	RCP8.5	21世紀末 （2076-2095）	MRI-AGCM3.2S（20km） NHRCM05（5km）
気候変化レポート 2015/2018	地方気象台	地球温暖化予測情報第8巻や第9巻データを基に作成されている		
「S-8温暖化影響評価・適応策に関する総合的研究」データ （2014）	環境省	RCP2.6/4.5/8.5	21世紀半ば （2031-2050） 21世紀末 （2081-2100）	複数のCMIP5モデルをダウンスケーリング（1km）して影響評価***
21世紀末における日本の気候（2015）	環境省／気象庁	RCP2.6/4.5/6.0/8.5	21世紀末 （2080-2100）	NHRCM20（20km）

*　全球気候モデル
**　気象庁気象研究所が開発した非静力学地域気候モデル（NonHydrostatic Regional Climate Model）
*** 影響評価は、水資源、沿岸・防災、生態系、農業、健康、経済（被害額）について20kmで提供されている

す。これ以降は、「空間スケール」「時間スケール」「不確実性」などと続いており、これらは表1で示した指摘とも概ね合致します。そして、空間スケールと時間スケールの具体的なニーズとしては、1キロメートル格子（30％）より行政区域内のいくつかの地域別（57％）という回答が多く、30年先（20％）より10年先（60％）という回答が圧倒的に多くなっています。ただ、これらは環境部局による回答であり、各分野、各部局によりそのニーズは異なるであろうことにも留意する必要があります。

そこで、同じ時期に防災部局と農業部局に対しても同様に実施した質問紙調査結果を用いて3部局における気候変動適応関連計画の策定・改定時に予測情報に求めるものの相違についてみてみます。なお、防災部局、農業部局ともにすべての都道府県と政令指定都市を対象としており、気候変動影響や適応策に関連する行政計画、例えば国土強靭化地域計画や農業進行基本計画などについて回答を得ています。回収率は防災部局が47（70・1％）、農業部局が51（76・1％）となっています。

図8にその結果を示します。「国や研究機関が作成・公表したもので信頼が置けること」がトップにくるのは当然だとしても、防災部局での回答率は低い傾向を示しています。部局間で大きな差があった項目は、「将来予測の確率や不確実性に関する情報が示されていること」であり、環境部局では将来予測情報の不確実性の説明が重要であることがうかがえます。また、防災部局では、他2部局と比較して「予測情報の更新・維持管理が確実に定期的に行われること」に対するニーズが比較的高くなっています。

なお、図示してはいませんが、環境部局と農業部局にのみ共通の設問だった「さまざまな分野における影響評価データが得られていること」については、農業部局のほうが環境部局よりも圧倒的に高く、これは品目別、品種別に影響評価データが必要だという

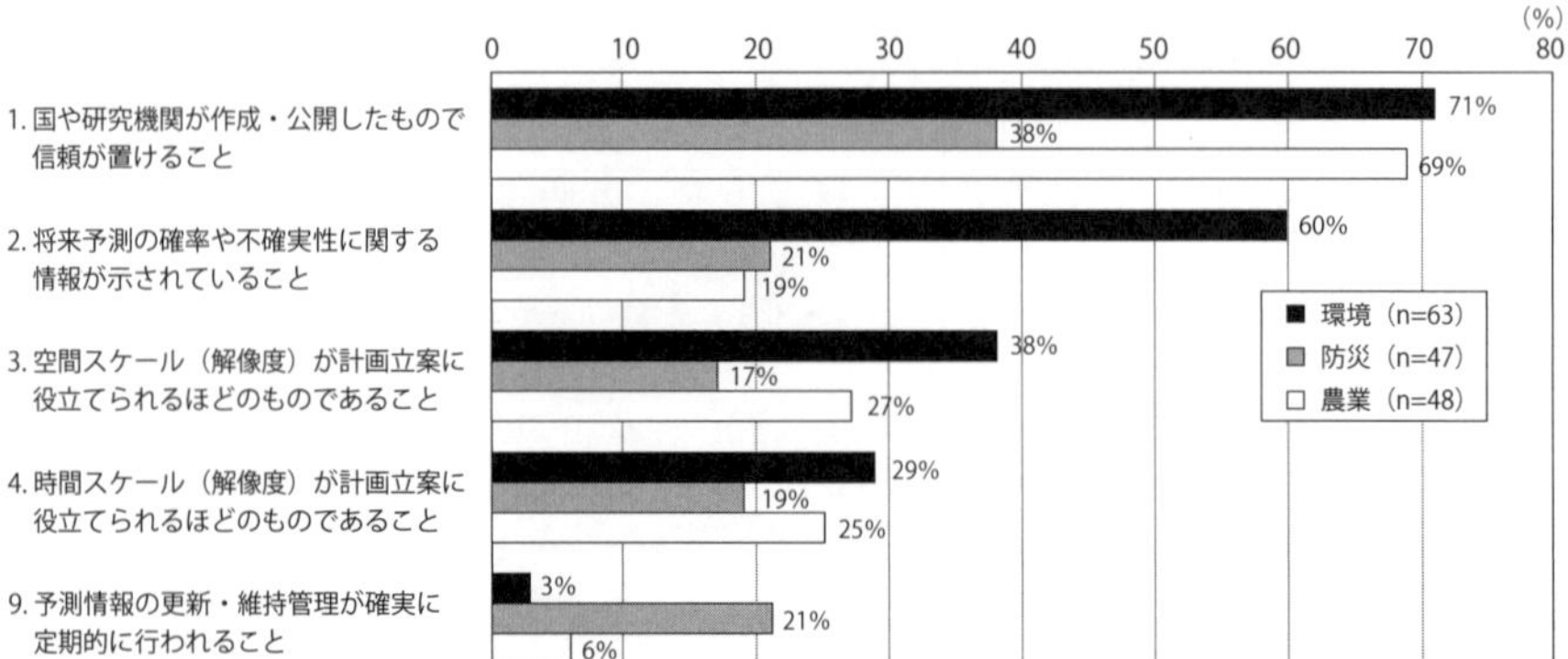

図8　各部局での計画策定における自治体の科学的知見へのニーズ

背景があると考えられ、利用可能な影響評価データのニーズが高い傾向にあります。

●今後の地域気候変動適応センターのあり方

以上でみてきたように、自治体の適応計画では、気候変動影響や適応に係わる科学的知見が、現状ではまだ自治体の行政ニーズと合致していないケースが多いようです。しかし今後は、より詳細な空間スケールや近未来の時間スケールでの気候データとこれに基づく影響評価という自治体のニーズに近づいた科学的知見が活用される事例が増えていく見通しはあります。これを具現化させるためのキーとなる存在が、２０２１年7月時点で43団体の自治体で設立されている地域気候変動適応センターになることは間違いありません。これに関連する結果について、引き続いて質問紙調査結果を紹介していきます。

まず、自治体にとって、適応計画の検討・推進上の課題として、科学的知見の取扱いがどの程度重要であるかについて確認しておきます。**図9**に、適応計画の検討・推進上の課題について複数回答で得られた集計結果を、２０１６年調査結果と比較して示します。これによれば、「行政内部での予算措置の困難・資源不足」「行政内部の経験・専門性の蓄積不足」が同様に突出して、次いで「行政内の部署間の職務分掌や優先度をめぐる認識の相違」の回答率が高く、かつ２０１６年よりも２０１９年のほうが高くなっています。これらに次いで回答率の高い「補助金の不在・未獲得」「政府や自治体等の管轄間の連

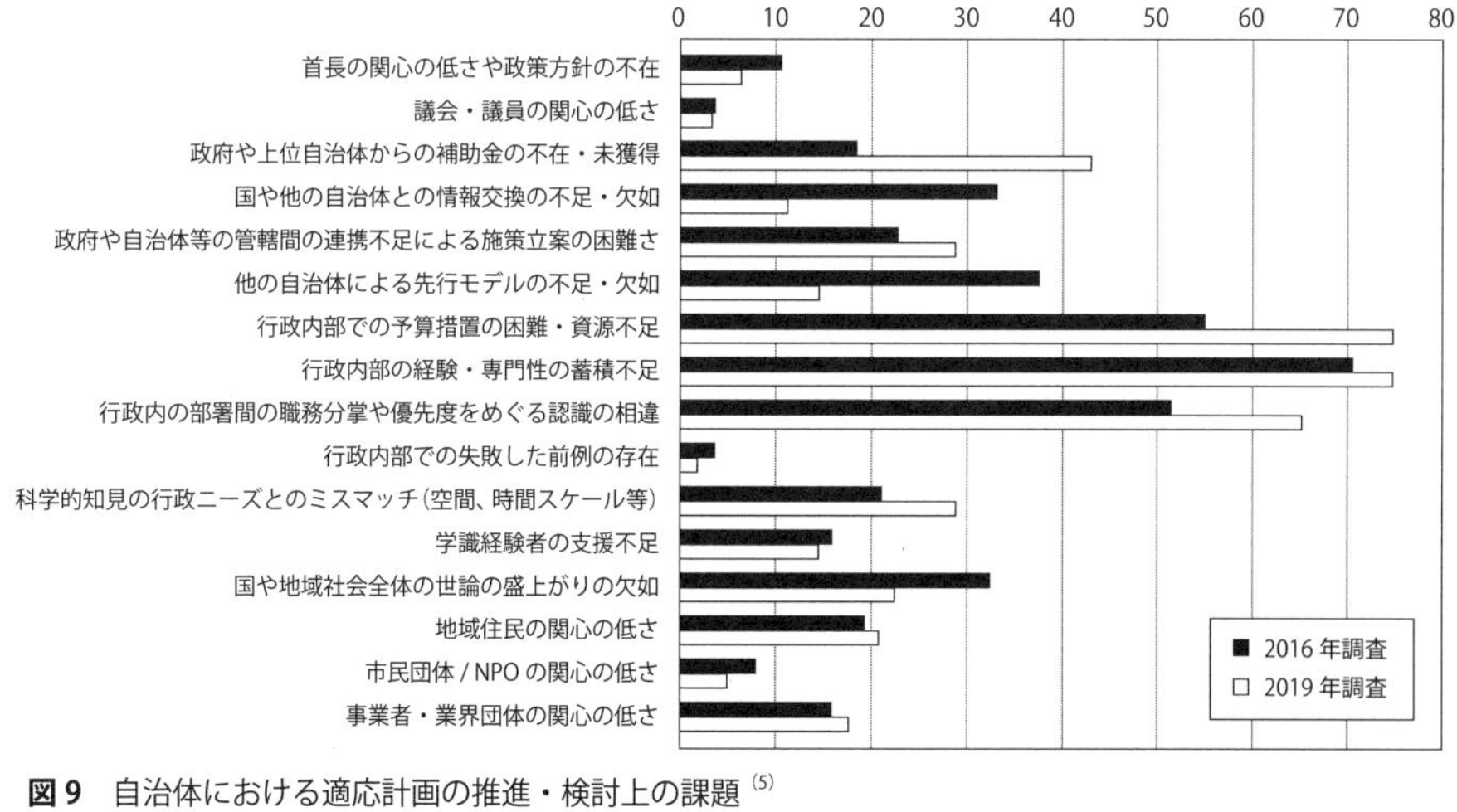

図 9　自治体における適応計画の推進・検討上の課題 (5)

携不足」そして「科学的知見の行政ニーズとのミスマッチ」も同様に経年的に回答率が高くなる傾向です。科学的知見については、例えば実際に適応計画を策定しようとしたことにより、そのニーズが具体化し、それに見合う知見が少ないといった経験があると、否定的な評価になる可能性があります。ニーズとシーズのギャップは常に収れんと拡大を繰り返すものともいえます。一方で、「国や他の自治体との情報交換の不足・欠如」「国や地域社会全体の世論の盛り上がりの欠如」については、経年的に回答率が低くなっています。これらについては、SI-CATによる地域適応フォーラム（コデザインワークショップ、詳細は第4章をご参照ください）や各地方環境事務所による地域気候変動適応広域協議会など、複数の場が設定されていることなどが反映されていると考えられます。

図10は、地域気候変動適応センターが具体的に具備すべき機能について、複数回答で得られた集計結果を示したものです。なお、これは「すでに設置している」あるいは「近年中に設置を予定している」というN＝52の自治体からの回答となっています。当然ながら、さまざまな主体への「影響予測情報の提供」が突出して高い回答率であり、科学的知見を提供するための機関であるとの認識が高い傾向がみられます。次いで「影響予測情報の加工・分析」が高い回答率となっており、一定のリソースを有する自治体では、単に情報提供だけではなく、一定のデータハンドリングを自身で行うとの認識を持っています。

予防原則に基づいた計画立案、科学的知見に基づく（エビデンスベース）政策形成が可能となるには、本来はこのような機能を持つ、行政に直結した研究

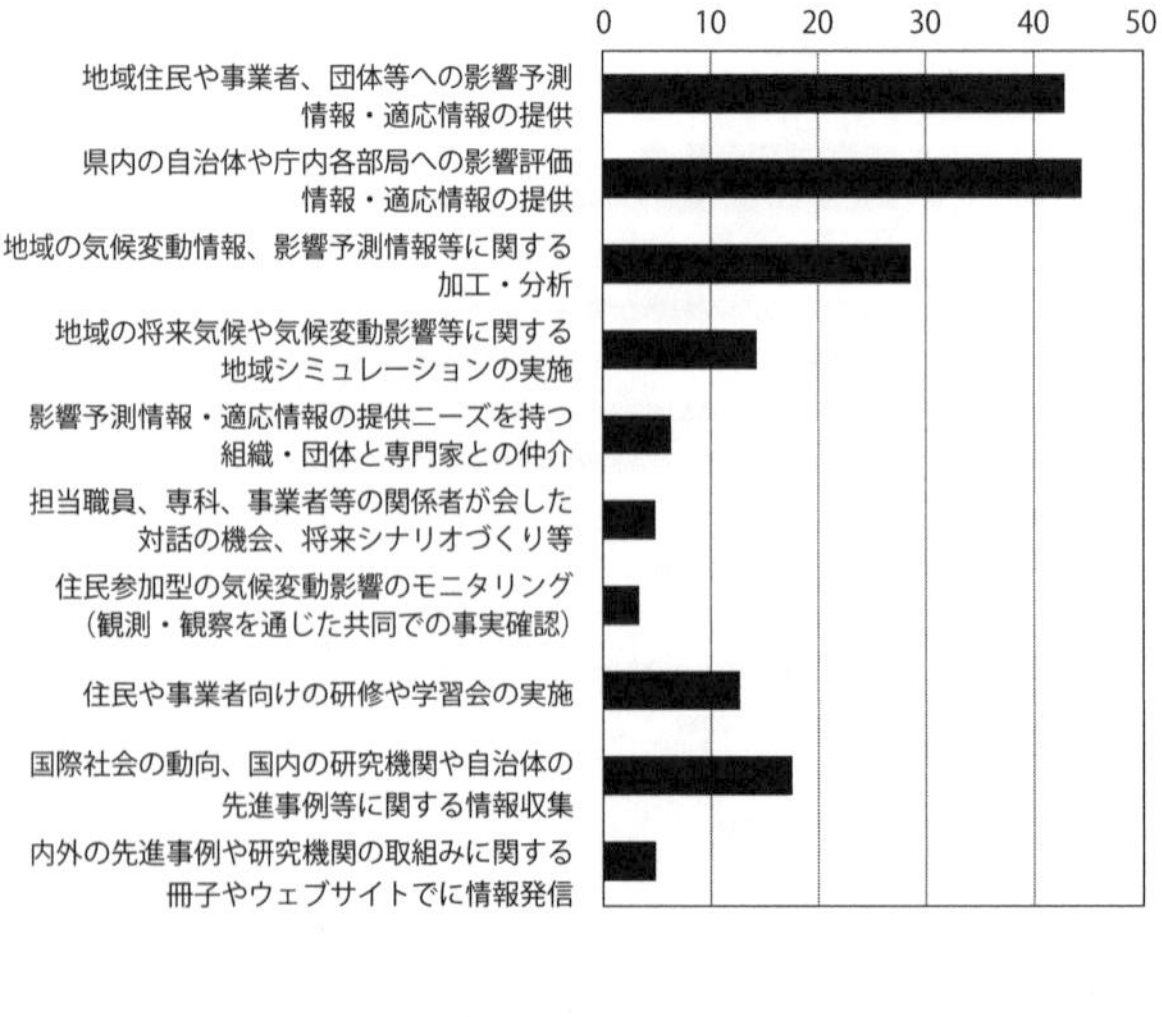

図10　地域気候変動適応センターが具備すべき機能 (5)

機関が存在することが重要と考えられます。ただし、元来は大気汚染などの公害対策にルーツを持つことの多い地方環境研究所に、気候変動の専門家が在籍しているケースは稀であるため、地域気候変動適応センターとしてこのような機能を持つには大きな困難が伴います。いくつかの例にみられるように、地元大学が深く関与していることが求められますが、これもケースバイケースになっていると考えられます。現状についての詳細は第6章でみていきます。

●おわりに：エビデンスベース政策形成に向けて

科学的知見に基づく（エビデンスベース）政策形成には以下の阻害要因が伴うと指摘されています(6)(7)。

①政策課題とその解決策について信頼できる、争いようのない科学的知見が欠落している（その論点に関連する科学的知見やその解決策に関する科学的知見が十分ではないことに原因があり、また、政策担当者が理解しやすいように、関心を持ちやすいように、政策変更が実際に発生しうるかもしれないという期待が伴うようにパッケージ化されていないことが含まれる）

②科学的知見があるにも拘わらず政策担当者が十分に注意を払わない（科学者による成果のジャーナルでの公表と政策立案とのタイミングのずれや、科学者による政策アジェンダのプライオリティへの理解の低さなどが含まれる）

③政策担当者のしたいことが先にありきでこれに見合った科学的知見を探すか、政策決定を支持するように科学的知見を歪める傾向がある（政府や自治体が気候変動リスク

問題を長期的な政策課題として捉えない傾向があること、政治家はデータを理解しようとしないこと、特に主要な政策課題について政策担当者の認識は偏っており、これを変えることは至難の業であることなどが含まれる）

これらの解決策としては以下が考えられます。①については、提供する科学的知見の質の改善が今後も国による補助事業などで継続的に実施されることが見込まれます。そして地域気候変動適応センターの重要な機能として、その情報やデータを理解されやすい形で地域のステークホルダーに提供していくことが求められます。

②③については、背景には学術の世界と政策現場とのマナーの違いが挙げられます。言語の相違だけでなく、科学者が科学的知見の（不確実性も含めた）正確さを追求するのに対して、政策担当者は確実性と明確な解決策を求めること、利害調整を重視することなど、業務上の文化のギャップが大きく、これを埋めることがキーとなるでしょう。そのためには、科学者と政策担当者、ステークホルダーが一堂に会するコデザインワークショップで、直接的に熟議を行うような場の設定により、ニーズとシーズを共有することが肝要と考えられます。そういった試みの詳細は第2部で紹介しますが、多くの地域気候変動適応センターの担い手である地方環境研究所は、行政と科学者とのインタフェースになり、予測情報や影響評価の結果を活用した適応計画の立案において重要な役割を果たしうることが示唆されています[8]。このように科学的知見に基づく（エビデンスベース）政策形成の阻害要因を解消しうる地域気候変動適応センターの整備が急がれます。

（馬場健司・小楠智子・工藤泰子・吉川　実・大西弘毅・岩見麻子・田中　充）

1・4　海外自治体の動向

ひとえに海外の自治体といっても、多様な状況に置かれる国内の自治体よりもさらに環境や気候などの条件は異なり、社会・経済構造も異なります。統治の仕組みも異なり、自治体の権限や税制制度なども異なるため単純に政策を比較することはできません。しかしながら、気候変動という難題を受けた自治体の役割を分析していくと、いくつか共通して見えてくる特徴があります。

まず、どの自治体にとっても気候変動はこれまでにない新たなリスクであり、自治体への影響予測に関しては不確実性が残る難しい課題であるという点が共通しています。気候変動に関する科学的な理解や影響の予測に関して参考にできるものが限られた条件下で、海外の自治体はどのような対策を講じてきたのか知ることは日本の自治体にとっても参考となる点は多くあります。

また、気候変動は多くの要因が絡む極めて複雑な課題で、影響の範囲も広いために政策の幅も広くなります。さまざまな利害関係者の協力なくして対策を講じることが困難な課題も多く、コミュニケーションが重要になってきます。科学的で専門的な側面が強い気候変動の課題が市民に理解されにくいという点は日本でも引き続き課題です。

最後に新型コロナウイルスの感染拡大の被害を受けて、これまで紹介してきた気候変動の政策がどのように影響し、また今後変化していく可能性があるのか、事例をもとに紹介したいと思っています。

●科学的知見の集積と研究の促進

ニューヨーク市は国連の本部があるほか、世界金融の中心地であるウォール街、劇場が集まるブロードウェイ、繁華街を代表するタイムズスクエアを有しており、政治・経済・文化面で世界をリードする国際都市です。人口は約860万人ですが、ハドソン川の河口付近にあり水害のリスクが高い地域に位置しています。近年ではハリケーン・サンディ（2012年）によって大規模な停電が発生したり、地下鉄に海水が流入するなど甚大な被害があり、死者も40名以上発生しました。

ニューヨーク市は2007年に、増加する人口、老朽化するインフラ、気候変動などのリスクを踏まえた総合計画を策定し、気候変動リスクからインフラを守るために政府間タスクフォースの設立が提唱されました（**図11**）。この計画の策定を主導したのは、2006年に市長室内に設けられた長期的持続可能性計画室です。同室は政策アドバイザーなど外部から積極的に専門家を登用し、総合計画の策定から実施、進捗報告書の作成のほか、関係者間の調整も担当していました。2008年8月には、提唱された政府間タスクフォースとして、市や州・連邦政府の関連する部局や公益企業のほか、民間企業も参加する気候変動適応に関する特別委員会が設立されました。同時にこの委員会に対して技術的なアドバイスや科学的な知見を提供することを主な目的としたニューヨーク市気候変動専門家委員会も招聘されました。

専門家委員会の活動はロックフェラー財団（慈善事業団体）によって支援され、気候変動科学や法律、保険に関する専門家が参加し、IPCCのモデルをもとにした気候変動による影響の定量・定性分析を行うなど科学的な知見を集約し研究の成果などを特

図11　2007年策定の総合計画「PlaNYC-A Greener, Greater New York」

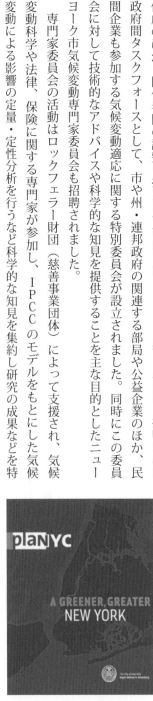

別委員会に提供する重要な役割を担いました（**図12**）。適応策の実施・評価手法に関して科学的な観点から提起し、近年では脆弱性評価や想定される経済的な被害などに関して科学的な観点から提起するなど活動を続けており、ニューヨーク市の政策における科学的なブレーンとなっています。

ニューヨーク市の長期的持続可能性計画室は２０１４年に新たに持続可能担当市長室となり、ニューヨーク市は総合計画を強化していきます。２０１９年の改定版ではバックキャスティングの手法を取り入れ、２０５０年のあるべき姿・ありたい姿を捉え、それに対して八つの目標と30のイニシアティブが掲げられており包括的な取組みを進めています（**図13**）。

ニューヨークから約３５０キロメートル離れた場所にあるボストンは人口約70万人でアメリカで最も歴史の古い街の一つでもあり、ＭＩＴやハーバード大学、ボストン大学など数多くの大学や研究所が所在することから、国際的にも高等教育の中心地として知られています。

ボストン市の気候変動対策の取組みを理解するには、中心的な役割を果たしているグリーン・リボン・コミッション（以下、コミッション）のことを知る必要があります。ボストンを中心に活動する慈善事業団体のバー・ファウンデーションは２０１０年に気候変動課題に対して、官民の連携を通じた実行力のある体制の構築を構想し、この考えに同調したボストン市のメニーノ市長（当時）とともに、ボストンを中心に活動する企業の最高経営責任者や市民団体の代表、教育機関のトップに参加を呼びかけたのがコミッションの始まりです。共同議長にはバー・ファウンデーションの理事とボストン市長が就き、メンバーには実行力を重視し影響力のある代表やトップが選ばれました。コ

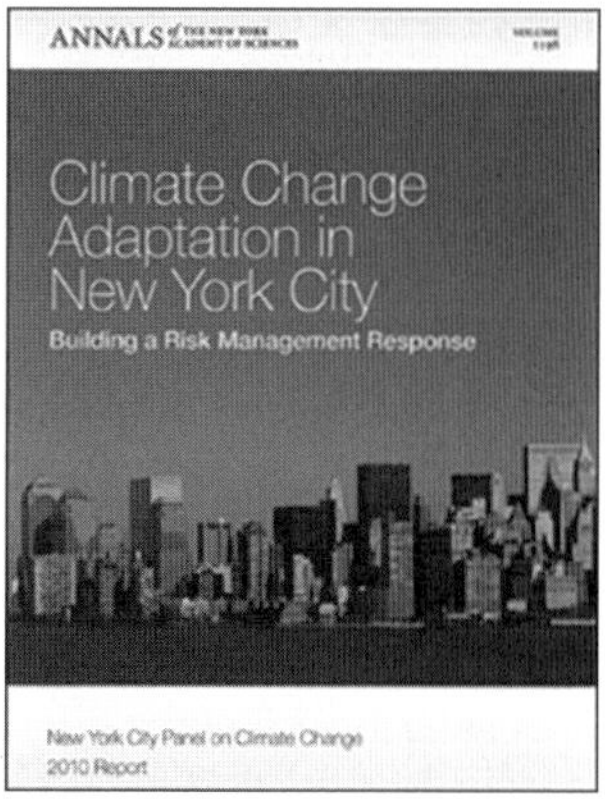

図12　ニューヨーク市気候変動専門家委員会による初めての報告書「Climate Change Adaptation in New York City - Building a Risk Management Response」（2010年）

図13　改定された総合計画「OneNYC 2050 - Building a Strong and Fair City」（2019年）

ミッションのメンバーは年に2回会議を開催しますが、そのメンバーが主導し、技術者や専門家が参加するワーキング・グループを設置しており、テーマ別に活動を行う形式をとっています。当初は主に緩和策を中心としたテーマが扱われていましたが、ニューヨークで大きな被害となった、2012年のハリケーン・サンディによりボストン市に拠点を置く企業や不動産会社やデベロッパー等の気候変動適応策への関心が高まり、また市長の呼びかけもあり、コミッション内に適応策を検討するワーキング・グループが設立され活動が本格化します。ワーキング・グループは当初、市に対して提言を出すなどの活動を行っていましたが、2015年にマサチューセッツ州政府とコミッションの支援のもと、市長がClimate Ready Bostonイニシアティブを立ち上げ、コミッションがより積極的に市の政策や計画に関わる体制を整備します（**図14**）。こうして作り上げられたボストン市の気候変動適応計画には、地域の大学や研究機関による気候変動の将来予測データや脆弱性調査の結果を活用し、行政のみならず企業も作成に関わった総合計画として発表されます。

市の計画そのものを行政と民間と研究機関が共同で作っているという点や、影響力のある最高責任者や代表がコミッションを通じて計画に策定に関わることで、実行力のある計画になっていると期待されています。ボストン市は脱炭素化計画の策定にも同様の体制を活用しており、またほかの自治体でも同様の動きがみられ注目されます。

ニューヨークとボストンの場合は人的・資金的資源に恵まれた環境での取組みといえます。しかしながら、多くの自治体はこのような資源がないなかで気候変動の課題に対して取り組まなければならない状況にあります。

図14　「Climate Ready Boston」（2016年）

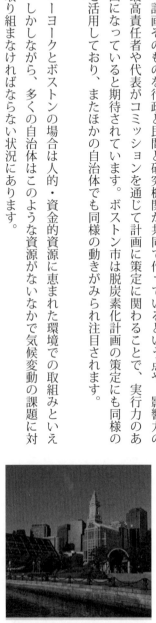

次にご紹介するのはスペイン北部に位置するバスク州の取組みです。バスク州とはアラバ県、ビスカヤ県、ギプスコア県の３県で構成されている自治州で、人口はおおよそ２２０万人規模になります。最大都市はビルバオで35万人となっており、中〜小規模な都市が点在する地域です。このバスク州における自治体の気候変動対策では州政府が重要な役割を担っています。

自然科学と社会科学を含む気候変動の原因と影響を研究することを目的として、２００８年にIhobe、バスク大学、バスク科学技術財団によってバスク気候変動センターが設立されます。Ihobeはバスク政府の環境・領土計画・住宅局が管轄する公益企業で約50名の研究者が在籍しています。バスク州内の中小企業や自治体職員に対して環境分野の研修を実施するほか、バスク州政府に対する政策策定支援も行っている組織です。バスク大学はバスク州最大の公立大学で、バスク科学技術財団は２００７年にバスク政府によって設立され、科学技術分野の強化を目的とし、科学技術分野における調査研究を支援する財団です。

バスク気候変動センターは、意思決定における科学的な知識の重要性が近年増していることや、気候変動の原因と影響を理解しそれを実行に移すためには、調整された学際的なアプローチが必要であること、また、解決策は一つではなく地域や自治体によってとるべき手法や方法も変わってくることなどを基本的考え方として設立されました。気候変動科学分野における知識の共創と政策ソリューションを利害関係者と共同設計を行うことをビジョンとして掲げて、分野が違う専門家間の共同事業・研究の実施や、さまざまな関係者とのコミュニケーションの場を設けるなど、知識の共創を生み出す環境を整える活動をしてきています。また、気候変動の環境、社会経済、倫理などの側面を統合することによって、意思決定に必要な知識の共創を戦略的に培うことをミッションとして位置づけており、生態系サービスや自然環境の価値などを可視化するツールの開発や、自治体職員などを対象とした研修を実施するなどの活動を行っています。

ニューヨークやボストンでは自治体の政策や計画作りに研究機関も関わる取組みであったのに対して、バスク気候変動センターは公的なシンクタンクと人材育成としての特徴が強くなっています。また、一つの自治体では資源が限られるなかで、州政府が積極的に関わることで域内の研究活動が活性化されるほか、自治体は有用な情報を入手でき、研修を受けられる体制が構築されています。

人口が約116万人のヘルシンキ首都圏（フィンランド）はヘルシンキ市、エスポー市、ヴァンタ市、カウイアイネン市の自治体で構成されていて、最大都市はヘルシンキで約63万人です。

ヘルシンキ首都圏には、域内の廃棄物処理や公共交通の整備などを所管するヘルシンキ首都圏協議会（以下、首都圏協議会）がありました。首都圏協議会は参画自治体の市議会のもとに位置づけられており、自治体は資金を出し合い運営を行っていました。2007年、この首都圏協議会が「ヘルシンキ首都圏気候変動戦略2030」を策定し、翌年には同戦略に基づき各自治体が行政施策に反映していくことが承認されました。同戦略は緩和策に係る戦略となっていますが、首都圏協議会を通じて自治体が共同で域内の戦略を策定する事例となり、その後、適応戦略を策定するきっかけになったとしています。

２００９年、首都圏協議会は上下水道事業や廃棄物管理を含む環境分野の事業を行う地域環境サービス公社と都市交通分野を担う地域交通機構とに分かれ、気候変動関連の調査や戦略策定に関しては、地域環境サービス公社が引き継ぐ形になりました。同公社の従業員は７５０人で、域内の都市環境インフラの維持管理や整備に関連する情報や専門性を有しています。大気汚染のモニタリングやリスク評価活動などのほか、自治体や企業が開発計画を進めるうえで必要となる地理情報や住民基本台帳を基にしたデータベースをオンライン上で公開しています。他方で、同公社が気候変動分野の活動を行う法的な位置づけはなく、四つの自治体からの要望を受けて活動を行っている状況で、気候変動分野に関わる職員は8名のみとなっています。２００９年から3年間の期間をかけ、「ヘルシンキ首都圏気候変動適応戦略」が策定されましたが、地域環境サービス公社は必要な調査の実施や、各自治体と主要な関係者で構成される運営委員会の調整役を担っています（**図15**）。なお、同委員会委員には、各組織内において合意形成を図る窓口としても機能させることで関係組織間の調整を行っています。

なお、フィンランドには気候法があり、国の適応計画を10年ごとに更新することになっています。国として初めての適応計画は２００５年に策定され、２０１４年に改定されていますが、本適応計画の進捗状況の確認や関連する情報の共有の場としてモニタリング運営委員会が設立されています。本委員会には、適応に係る国の主要な研究者や政府関係者が参加する形で年４回会議が開催されていますが、地域環境サービス公社もこの委員会に参加しており、科学的な分析結果に触れ専門家とつながれる貴重な場として位置づけています。こうして地域環境サービス公社は、フィンランドの環境省、ヘルシンキ地方交通機構、地域機関の専門家らの協力を得ながら地域の気候と海面上昇のシナ

図15　ヘルシンキ首都圏気候適応戦略（2012年）

リオ、河川の洪水リスクのモデル化、地域における気候変動の影響の背景調査を実施しハザードマップを作成するなどの活動をしています。

こうして策定されたヘルシンキ首都圏の適応戦略は、各自治体の理解を得て互いに信頼し歩み寄るプロセスを重要視しており、各自治体が施策へ必ず取り入れる必要があるといった強制力はありません。しかしながら、ヘルシンキ首都圏の四つの自治体は気候変動とエネルギーに関する世界首長誓約（GCoM）に参加しており、適応計画の作成を進めていくことになっているため、２０１２年に策定された本戦略も参考にしながらそれぞれが計画の策定を行っているか検討しており、地域環境サービス公社はその過程で自治体にアドバイスする立場をとっています。

本事例は関連するノウハウや専門性を有し、地域のことをよく知る公益企業に対して、新たに気候変動に関わる役割を与えることにより、科学的な知見の集約とそれを基にした研究や分析を進め、自治体としてその情報を得られるようにしているものです。また、戦略の作成に3年間かけ、でき上がった戦略に強制力を持たせていないことから、科学的知見を集約する必要性や研究や分析を進め、それを自治体として習得する過程を重要視していることが伺えます。

科学的知見の集積と研究の促進を自治体や州単位を超えて、国家単位で戦略的に取り組む事例もあります。欧州連合は気候変動対策を優先的課題として取り組んでいることは知られていますが、適応分野においてはヨーロッパを対象とした適応策支援プラットフォーム（Climate-ADAPT）を通じて、科学的知見の集積や研究の促進、経験の共有や政策策定の後押しを行っています（**図16**）。ヨーロッパの特性を活かして国境をまたぐ

Climate ADAPT
SHARING ADAPTATION INFORMATION ACROSS EUROPE

図16　Climate ADAPT

課題に対する研究や連携の促進も行っていますが、自治体などの行政主体別に計画づくりのポイントや手法、それに必要な各種データや事例集を集めているほか、民間企業との連携事例や助成金の案内など、有用な情報が入手できるプラットフォームになっています。国家や国際的な枠組みが主体的に環境を整備することで、自治体の負担を軽減させ、小さな自治体でも適応策に取り組みやすくしています。

●気候変動適応策のコミュニケーション

ここまで、自治体が政策や計画を策定するために必要とされている科学的知見の集積や研究促進に対してさまざまなアプローチで取り組んでいる事例を紹介してきましたが、対策を講じるためにはさまざまな利害関係者の協力を得る必要があります。この課題に対して、コミュニケーションという視点からいくつか事例を紹介したいと思います。

ボストン市の事例を見ていきましょう。ボストン市は計画そのものを行政と民間と研究機関が共同で策定していることをご紹介しましたが、計画の策定に使われた分析結果や、計画に含まれる公共事業の必要性や進捗状況が確認できるウェブサイトを作成し公表しています。データは地図情報で確認でき、気候変動による災害リスクがどこに、どういった形で現れる可能性があるのか視覚的に確認できるようになっています（**図17**）。加えて、社会的脆弱性調査を基に、低所得者数が多い地域や人種、高齢者が多く住む地域、英語の理解が限定的な地域などの情報を重ねて表示することができます。市が想定しているリスクが何でどの規模のものなのか、それに対してどのような対策を講じてい

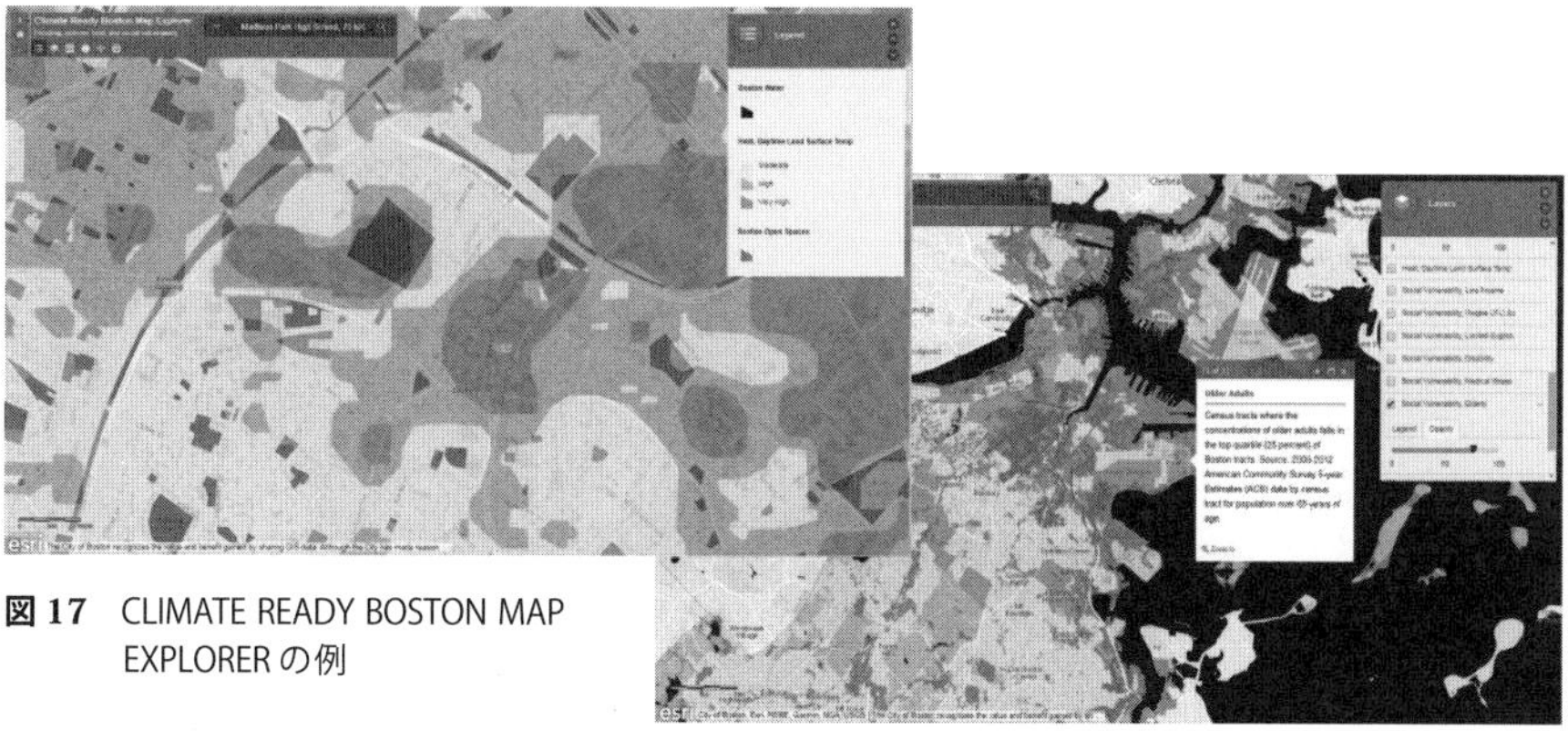

図17　CLIMATE READY BOSTON MAP EXPLORERの例

るのか、また講じようとしているのかが理解しやすく表示されており、気候変動リスクに対して市民が共通の認識（コンセンサス）を構築できるよう目指しているとしています。また、気候変動のリスクに対して強靭なボストン市を市民とともに作り上げていくことが経済的にも重要であり、生活の質の向上につながるという点が明確に述べられています。

人口規模でボストンの12倍以上もあるニューヨークは、市の業績評価を行うために各種指標を整備してきた歴史があります。気候変動対策に関しても指標が整理され、定められた目標に対しての毎年の進捗状況が報告されています。また、ボストンとも共通していますが、ニューヨークは気候変動を含む市のさまざまな課題に対して包括的に取り組む必要性が年々強くなっていることから、市の総合計画を強化してきています。適応策はこの総合計画の一部として整理されており、市のさまざまな分野において、気候変動がどのようにして影響する可能性があるのか記載されており、対策に関しても検討されています。２０１８年以降は総合計画で定めた指標を基にＳＤＧｓの進捗状況をレビューする自発的ローカルレビューの形式で報告書を取りまとめています（**図18**）。ボストンでも指標作りやデータの公表などを進めてきていますが、こうした取組みを牽引してきたニューヨークでは、指標の整備を軸とした協議や報告、また総合計画の中に気候変動を含めることによって包括的な取組みの一環として適応策が取り上げられています。

なお、気候変動に係る科学的な見解はすでに結論が出ていることから、これを説明し説得させる必要はないと考え、気候変動という言葉をあまり使わない都市もあります。

図18　ニューヨーク市によるSDGsのレビュー「Voluntary Local Review - New York City's Implementation of the 2030 Agenda for Sustainable Development」（2018年）

人口約60万人のデンバーでは、自然災害や政治的なリスクと同じ文脈で都市の脆弱性に係る課題として気候変動を捉えており、経済的に合理的な判断を市民に対して促すコミュニケーションを意識しているとしています。他方で、市の職員は気候変動に関して大学関係者と連携し世界の情報など積極的に情報収集し調査を行っており、さまざまな研究を進める民間企業との連携や、多くの研究機関や大学などと協力関係を構築し共同で研究を進めるなど、気候変動に関する知見や研究に積極的に関わっています。目的別にコミュニケーションの戦略を明確にしている事例といえます。

●新型コロナウイルスの影響と気候変動に適応する地域社会

２０２０年の初頭から本格的に感染が拡大した新型コロナウイルスとそれに伴う都市のロックダウンは、地域の経済や社会に大きな被害をもたらしています。気候変動の課題とは無関係と思われるかもしれませんが、気候変動は30や50年後の都市のあるべき姿を問う課題であり、さまざまなリスクに耐えうるレジリエント（強靭）で持続可能な社会の実現が究極的な目標といえ、決して無関係とはいえません。

ヨーロッパで初期に感染が拡大したイタリアのミラノ市では、適応計画の策定過程で作成した社会的弱者のマッピングや、ワークショップを通じてつながった地域で活動する団体とのネットワークが、ロックダウンを通じた影響を知るうえで必要不可欠な情報であったと話しています。同様に、エクアドルのキト市でも、ロックダウンを行うことで不足する可能性のある食料や、食糧を入手するのが困難になる市民はどこに集中するのか、母子家庭など、特に支援が必要な市民がどこにいて、どのようにして連絡を取り、またどのような緊急策を講じることができるのかなど、一刻を争う状況下で適応計画の策定の経験が活かせたとしています。

また、ミラノ市は行政サービスの多くをウェブ上で申請もしくは処理できるよう変えたほか、学校教育はオンライン化に対応し、図書館の書籍を電子化して市民が読めるようにしました。映画もオンラインで一部観られるよう対策を講じています。必ずしも適応策として取り組まれてきた対策ではないものの、不測の事態で有効に働いたことからも、今後ＩＣＴを活用した取組みを促進させていくとしています。なお、新型コロナウイルスとは関係ありませんが、人口規模が小さい自治体ではＩＣＴの活用やインフラの整備に限界があり、こういった取組みを進めるのではなく、市民社会の強化、市民の自助・共助を促す取組みを適応策としているところもあります。都市の規模が大きく、また新型コロナウイルスの感染拡大で大きな被害を受けたニューヨーク市の職員は、新型コロナウイルスによる重篤者率や死亡率が人種や地域によって違ってきており、社会・経済的な要因が影響している可能性があるとしています。結論を出すのは早いとしていますが、少なくとも総合計画を通じた包括的なアプローチの必要性がこれまで以上に認識されたとしており、持続可能な社会の実現に向けた議論の重要性はさらに増していく見込みです。

（内田東吾・馬場健司）

《参考文献》

（１）環境省「気候変動適応法概要」http://www.env.go.jp/earth/tekiou/tekiouhou_gaiyou.pdf

（２）気候変動適応情報プラットフォーム「地域気候変動センター一覧」

（３）Baba, K.et al.: Climate Change Adaptation Strategies of Local Governments in Japan, Oxford Encycrpedia of Climate Science, pp.1-26, 2017.

（４）馬場健司・工藤泰子・渡邊茂・永田裕・田中博春・田中充「地方自治体における気候変動適応技術へのニーズの分析と気候変動リスクアセスメント手法の開発」『土木学会論文集Ｇ（環境）』第74巻第５号、Ⅰ-４０５～Ⅰ-４１６頁、２０１８

（５）馬場健司・小楠智子・工藤泰子・吉川実・大西弘毅・目黒直樹・岩見麻子・田中充「地方自治体の気候変動適応計画における科学的知見の活用に関する分析」『土木学会論文集Ｇ（環境）』第76巻第５号、Ⅰ-２３３～Ⅰ-２４２頁、２０２０

（６）Cairney, P.: The politics of evidence-based policy making, Palgrave Macmillan Publishers, 2016.

（７）馬場健司「超学際的アプローチとステークホルダーの関与」、馬場健司・増原直樹・遠藤愛子編著『地熱資源をめぐる水・エネルギー・食料ネクサス‐学際・超学際アプローチに向けて‐』近代科学社、13‐20頁、２０１８

（８）岩見麻子・木村道徳・松井孝典・馬場健司「気候変動適応策の立案において地方自治体が抱える課題とニーズの把握‐コデザインワークショップの実践を通じて‐」『土木学会論文集Ｇ（環境）』第74巻第６号、Ⅱ‐93～Ⅱ-１０１頁、２０１８

（９）ニューヨーク市・持続可能性担当市長室：

https://www1.nyc.gov/site/sustainability/index.page
（10）ニューヨーク市・気候レジリエンシー担当市長室　New York City – Mayor's Office of Climate Resiliency：https://www1.nyc.gov/site/orr/index.page
（11）ニューヨーク市・自発的ローカルレビュー：https://www1.nyc.gov/site/international/programs/voluntary-local-review.page
（12）Boston Green Ribbon Commission：https://www.greenribboncommission.org/
（13）Climate Ready Boston：https://www.boston.gov/departments/environment/preparing-climate-change
（14）バスク気候変動センター：https://www.bc3research.org/
（15）ヘルシンキ地域環境サービス公社：https://hsyk01mstrxfa10prod.dxcloud.episerver.net/en/air-quality-and-climate/climate-change/
（16）Climate-ADAPT：https://climate-adapt.eea.europa.eu/

第2章

地域適応の拠点：地域気候変動適応センターの取組みと課題

2・1　全国の地域気候変動適応センターの設置

●地域気候変動適応センターの位置づけと設置形態

さまざまな地域特性を踏まえた適応計画を策定し、実効ある適応策を実施していくうえで、地方自治体が気候変動影響等に関する的確な情報や科学的知見を収集し、また専門的・技術的な助言を得ることは大変有効です。そこで適応法第13条では、都道府県と市町村は、地域の気候変動影響や適応策等に関する情報の収集整理・分析、情報提供などの拠点となる「地域気候変動適応センター」を確保する努力を定めています。

地域気候変動適応センター（以下「地域センター」という）の設置は、地方自治体の努力義務であり、その方式として、都道府県と市町村は単独で、または複数の自治体が共同で設置することができます。したがって、区域の状況に応じて複数の市町村が共同で設置することは可能です。また地域の気候変動等に関する専門的知見を有する研究機関が区域を超えて複数の自治体にまたがる広域的な地域センターとして設置されることも考えられます。

地域センターを担う組織として、地方自治体が設置している環境研究所や農業試験所などの関係機関が単独でまたはネットワーク方式で機能することが有力です。また、行政組織の担当課が地域センター機能を果たすことも可能ですし、さらに外部組織である大学等の研究機関や財団、ＮＰＯ団体がこの組織を担う方法も考えられます。

●地域気候変動適応センターの主な活動

地域センターが実施する主な活動について、適応法第13条は「気候変動影響及び気候変動適応に関する情報の収集、整理、分析及び提供並びに技術的助言を行う拠点としての機能を担う」と定めています。この内容に関して国から知事あての通知[*1]では、地域センターが担う機能として地方自治体のニーズなどに応じて次の内容[*2]を明示しています。

1．地方自治体における地域適応計画等の策定に資する知見の収集等
①地方自治体の要望に応じた地域適応計画の策定に必要となる気候変動影響及び気候変動適応に関する科学的知見の収集・整理
②地域における気候変動影響の予測及び評価
③地域における適応の優良事例の収集
④地域適応計画の策定や適応の推進のための技術的助言　など

2．気候変動影響等に関する情報の発信・相談
①地域の気候変動影響に関する情報についてウェブサイト等による発信
②地域の事業者や地域住民の適応に関連する相談への対応

3．収集した情報及び整理、分析した結果等の国立環境研究所との共有

この内容に照らして地域センターが担う機能は次の事項があります。一つは地方自治体が策定義務を有する地域適応計画や適応策の策定に伴う支援であり、気候変動に関する科学的知見や地域の気候変動の将来予測・評価、適応策事例の収集等の役割です。第二は、地域の住民や事業者に対する気候変動影響等に関する情報提供であり、地域への

＊1　平成30年11月30日付け、環境省地球環境局長から各都道府県知事あての通知「気候変動適応法の施行について」による。

＊2　以下の内容は、前記の「通知」の記述内容から整理した。

関連情報の発信の役割です。第三は、収集した地域の気候変動影響等の情報を、全国の気候変動適応センターである国立環境研究所に提供・送付する機能です。

第三の役割に関連して、地域センターは、活動にあたり国立環境研究所の技術的援助を受けることが可能であり、得られた情報を国立環境研究所と共有することが求められます。国立環境研究所は、地域センターから提供された情報を一元的に発信することにより、地域の優良事例をほかの地域の適応策に活用することができる流れです。

●全国における地域適応センターの設置状況

２０２０年６月１日時点で、**図1**と**表1**に示すように全国では24自治体（22府県・2市）において地域センターが設置されていました。1年後の２０２１年６月現在では40自治体に増えています。最初の地域センターは、適応法の施行日である２０１８年12月1日に発足した埼玉県環境科学国際センターに拠点をおく「埼玉県気候変動適応センター」です。

２０２０年６月時点の地域別の設置状況をみると、北日本の北海道・東北地方では設置は1自治体と少ないですが、関東は9自治体、中部地方では6自治体と多数の地域センターが設置されています。また、近畿から中国・四国、九州・沖縄地方では漸増の傾向にあるものの、中国地方では設置がゼロである反面、四国4県では各県に地域センターが設置されており、地域的に偏りがみて取れます。

前述したように地域センターの設置はさまざまな形態が可能です。２０２０年６月現在の設置状況（表1）をみると、付属機関である地方の環境研究所や保健衛生研究所

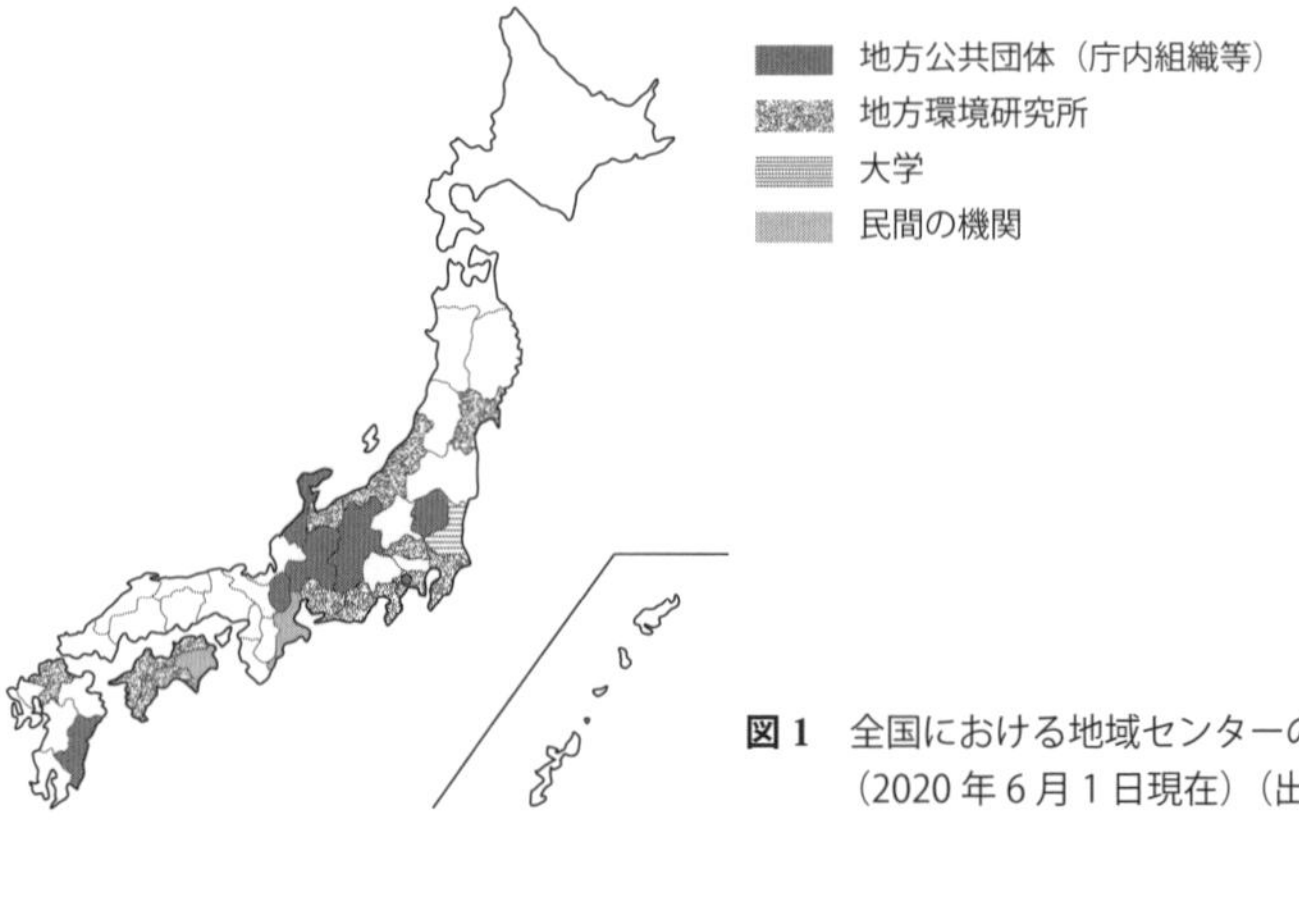

図1　全国における地域センターの設置
（2020年6月1日現在）（出典：文献（1）に加筆）

への設置が24自治体中16団体（行政部局との共同設置の事例を含む）と7割近くを占め、次いで行政部局への設置が7団体となっています。また、大学への設置が２団体（大学単独の設置が１団体、行政部局との共同設置が１団体）、ＮＰＯ法人等の民間団体への設置が２団体です。地域センターの拠点をどこに置くかについて、自治体の事情等があり、それを踏まえて最適な場所を選定することになりますが、先のセンター機能を効果的に発揮できるような組織に設置することが必要です。

２０１８年12月の適応法施行を受けて、これまで２０１８年度４自治体、２０１９年度10自治体、２０２０年度12自治体で設置が行われ、２０２１年度は６月までに14自治体となっています。直近では、これまで少なかった北海道・東北や中国地方で設置が進むとともに、基礎自治体である市や区の単独設置や、府県と市による共同設置の形態がみられ、多様化が進んでいます(1)。地域における気候変動影響等の情報拠点として、各地における設置と活用が期待されます。

（田中　充）

表１　地域別の地域センターの設置状況（2020 年 6 月 1 日現在）

地域	設置	設置日	拠点（組織母体）	組織区分
北海道	なし	–	–	–
東北	宮城県	2020 年 6 月 1 日	宮城県保健環境センター（環境情報センター）	地方研究所
関東	茨城県	2019 年 4 月 1 日	茨城大学地球・地域環境共創機構	大学
	栃木県	2020 年 4 月 1 日	栃木県地球温暖化対策課および保健環境センター	行政・研究所
	那須塩原市	2020 年 4 月 1 日	那須塩原市気候変動対策局	行政部局
	埼玉県	2018 年 12 月 1 日	埼玉県環境科学国際センター	地方研究所
	千葉県	2020 年 4 月 1 日	千葉県環境研究センター	地方研究所
	神奈川県	2019 年 4 月 1 日	神奈川県環境科学センター	地方研究所
	川崎市	2020 年 4 月 1 日	川崎市環境局環境総合研究所	地方研究所
	新潟県	2019 年 4 月 1 日	新潟県保健環境科学研究所	地方研究所
	静岡県	2019 年 3 月 22 日	静岡県環境衛生科学研究所	地方研究所
中部	富山県	2020 年 4 月 1 日	富山県環境科学センター	地方研究所
	石川県	2020 年 4 月 1 日	石川県生活環境部温暖化・里山対策室	行政部局
	長野県	2019 年 4 月 1 日	長野県環境保全研究所および長野県環境エネルギー課	行政・研究所
	岐阜県	2020 年 4 月 1 日	岐阜県環境生活部環境管理課および岐阜大学	行政・大学
	愛知県	2019 年 3 月 22 日	愛知県環境調査センター	地方研究所
	三重県	2019 年 4 月 1 日	一般財団法人三重県環境保全事業団	民間団体
近畿	大阪府	2020 年 4 月 6 日	地方独立行政法人大阪府立環境農林水産総合研究所	地方研究所
	滋賀県	2019 年 1 月 29 日	滋賀県低炭素社会づくり・エネルギー政策等推進本部	行政部局
中国・四国	徳島県	2020 年 3 月 9 日	NPO 法人環境首都とくしま創造センター	民間団体
	香川県	2019 年 10 月 1 日	香川県環境保健研究センター	地方研究所
	愛媛県	2020 年 4 月 1 日	愛媛県衛生環境研究所	地方研究所
	高知県	2019 年 4 月 1 日	高知県衛生環境研究所	地方研究所
九州	福岡県	2019 年 8 月 7 日	福岡県保健環境研究所	地方研究所
	宮崎県	2019 年 6 月 27 日	宮崎県環境森林部環境森林課	行政部局

出典：文献（1）に加筆

2・2 気候変動適応関東広域協議会の状況

気候変動適応法（以下、適応法）の施行とともにスタートした気候変動適応広域協議会（以下、広域協議会）ですが、まずは、その設置までの経緯を**図2**に従って説明します。

適応法の施行と前後して、2017年度から2019年度までの3年間において、農林水産省、国土交通省、環境省の連携事業として「地域適応コンソーシアム事業（コンソ事業）」が実施されました。この事業では、全国と各地域を合わせて53の調査および普及啓発事業が実施され、その連携推進基盤として、全国6ブロックに「地域協議会」が立ち上がりました。当時の地域協議会のメンバーは、現在とほぼ同様な枠組みで、国の地方行政機関、地方自治体、大学、研究機関、事業者、民間団体など多様な地域の関係者が参画していました。

その後、2019年12月の適応法の施行を機に、北海道・東北ブロックを分割し、7ブロックで広域協議会として、新たにスタートし、同時に、コンソ事業の成果共有の場としても活用されました。

なお、このコンソ事業の成果については、成果集として取りまとめられ、前述のA-PLATのサイトより公表されていますので、そちらを参照してください。

さて、広域協議会は、適応法第14条によれば、地域により異なる気候変動の影響に対して、どのように取り組んでいけばよいのかをそれぞれの地域で主体的に議論していく場であるとされています。そこであらためて、広域協議会としての位置づけを整理する

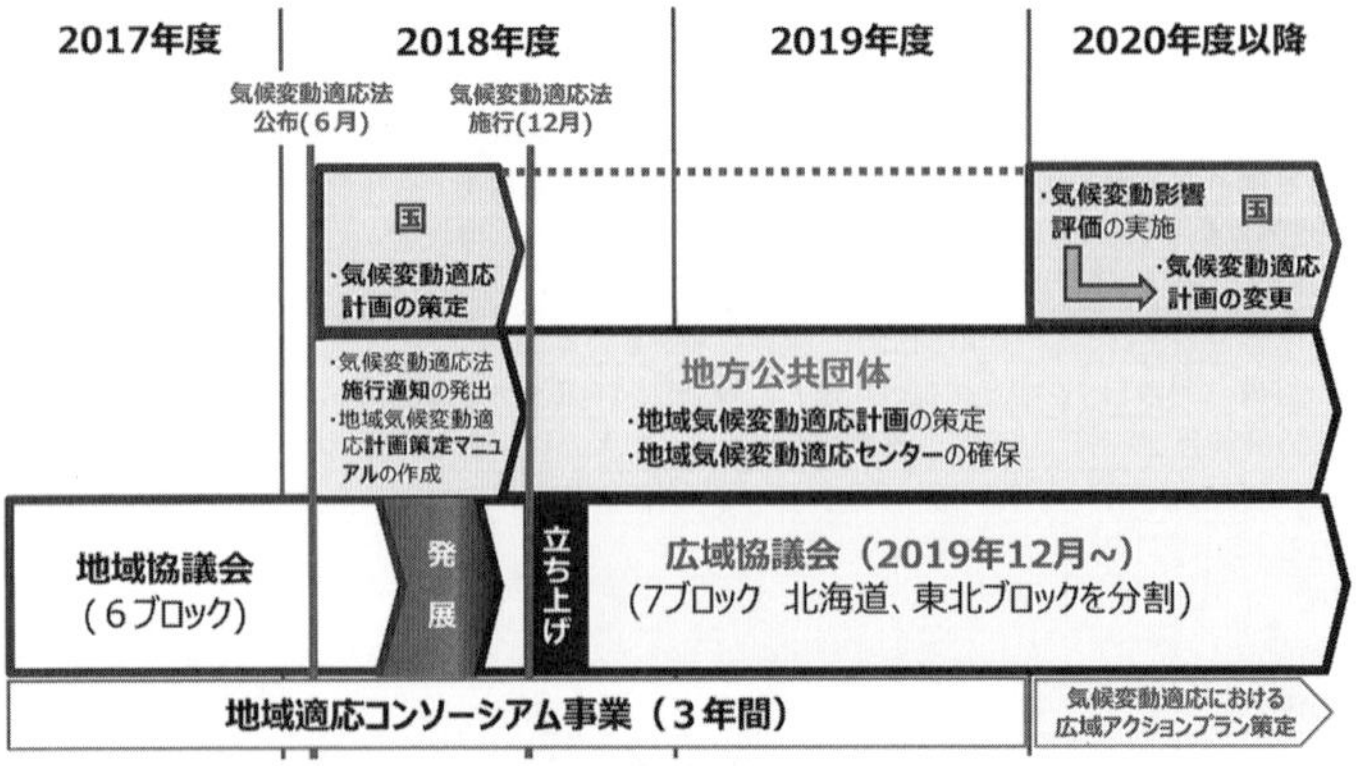

図2　気候変動適応法の施行等の協議会等の流れ[(2)]

と**図3**のようになります。広域協議会を構成するメンバーは、前述した地域協議会のメンバーに加えて、適応法第13条に規定される地域気候変動適応センターもあらたに加わることになります。また、適応法第11条に規定される国立環境研究所等からの情報提供も積極的に受けていくことになりました。

また、広域協議会として今後議論を重ねていくうえで、「広域」というキーワードを常に認識しておくことは重要な点です。適応法第12条によれば、地域特性により異なると考えられる都道府県や市区町村特有の気候変動の影響は、それぞれの地域気候変動適応計画に反映され、その対策の実施が優先されます。したがって、広域協議会において扱うテーマとしては、複数の地方自治体の区域にまたがるような広域の範囲を対象とすることが求められることになります。

以上のことは、全国7ブロックの各広域協議会に共通的な事柄となります。

次に、関東地方に焦点を当ててみます。環境省では、関東地方の定義を茨城県、栃木県、埼玉県、千葉県、東京都、神奈川県、新潟県、山梨県、静岡県の1都9県としています。したがって、気候変動適応関東広域協議会（以下、関東広域協議会）として議論の対象とする領域はこの範囲となり、そのメンバーについても同様の扱いとなります。

表2に関東広域協議会のメンバーの概要を示します。その基本的なメンバー構成は、設置要綱に基づき議長、構成員、アドバイザー、その他の関係者となり、構成員は議決権を持ちます。関東広域協議会では、構成員として、都県および政令指定都市の環境担当課、地域気候変動適応センター、国の地方支分部局が参画しており、アドバイザーには大学および研究機関の専門家にお願いすることにしています。さらに、その他の関係者（オブザーバ的な位置づけ）としては、1都9県の市区町村のうち参加を希望する市

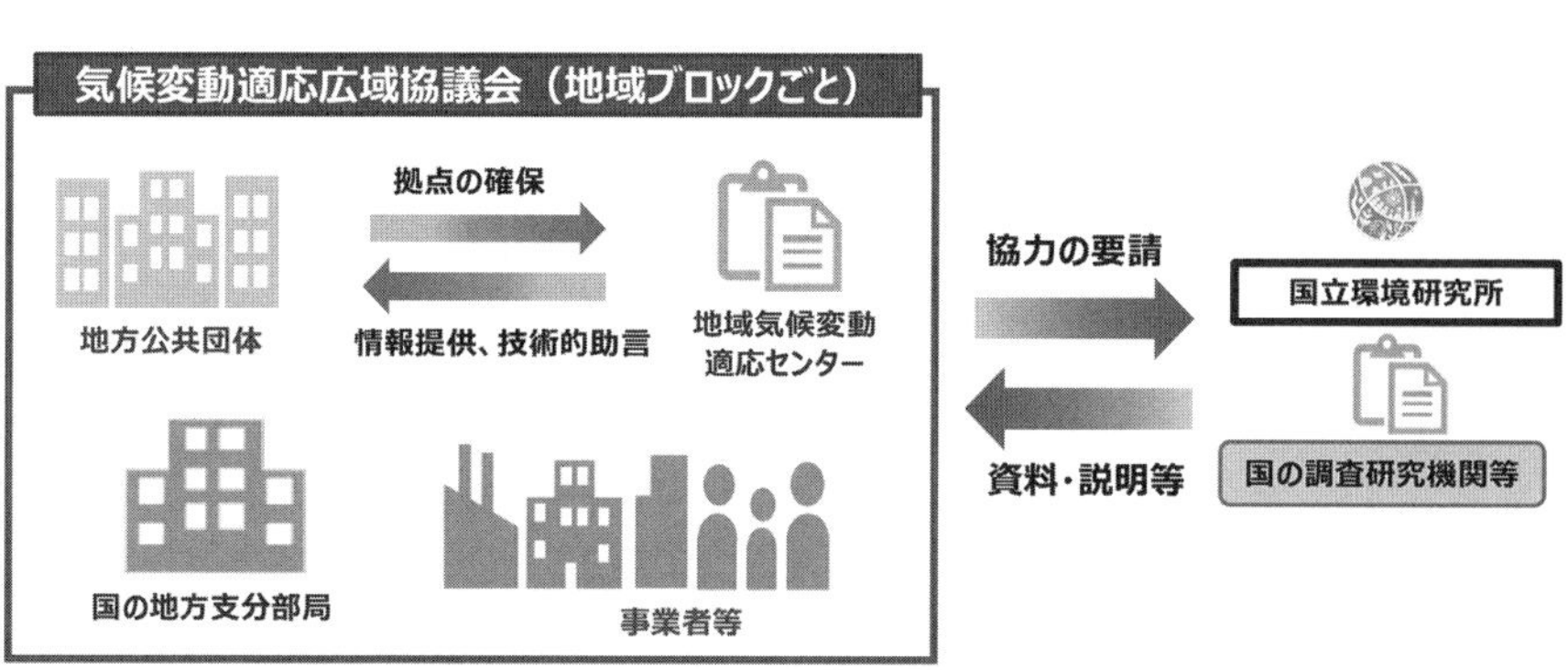

図3　気候変動適応広域協議会の位置づけ[(3)]

区町村の環境担当課、関係省庁、地域地球温暖化防止活動推進センターで構成しています。

関東広域協議会では、２０２１年６月まで５回の協議会を実施しています。とくに２０１９年２月の第１回協議会から２０２０年２月の第３回協議会までは、コンソ事業の実施期間中でもあったことから、この調査結果に関する報告と、今後取り扱うテーマとして相応しいと思われる分科会テーマについて議論を重ねてきました。

関東広域協議会の開催にあたっては、３年間のコンソ事業を終了したことから、２０２０年度よりスタートする環境省事業「気候変動適応における広域アクションプラン策定事業」（以下、広域アクションプラン策定事業）を実施していく場として、この分科会を活用していくことで調整を進め、第４回協議会において、分科会の設定の承認を得ています。

広域アクションプラン策定事業については、**図４**に示すような概要となっています。２０２０年度からの３年間で、三つのテーマに関する具体的な適応策や事業について議論し、対象者×機会×場所などを考慮した事業計画の策定を行う予定です。

この広域アクションプラン策定事業と関東広域協議会の関係を**図５**に示します。図からもわかるように、関東広域協議

表２　気候変動適応関東広域協議会のメンバー概要 (4)

議長【1】	専門家（大学教授）
構成員【38】	**＜地方公共団体＞**　関東地方環境事務所管内１都９県８政令指定都市の環境担当課 **＜地域気候変動適応センター＞**　関東地方環境事務所管内８センター **＜地方支分部局＞**　関東地方環境事務所（事務局）他 11 地方支分部局
アドバイザー【3】	**＜分科会1座長＞** **＜分科会2座長＞** **＜分科会3座長＞**　大学、研究機関等の専門家
その他の関係者【66】	**＜地方公共団体＞**　48 市区町村の環境主幹課 **＜地域気候変動適応センター＞**　関東地方環境事務所管内１センター **＜関係省庁＞**　文部科学省　研究開発局環境エネルギー課 環境省　地球環境局総務課気候変動適応室 **＜地域地球温暖化防止活動推進センター＞**　関東地方環境事務所管内 15 センター

【広域アクションプラン策定事業（概要）】

期　間：３年間
目　的：県境を越えて連携すべき気候変動影響等を把握し、地域で優先度が高くかつ**アクションプラン**として実施可能と思われるテーマを設定し、これらの**アクションプラン**の立案を目指す
体　制：コンソーシアム事業と同様に、民間委託者（環境省別途委託）の支援を受けつつ、実施する
テーマ：分科会１：熱中症予防に眼桁目標設定と普及啓発効果指標の検討
分科会２：地域特性に応じた災害時の共助のための仕組みづくりの検討
分科会３：地域の脆弱性・リスクの総点検を通した広域的連携・共通的取組みが必要な課題検討

図４　広域アクションプラン策定事業の概要 (4)

会のもとに分科会1から分科会3を設置し、三つの分科会に対して、タスクアウトしたうえで検討をお願いし、その検討結果を座長報告として協議会の場で報告いただき、情報共有を図っていく流れとなっています。

分科会の実施にあたっては、**図6**に示すように、三つの分科会テーマを勘案して、構成員自らが希望する分科会メンバーに参加していただき、さらに、より具体的な議論を深めるために、分科会テーマに関連の深いと思われる庁内関連部局にも参加のお願いをしていただくこととしています。また、分科会3におい

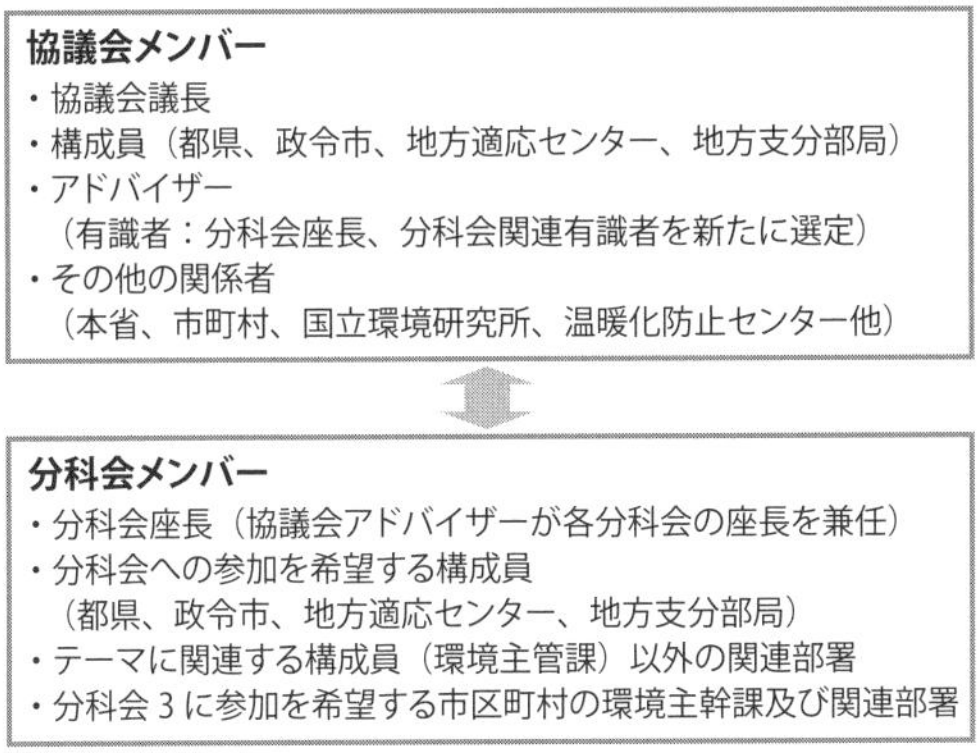

図6　関東広域協議会と分科会のメンバー[(4)]

図5　関東広域協議会と広域アクションプラン策定事業の関係[(4)]

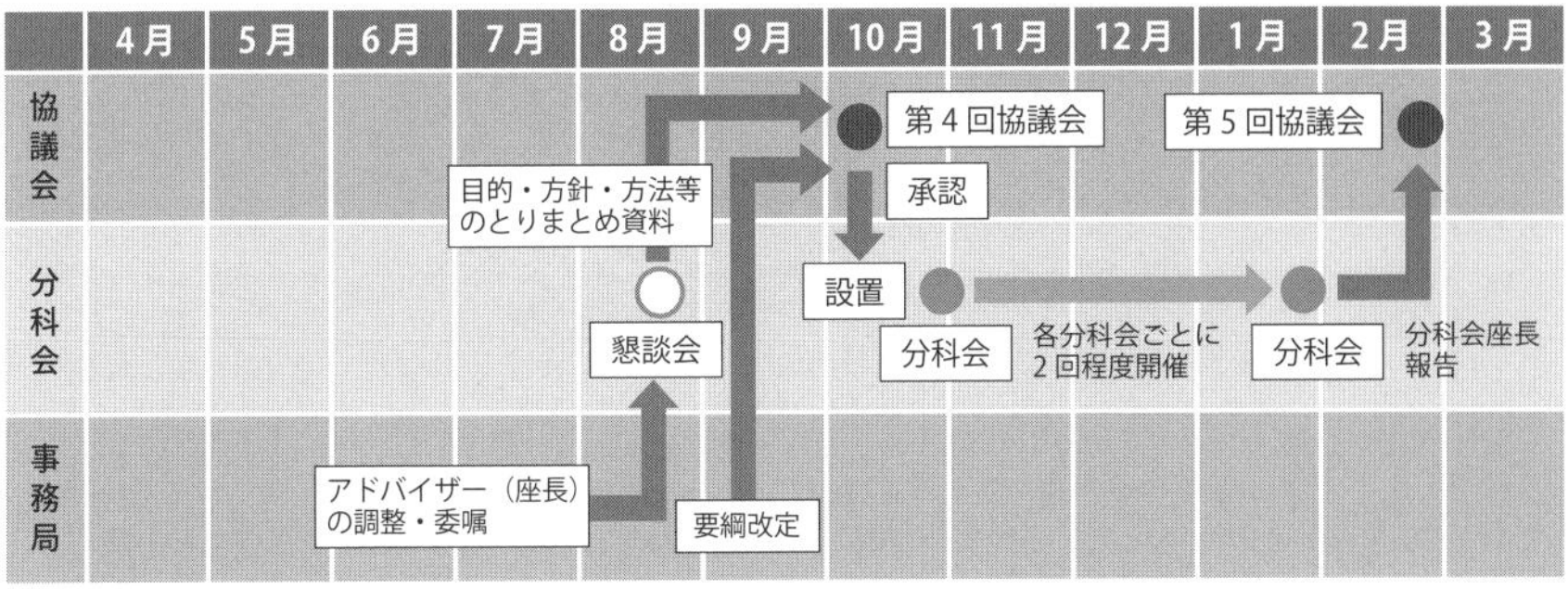

→令和2年度のスケジュールは以下のとおり
- 4月初　分科会メンバーの決定
- 4月末　分科会アドバイザー（座長）の決定 → 分科会1および分科会3は決定
- 8月初　事業者の決定
- 8月中　分会1〜3の懇談会（分科会の目的、実施方法の共有・合意）
- 9月末　開催通知発出、分科会設置に関する資料の事前配付
- 10月　第4回協議会
- 10-1月　分科会1〜3の開催
- 2月　第5回協議会

図7　令和2年度関東広域協議会・分科会の予定[(4)]

ては、市区町村の課題により注目するために、都県ごとに意見交換会を設置して、市区町村の環境担当課および関連部局からの参加を広く求めて議論を行っています。

関東広域協議会の2020年度の実施スケジュールを**図7**に示します。2021年度以降は、7月ごろと2月ごろの年度内に2回の協議会と、その間に2回の分科会を予定しています。

関東広域協議会の役割としては、関東域としての広域的なまとまりの中で、比較的共通性のある基盤・条件（例えば気候条件、人や物流の連結性、産業活動の連携・移動性など）を踏まえつつ、SI-CATプロジェクトやコンソ事業の成果を活用しつつ、関連情報や知見の共有に重点を移していくことになっていきます。そのうえで、共通課題に関する適応策立案と広域アクションプランの策定については、分科会活動を中心に進めることになります。

今後、協議会中心の活動から分科会活動に枠組みや重点を広げることにより、分科会の役割が大きくなっていくものと思われます。

（川原博満）

２・３　信州気候変動適応センターの状況〔長野県〕

●信州気候変動適応センターの設立の経緯

長野県では「地球温暖化対策の推進に関する法律」にもとづく地方公共団体実行計画（区域施策編）の第三次の改定版として、２０１３年に「長野県環境エネルギー戦略～第三次長野県地球温暖化防止県民計画～」（以下、戦略）を策定しました（**図８**）。この戦略は、これまで実施してきた地球温暖化の緩和策の見直しと東日本大震災以降のエネルギー情勢の変化を受けて、より実効性の高い地球温暖化対策と地域主導のエネルギー事業によって地域の自立を図る「環境エネルギー政策」を総合的に実施するとした内容となっています。この中に当県としては初めて気候変動の影響への適応策が位置づけられました。

戦略に記載された適応策の内容に基づき、２０１４年には、県内の気候変動の現状を適切に把握するため、県内で気象情報を観測する公的機関をネットワーク化した「信州・気候変動モニタリングネットワーク（以下、モニタリングネットワーク）」を構築し、地域の詳細な気象情報の一元的な収集を開始しました。

また、２０１６年には、気候変動適応に資する技術・施策・サービスを創出するための情報を企業や大学、県機関等で共有する場として「信州・気候変動適応プラットフォーム」（以下、プラットフォーム）を構築し、モニタリングネットワークにより得

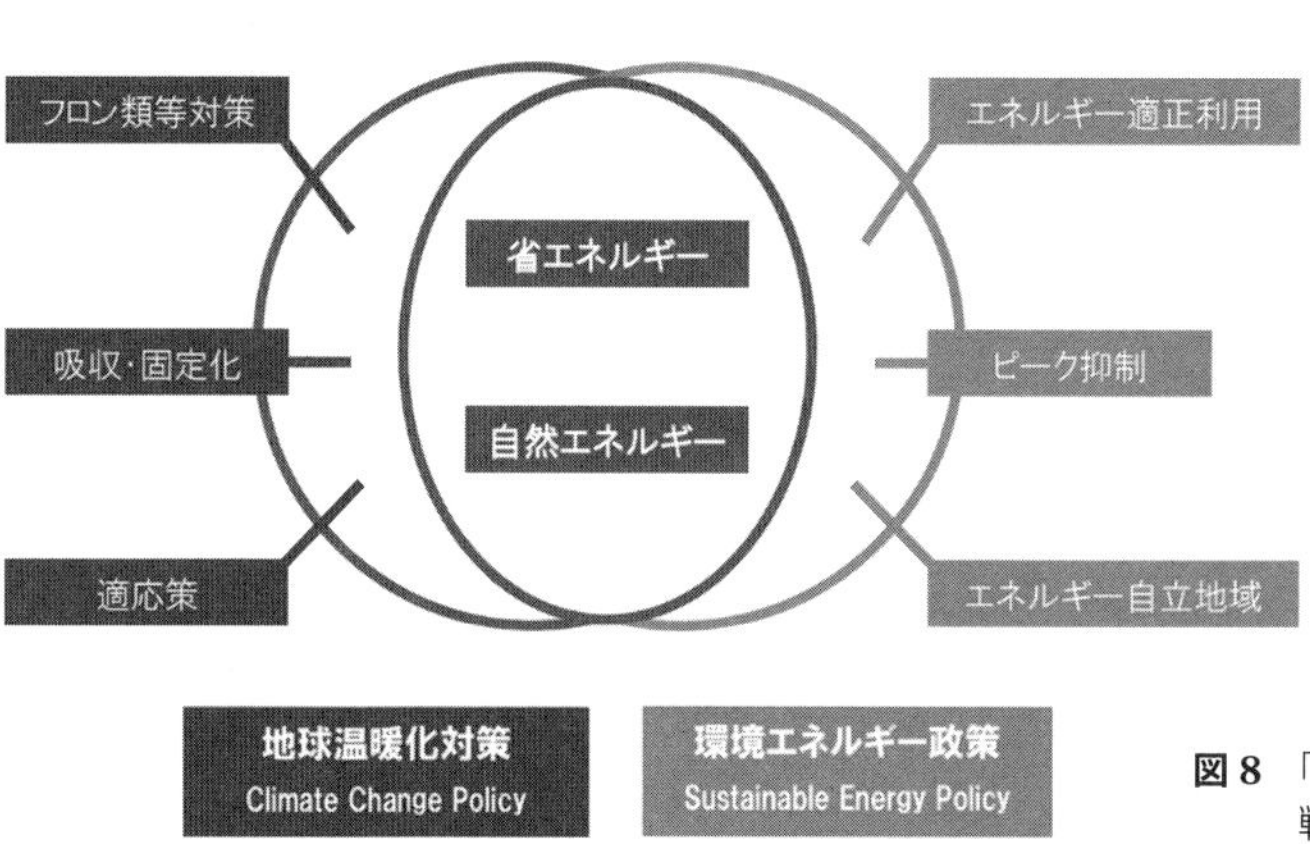

図８　「長野県環境エネルギー戦略」における政策体系

られた県内の気候変動情報や２０１５年よりモデル自治体として参画した『気候変動適応技術社会実装プログラム（ＳＩ-ＣＡＴ）』による県内の気候変動影響予測等について情報共有を図ってきました。

こうしたなか、２０１８年12月に気候変動適応法（以下、適応法）が施行され、地方公共団体の責務として、区域に応じた気候変動適応に関する施策の推進に努めるとともに、気候変動影響や適応に関する情報の収集や提供、技術的助言等を行う体制の確保が定められました。

そこで当県では、これまで実施してきたモニタリングネットワークおよびプラットフォームの取組みを軸として、県内の地域特性に応じた気候変動適応をより一層促進するため、２０１９年４月１日に長野県環境保全研究所（以下、研究所）および長野県環境エネルギー課（現在、長野県環境政策課）に共同で「信州気候変動適応センター」（以下、センター）を設置しました（**図９**）。

●活動内容

センターの活動内容としては、適応法の内容を踏まえつつ、今後の県内での適応推進を見据えて、次の四つの柱をたてました。

①県内の気候変動の実態や影響の把握および高度な予測データの収集等による基盤情報の整備
②ホームページや出前講座を通じた適応に関するさまざまな情報の一元的な発信
③県内の気候変動に関するニーズ・シーズの把握、適切なマッチングを通じた適応

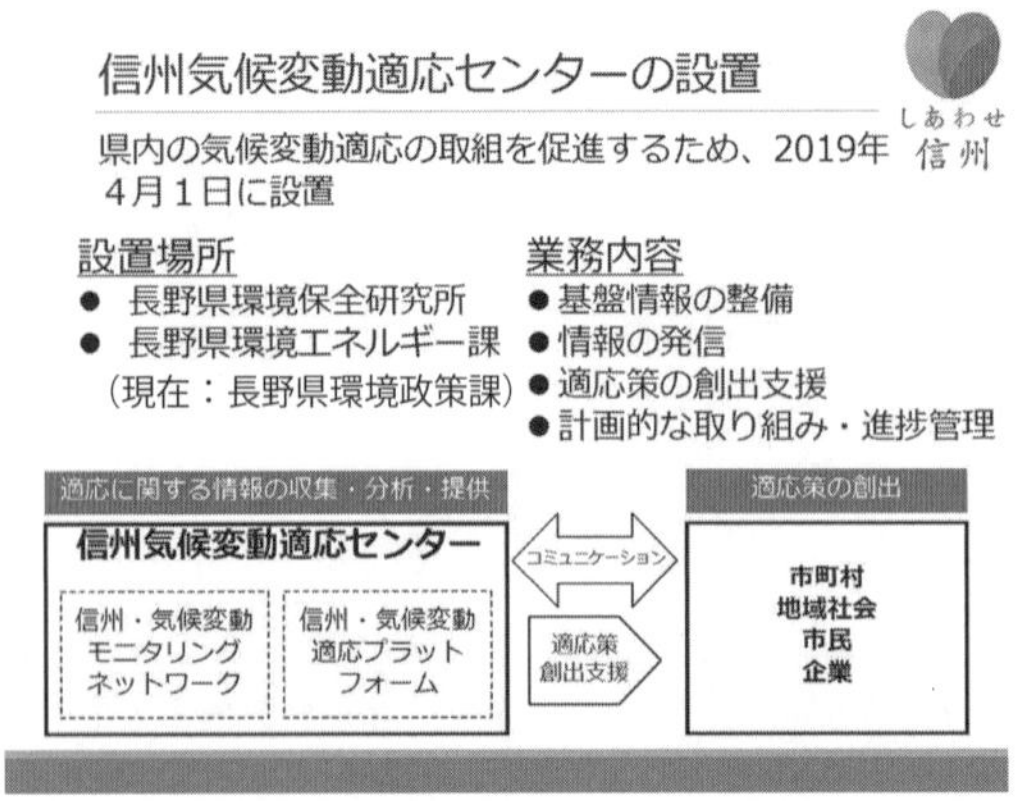

図９　信州気候変動適応センターの概要

策の創出支援

④ 地域気候変動適応計画による計画的な取組みと進捗管理

このうち、現在は適応を推進するうえでのベースとなる基盤情報の整備にもっとも力を入れて取り組んでいるところです。具体的な内容については後述します。また、ホームページ（https://lccac-shinshu.org/）を活用して整備された情報を発信するとともに、県内における気候変動の実態とその影響を理解していただくため、先述のプラットフォームを活用した情報共有や当研究所主催のサイエンスカフェ、講座等の場を活用した市民とのリスクコミュニケーションにも積極的に取り組んでいます（**図10**）。２０１９年度に実施した講座等は34回、延べ参加者数は約１５００人でした。

さらに、県内市町村や県民の気候変動適応に関するアンケートを実施し、適応に関する情報のニーズについて収集を行っています。現時点での集計結果によると、近年の異常気象の頻発の影響もあって、気候変動への関心は非常に高いものの、豪雨、豪雪、台風など極端な気象現象に対する情報提供が不足しているとの認識が一定程度あることがわかりました。求められている情報が何かを把握し、適切に情報提供できるように進めていくことが必要と感じています。

●基盤情報の整備

センターで整備を進めている基盤情報は、気候変動の実態、将来予測、気候変動による影響の３種類です。

気候変動の実態に関する情報とは、過去から現在における県内の気候変化や過去の異

図 10　市民とのリスクコミュニケーション（山と自然のサイエンスカフェ＠信州の様子）

常気象時の気温や雨の分布などの情報です。情報源としては、県内の気象庁の観測データに加え、モニタリングネットワークにより収集した国や県の機関が観測している気象データを活用しています。また、観測の空白域（たとえば、山岳地や都市内部など）については、研究所が独自に観測機器を設置しながらモニタリングも行っています（**図11**）。いずれのデータについてもその整理、解析、作図などは研究所で実施しています。

次に、気候変動の将来予測に関する情報としては、気候変動適応情報プラットフォーム（A-PLAT）に掲載の情報、気象庁の温暖化予測情報、SI-CATの成果としての予測情報を利用し、主に近未来（2031-2050年）および21世紀末（2081-2100年）におけるRCP排出シナリオ別の気温や降水量、積雪深の情報を収集・整備しています。たとえば県内の年平均気温の将来予測情報については、A-PLAT等で分布図として提供されている画像データを収集するほか、ダウンスケーリングされた気候予測データを用いた作図も進めています。

将来の気候変動による農業や防災、健康等のさまざまな分野への影響予測情報としては、主にA-PLATとSI-CATの研究成果を収集しています。これらの研究成果も分布図のような画像データを収集するとともに、数値データを提供いただけた成果についてはGISベースの情報として整備を始めています。

●今後の課題

現時点ではまだ課題山積の状況ではありますが、当県では2021年6月に環境エネルギー戦略を大幅に改訂した「長野県ゼロカーボン戦略」を策定し、これを適応法の

図11　独自の気象モニタリング（山岳地）

規定による地域気候変動適応計画としました。これに基づき、各分野における適応策の事業化、地域や市町村における適応策の創出支援を進め、適応策を社会に実装していく段階に進んでいきたいと考えています。そのためには、現在ある気候変動の影響の情報だけでは不十分で、影響を適応策に結びつけるための気候変動リスクの特定（脆弱性の評価）をしっかりと行う必要があると考えています。また、すでにある情報も十分活用されていない現状を踏まえて、適応の主体が求めている情報を明確にし、それを使いやすい情報へと変換する「情報デザイン」という観点が重要と考えています。

２０１９年12月６日、長野県は都道府県として国内初めてとなる「気候非常事態宣言―２０５０ゼロカーボンへの決意―」を行いました。最大限の緩和策（ゼロカーボン）に取り組むとともに、適応策にも取り組んでいくことが示されています。２０２０年４月１日には、この宣言を具体的に取り組むための理念として「気候危機突破方針」が出されました。これらを具現化していくためにも、センターの役割がますます重要になっていると感じています。

（浜田　崇）

２・４　滋賀県気候変動適応センターの状況〔滋賀県〕

滋賀県では、地球温暖化に対して総合的かつ計画的に取り組むために、「持続可能な滋賀社会ビジョン（**図12**）」を２００８年3月に策定し、その実現に向けた必要項目をスケジュール化する工程表（**図13**）を２０１０年3月に策定しました。また、これらビジョンおよび工程表に基づき、具体的な施策を進めるために、滋賀県低炭素社会づくり推進計画（**図14**）を２０１２年3月に策定し、緩和策を中心とした取組みを本格化させました。

２０１４年に公表されたＩＰＣＣ第5次報告書において、適応策が重要であると示されました。国においても「気候変動の影響への適応計画」を２０１５年11月に策定され、適応策への取組みの必要性の認識が滋賀県内でも広まっています。

彦根気象台によると滋賀県の平均気温は、１００年当たりで1・27℃の割合で上昇傾向にあるとされています。また、年日最高気温が30℃以上の日数が、10年で0・6日増加傾向にあることや、年間猛暑日や熱帯夜の日数なども増加傾向にあり、滋賀県においてもすでに気候変動は起きつつあると考えられます[10]。

このような気候変動への影響としては、農業分野では水稲の白未熟粒の発生の増加、健康影響では熱中症患者の増加、災害では水害リスクの増加などが懸念されています[11]。滋賀県では、緩和策を最優先としつつも、すでに顕在化しつつあり今後も悪化が懸念される気候変動の影響を回避・軽減するため、適応策を充実していくことが持続

図12　持続可能な滋賀社会ビジョン

図13　滋賀県低炭素社会実現のための工程表

図14　滋賀県低炭素社会づくり推進計画

可能な社会づくりに向けて必要であると考えています。

これらの現状を踏まえ、滋賀県においてもすでに顕在化しつつある気候変動への影響に対応するために、２０１７年に改定された「滋賀県低炭素社会づくり推進計画」において、新たに「適応策の取組」として1章を設け、農林水産業、水環境・水資源、自然生態系など国の適応計画に定められている7分野について、現在取り組んでいる適応策を計画に位置づけました。これにより、これまで取り組んできた緩和策と併せて、適応策を地球温暖化対策の両輪として進めることを明記し、適応策の取組みを開始しました。

２０１８年12月1日には、国において気候変動適応法が策定され、地方公共団体は努力義務として地域で気候変動に取り組む拠点として、地域気候変動適応センターの設置が求められました。これを受けて、埼玉県に次いで全国で2番目となる滋賀県気候変動適応センターを２０１９年1月29日に設置しました（**写真1**）。滋賀県気候変動適応センターは、滋賀県庁内に設置され琵琶湖環境部次長をセンター長とする、部局横断型の組織体制となっています。

滋賀県気候変動適応センターでは、国立環境研究所気候変動適応センターと連携し、滋賀県内の気候変動影響に関する情報収集と分析を行い、気候変動適応策の検討を進めていくことになります。発足後は、庁内会議を実施し、気候変動に関する各分野での影響の現状と適応策を進めるうえでの課題の整理を２０１８年度に行いました。

また、滋賀県の気候変動影響の現状をまずはしっかり把握し、社会経済状況も踏まえたうえで、今後のリスク評価をすることが重要と考え、県庁内の関係部局や各分野のステークホルダーとの意見交換会を開催し、気候変動影響の認識や適応策についてのニー

写真１　滋賀県気候変動適応センター

ズの抽出を２０１９年度から行っています。

これまでステークホルダー意見交換会として、水稲や麦類、大豆などの栽培に従事している農業者、琵琶湖で漁業を営む県内４漁協の漁業者、県内３森林組合の林業者、製造業を中心とした県内約20社の企業担当者、県民生活の面から地球温暖化防止活動推進員などの方々に、各分野で生じている気候変動影響と今後の懸念についての話を伺いました。結果、どのステークホルダーも気候変動影響は実感しており、特に災害については共通して増加傾向にあるとの懸念が持たれていました。

また、２０２０年１月に、有識者による滋賀県気候変動適応推進懇話会を設置し、ステークホルダーや幅広く県民から寄せられた気候変動影響と思われる事例について、これらが気候変動によるものかどうか影響の妥当性を科学的に評価し、必要な適応策を検討する事業も開始しています。収集した県民からの気候変動影響事例は、災害や農業、琵琶湖、自然生態系、健康、生活、その他の分野別に、国立環境研究所気候変動適応センターの協力を受けて、影響が生じている場所を地図上に整理し、滋賀県のホームページ[12]にて公開しています（**図15**）。

併せて、これら、影響評価結果を基に、各分野で適応策についての理解を深めリスク回避を促すために、動画を作成するなどの普及啓発事業にも力を入れて推進しています。

今後は、さらなる科学的知見に基づいた気候変動影響評価を進め、気候変動適応法に基づく地域気候変動適応計画の策定を予定しており、２０５０年までに二酸化炭素排出量の実質ゼロを目指す緩和策と併せて、「持続可能な健康しが」の達成に向けた活動を推進していく予定です。

（木村道徳）

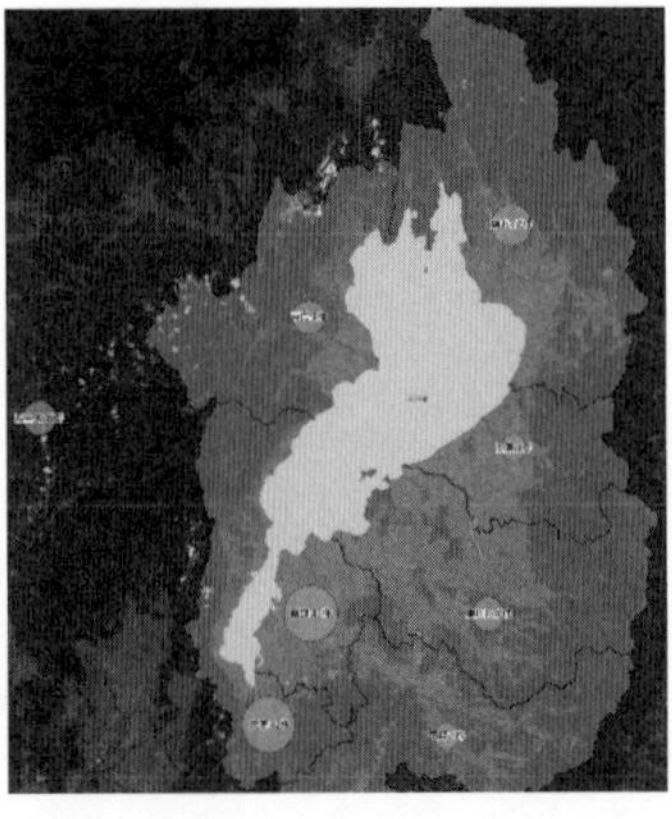

図15　県民からの気候変動影響事例まとめサイト

２・５　埼玉県気候変動適応センターの状況〔埼玉県〕

●埼玉県の適応策への取組み

埼玉県は、国内で最も気温が高くなる場所として知られています。２００７年には熊谷地方気象台で気温40・９℃を記録し、日本の最高気温を74年ぶりに塗り替えました。また、２０１８年には41・１℃を観測し、日本の最高気温をさらに更新し単独１位となりました。長期的にも気温上昇は明らかで、熊谷地方気象台の年平均気温は、１８９８年から２０１９年の間に１００年換算で２・１℃上昇しました。これは、日本の年平均気温の上昇率を大きく上回っています。この埼玉県の急激な気温上昇は、地球温暖化に加え、都市化によるヒートアイランド現象との複合影響により起きていると考えられますが、いずれにしても、埼玉県の気温は急激に上昇し、さまざまな影響も顕在化しています。

特に気温上昇による影響が注目されたのは、２０１０年に発生した米の高温障害です。当時、埼玉県で栽培されている水稲の約３割を占めていた「彩のかがやき」で米粒が白くなる白未熟粒が多発し、大きな経済的被害が発生しました。また、野生生物にも影響が現れはじめています。埼玉県にほとんど分布していなかったツマグロヒョウモンやムラサキツバメといった南方系の昆虫が侵入定着し、害虫化する事例も報告されています。さらに、近年、健康影響も顕在化し、熱中症搬送者数が急増し２０１０年以降は年間2000名を超えています。

このような状況を背景に、埼玉県は比較的早い段階から適応策に注目し取組みを開始しました。2008年には、埼玉県の環境研究所である埼玉県環境科学国際センターに、「温暖化影響評価プロジェクトチーム」を設置し、県内の温暖化実態や影響に関する情報収集を行い、2008年8月に「緊急レポート 地球温暖化の埼玉県への影響」を発表しました。その後、2009年3月に、埼玉県は、県の温暖化対策実行計画である「ストップ温暖化・埼玉ナビゲーション2050」を策定しましたが、そこでは、適応策に一章を割き、適応策の基本的な考え方や対策事例を示しました。また、ほぼ同時に公布した「埼玉県地球温暖化対策推進条例」にも適応策を県が進めるべき対策として位置づけ適応策への取組みを開始しました。その後、埼玉県環境科学国際センターは、環境省や文部科学省の適応策研究プロジェクトに参加し、地域における適応策の検討を行うとともに、国の研究機関等が行った詳細な将来予測情報を県施策に実装するための取組みを行ってきました。

埼玉県の適応策への取組みは、自治体として最も早いものでしたが、そのきっかけとなったのは、2008年に発表された国の二つの報告書「気候変動への賢い適応」と、「地球温暖化日本への影響」です。何れも気候変動による日本への影響を定量的に示したものので、当時、多くのメディアにも取り上げられました。このことが県環境部局の幹部をはじめ職員にも大きな影響を与え、適応策への認識を大きく高めました。

その後、埼玉県では、2015年と2020年に温暖化対策実行計画の改定を行いましたが、それに合わせ、適応策の記述をさらに具体化し充実させてきました。また、2016年には埼玉県の適応計画とも言える「地球温暖化への適応に向けて~取組の方向性～」を策定し公開しましたが、ここでは、分野別に影響評価の整理と既存施策の点検を行うとともに、具体的な今後の対策の方向性を示しています。

さらに、２０１８年12月１日には気候変動適応法の施行に合わせ、国内で最も早く、地域気候変動適応センターを、埼玉県環境科学国際センターに位置づけ活動を開始しました。埼玉県気候変動適応センターでは、２０１９年７月に情報提供サイトＳＡＩ-ＰＬＡＴを開設し情報提供を開始しています。

●適応策を自治体施策に実装するとはどういうことか

今や、気温上昇をすぐに食い止めることは困難です。したがって、自治体にとって、すでに適応策は避けては通れません。ところが、適応策はまだ自治体職員に十分認知されているとは言えません。今も多くの自治体職員には「温暖化対策＝温室効果ガス排出削減対策」という図式が刷り込まれています。しかし、実は、自治体がこれまで適応策への取組みを全く行ってこなかったわけではありません。適応策として位置づけていなかったものの、適応策として機能する施策が隠されています。古くから行われてきた河川整備や下水道整備、高温耐性品種の育成、熱帯感染症のワクチン開発など、気象災害対策等として以前から行ってきた対策の多くはまさに適応策としても機能するものです。このような適応策として明確に位置づけられてはいなかったものの適応策として機能する対策を「潜在的適応策」と呼んでいます。しかし、潜在的適応策には、本来の適応策としては欠けている重要な視点があります。それは、将来、気候が変化することを前提とするという視点です。潜在的適応策の多くは、気候がそれほど変化しないことを前提としていますが、適応策では、気温や降水量が、気候変動とともに徐々に変化することを前提に対策を検討することが不可欠です。別の言い方をすると、適応策とは、全く新しい対策ではなく、多くの場合、既存の対策に中長期的な気候の変化を折り込むことだとも言えます。一見、適応策というと、新たな対策を講じる必要があると捉えられがちですが、多くは既存施策の延長であり、今まで自治体が行ってきた気象災害に対する取組みを継続し強化することこそ、適応策の施策への実装だと言えます。

●自治体における適応センターの役割と今後

緩和策のターゲットは地球全体を覆う大気です。そのため、一つの国や自治体が努力したとしても効果はありません。世界の国々が一致して取り組むことが不可欠です。しかし、適応策は、対象が特定の地域や分野であり、それぞれの特性を踏まえたオーダーメイドの対策が必要です。別の言い方をすると、個人や企業や自治体が行う個別具体的な取組みが、そのまま効果につながる対策だとも言えます。このようなオーダーメイドの対策を行ううえで必要となるのが情報です。詳細な気候変動予測に関する情報があればより具体的な適応策の策定が可能になります。気候変動適応法では、都道府県や市町村に、地域気候変動適応センターの設置を求めていますが、まさにこれは、地域に特化した適応情報の発信を自治体に期待しているからです。しかし、自治体が直接高度な気候変動予測や影響予測を行うことは困難ですし、決して効率が良いとは言えません。高度なシミュレーションによる予測などは、国の研究機関などが担うべきだと思います。高地域気候変動適応センターの役割は、国が提供する詳細な予測情報を活用し、地域の実態や、企業や行政のニーズに応じ、それらを加工し適応策策定に使いやすい形で提供することだと考えます。地域気候変動適応センターが担うべきは、いわば地域における適応策のコンサルタントとしての役割だと思います。

気候変動対策は、パリ協定以降ダイナミックに変化しつつあります。いまや、温暖化対策をコストとして捉えるのではなく、新たなイノベーションを生み出す競争力の源泉だとの見方も広がりつつあります。ＥＳＧ投資の拡大など、企業の取組みも本格化し、脱炭素へ世界は動き出しています。適応策を企業の視点で見ると、気象災害等は事業継続にとってリスクではありますが、一方で、適応技術の商品化など、ビジネスチャンスとみることもできます。

適応策の社会実装には、生活のあらゆる場面で、気候変動影響を意識する「主流化（メインストリーム化）」が最も重要ですが、対策をコストとし捉えるだけではなく、チャンスとして積極的に取り組むことを同時に考える必要があるのではないでしょうか。

（嶋田知英）

2・6 岐阜県気候変動適応センターの状況〔岐阜県〕

●自治体と大学研究者の連携による地域適応センター

「岐阜県気候変動適応センター」は、2020年4月に岐阜県と岐阜大学の共同設置の形で開設されました。県側では温暖化対策と気候変動適応に関する行政を所掌する環境生活部、大学側では学内の複数の部局に所属する幅広い分野の研究者が兼務する形で研究センターを立ち上げ、この両者が連携する形で地域適応センターの事業を進めています。

●共同設置に至る経緯と「岐阜モデル」の形成

岐阜県と岐阜大学研究者グループは、2015年度から2019年度までの5年間、文部科学省気候変動適応技術社会実装プログラムSI-CATにモデル自治体として共同参画し、①洪水・土砂災害等の豪雨災害リスクへの温暖化影響予測、②気候変動と人口減少の同時進行に関するリスク分析、③地域のステークホルダーも含めた「適応シナリオ」の構築、④岐阜県における気候変動適応の推進体制の構築等に取り組んできました。

行政と地域の研究者が密に協力して、地域のステークホルダーも巻き込みながら、地域における気候変動影響と人口減少の影響、その他の社会の変化に対してどのような適応策が可能かを検討したこの取組みを通じて、行政が持つ行政としての専門知や経験知と、大学が有する科学知、ステークホルダーの現場知を持ち寄ることが、「地域での適応」を進めるうえでさまざまな利点があることがわかってきました。まず、行政側の視点からすれば、気候変動の予測や影響評価に精通した職員はまずいないのが普通で、専門的な情報を行政職員や市民に対してわかりやすく説明することができるインタープリターとして大学研究者の協力が得られることは、地域における適応を推進するうえで大きな助けとなります。一方、大学研究者は、専門知識や研究手法に通じてはいますが、行政機関が保有している膨大な現場の情報やデータにアクセスすることは敷居が高いのが一般的です。このような協働の枠組みが形成されることによって行政が保有する情報を研究に活用しやすくなり、地域をフィールドとした研究を加速することができます。また、行政・大学研究者のコミュニケーションを通じた相互理解を通じて、双方にストレスの少ない役割分担が見出されていきました。このような、行政と大学の有する強みを発揮した連携の仕組みと、地域のステークホルダーも巻き込んだ適応の推進体制を「岐阜モデル」と呼んでいます。

SI-CATプログラムも終盤に差し掛かった２０１８年12月には気候変動適応法が施行され、岐阜県はこれを契機に、SI-CATを通じて形成された県と岐阜大学の連携体制を土台として「岐阜県気候変動適応センター」を岐阜大学と共同で設置運営することを大学側に提案し、設置準備の期間を経て、２０２０年１月に岐阜県と岐阜大学の間で共同設置に向けた協定締結がなされました。

●県と大学による地域適応センターの推進体制

岐阜県は、SI-CATに参画した2017年に、県庁内に庁内連絡会議という会議体を設置しました。気候変動適応には非常に幅広い部署が関わることから30を超える関係課に参加してもらいました。当初は、そもそも気候変動適応とは何か、岐阜県で想定される気候変動影響はどのようなものか、といった勉強会的な色合いが強いものでしたが、各部署が実施している「潜在的適応策」の洗い出しを手分けして行ったことにより、すべての部署が何らかの形で気候変動適応に関係しているという認識が広まっていきました。「潜在的適応策」とは、気候変動適応を主目的とはしていないが、すでに実施している施策が適応策としての側面を有するものを指します。庁内連絡会議におけるこれらの取組みを通じて、行政内部から適応に向けた新たなニーズが聞こえてくるようにもなりました。当初は、自然災害に関係するニーズが高かったのが、次第に農林水産業、商工業の分野からも地域における気候変動予測情報や影響評価情報、適応策の立案に向けたニーズが増えてきました。

そこで、2020年度から「岐阜県気候変動適応センター」を共同で実施するにあたり、SI-CATで構築された枠組みを県と大学双方において拡充することとし、岐阜県庁側では庁内連絡会議に従来の行政部局だけでなく、県の研究所や技術センターも加わりました。岐阜大学側では、幅広い適応ニーズに応える体制として、気象学、森林科学、水文学、水環境工学、河川工学、農学、生態学、社会システムといった幅広い分野にわたる専門家による新たな研究センターを設置しました。事務局機能は引き続いて県庁環境生活部が持つこととなりました。そして、これらの協働の枠組みをもって「岐

阜県気候変動適応センター」として運営することになったのです。（**図16**）

●事業の特徴、地域での適応推進における大学の役割

行政機関のみで構成された地域気候変動適応センターと比較して、大学の研究教育機能が加わることにより、岐阜県気候変動適応センターはいくつもの強みを持っています。例えば、岐阜の気候風土や産業などの地域特性に応じたニーズに応えた共同研究により、地域における温暖化影響評価や適応策の創出に向けた調査研究を進めています。共同研究の資金は少額ながら岐阜県が支出し、庁内連絡会議等を通じて各部局のニーズ等を収集しつつ、大学側の研究シーズとのマッチングも行いながら研究テーマを設定しています。２０２０（令和２）年度は、岐阜県特産品の柿に関する温暖化影響予測や、風水害等に関係した共同研究を実施しました。さらに、大学研究者と県機関研究者、外部の研究者の共同で研究資金を外部から獲得しながら、調査研究に取り組んでいます。大学研究者は人材育成・普及啓発の支援も行っており、専門的な情報のインタープリターとしての役割を果たすほか、環境学習支援を行う市民団体と連携した教材開発などにも取り組んでいます。

（原田守啓）

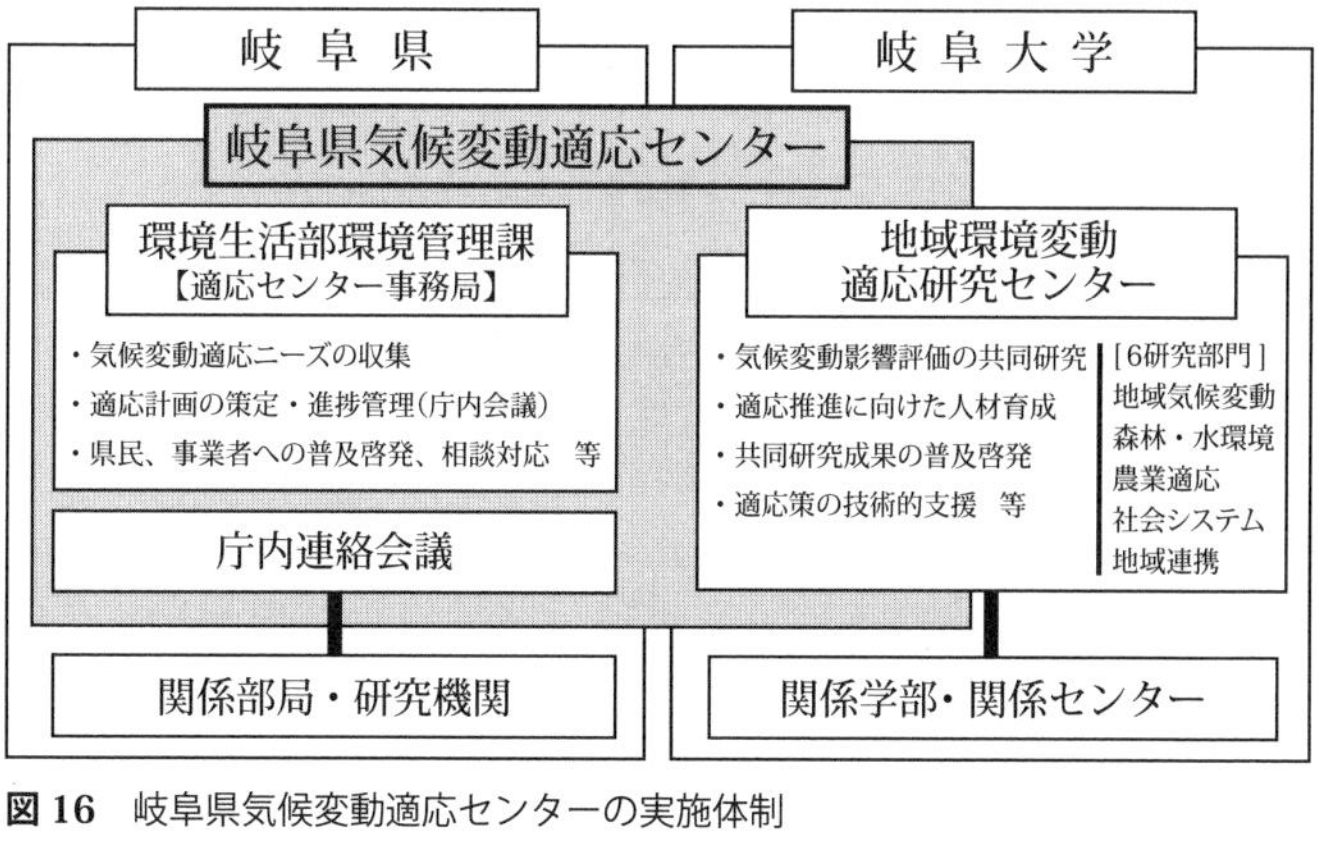

図16　岐阜県気候変動適応センターの実施体制

2・7　茨城県地域気候変動適応センターの状況〔茨城県〕

●はじめに

2018年12月に施行された気候変動適応法に基づき、2019年4月より茨城大学は全国で5番目、大学として初となる地域気候変動適応センターの機能を担っています（**図17**）。

茨城大学は地球変動適応科学研究機関（2020年度より地球・地域環境共創機構へ改組）の構成員が中心となって、環境省S-4、S-8、S-14、S-18、文科省SI-CATなどの気候変動適応に関する研究プロジェクトに長年参加してきました。多くの地域気候変動適応センターが都道府県の環境政策部局ないしは所管の環境研究所が担当している場合とは一味違った役割や活動が期待されています。

茨城県の地球温暖化対策実行計画は、2011年4月に初めて作成された後、2017年3月に改定され、その一部として適応策も計画に盛り込まれました。同計画は、2019年3月に地域気候変動適応計画へ位置づけられました。しかし、この適応計画には茨城県の気候変動予測に基づく適応策の提案までは盛り込まれていません。

本センターは、①気候変動適影響予測・適応評価、②気候変動影響に関するローカル情報の収集・検討、③自治体適応計画策定支援、④人材育成、アウトリーチを主な活動方針に掲げています。これらを通じて、県内の各自治体への適応策支援を進めていきます。

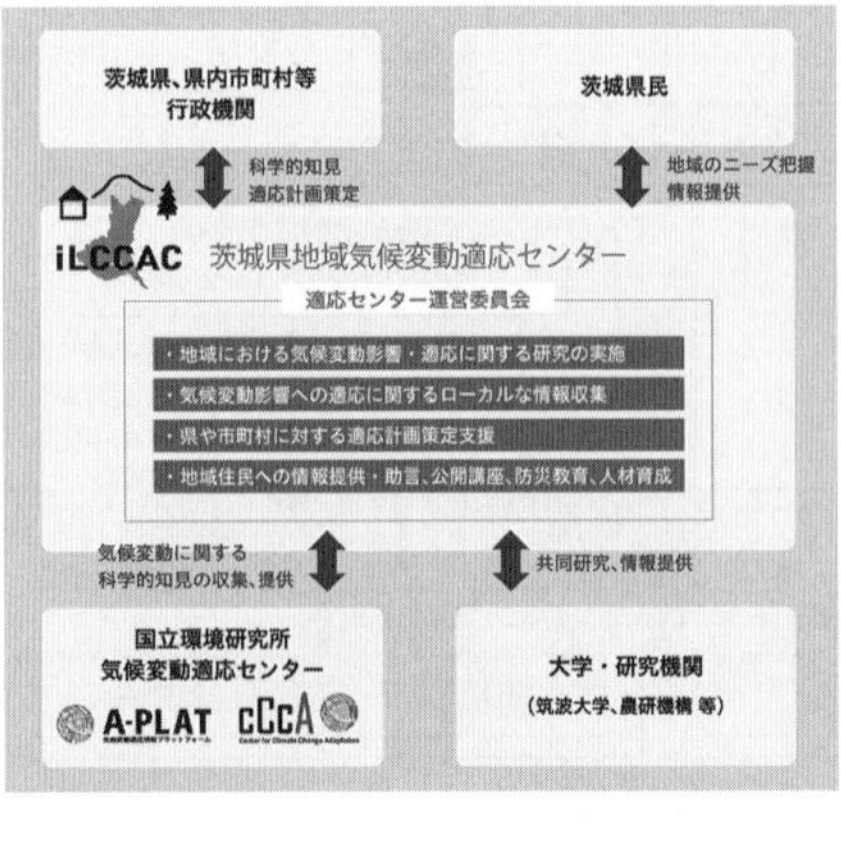

図17　茨城県地域気候変動適応センターの概要

●農業への適応策

茨城県は、農業生産額が全国で２～３位となる全国有数の農業県です。広大な平野を有し、農業には適した条件がそろっています。農業は気象の変化に敏感であり、農業従事者にとってその変化は生活に直結します。

なかでも米は県の品目別産出額で約２割を占める主要作物です。２０２０年３月には、茨城大学、茨城県地域気候変動適応センターの共編、茨城県の協力で「茨城県における気候変動影響と適応策：水稲への影響」をネット上で公表するとともに、冊子体で県内44市町村等に配布しました（**図18**）。作成にあたっては、文科省ＳＩ-ＣＡＴや環境省「国民参加による気候変動情報収集・分析事業」の助成を受けました。冊子では、気候変動への適応策の考え方と大学や県の動きを概説したうえで、まずは茨城県の水稲生産の現状と今後の影響予測について解説しました。今後極端な降水量が増加することや、気候のシミュレーションモデルとそのバイアス補正方法によっては、茨城県の気温上昇の予測値が日本全体と比べて高くなる可能性も示されています。茨城県全域では近い将来までに水稲の収量が大きく減る地域は予測されていない一方、白濁した白未熟粒の増加といった品質の低下がすでに発生し、さらなる発生率の増加が懸念されます（**図19**）。

冊子ではそうした状況に対し、直近の対応として近年でもすでに顕在化している品質低下の回避を重視しつつ収量を維持するための適応策が有効であり、茨城県が２００３年から呼びかけてきた「基本技術の励行」の有効性を強調しています。一方、「白未熟粒の発生を抑えるためには、０・５度／10年のスピードで高温耐性品種を開発・導

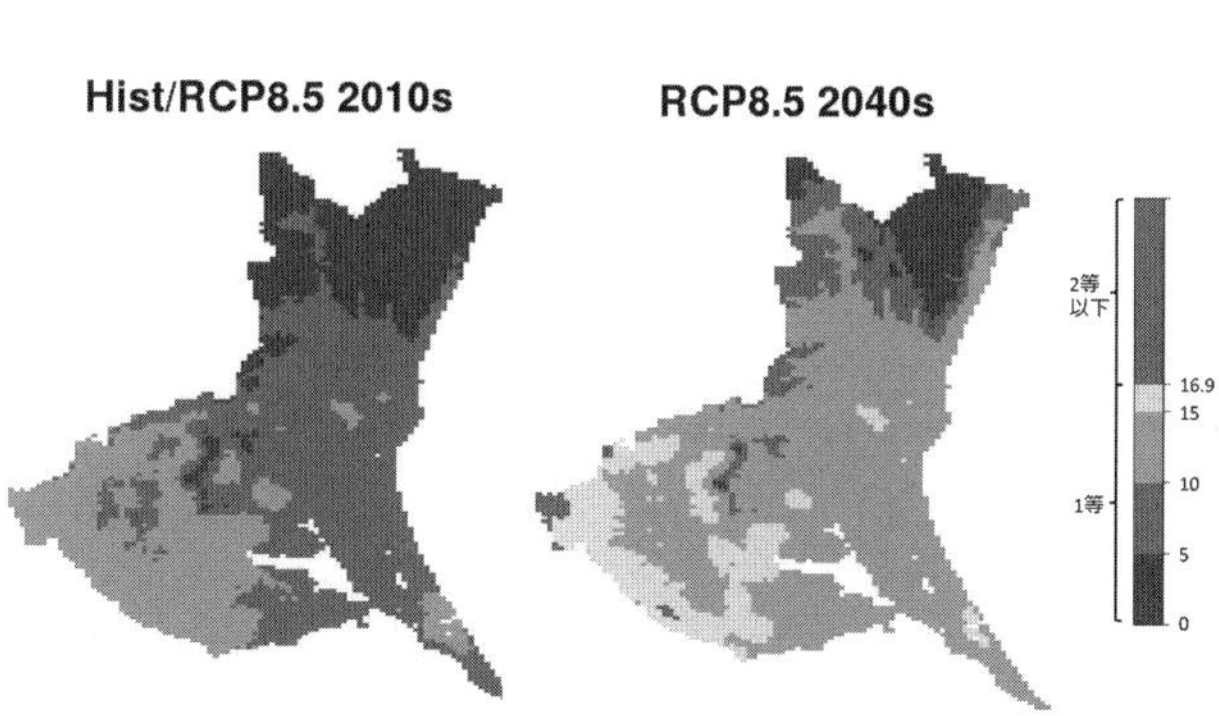

図19　コシヒカリの白未熟粒発生予想（RCP8.5 ／ 5GCM 平均）[13]

図18　茨城県における気候変動影響と適応策：水稲への影響

入していくべき」といった指標も示し、移植日の変更、スマート農業化、新品種の開発および導入といった具体的な適応策ごとの時間・コスト・効果を踏まえて、中長期的な適応戦略を立て、生産者・行政・研究者・企業等が連携した取組みを進めるべきと結論づけました。

さらに、市町村に大学生を巻き込んだ調査、研究を計画しているのは大学発の地域気候変動適応センターならではでしょう。学生の演習、教育研究と連動させて「研究と教育の共進化」を志向しながら、地域社会に貢献する適応策を提案、支援しています。2019年度には常総市の協力により、市内の農家全戸4836件を対象としたアンケート調査を実施しました。この調査に先立ち、大学院サステイナビリティ学教育プログラム「国内実践教育演習」にて、大学院生と常総市の農家にインタビュー調査を実施し、学生たちとアンケート調査票を作成し、12月に郵送配布しました。

1600件を超える回答を得た結果、①8割以上の農家が収量低下、生育不良、病虫害などの天候被害の経験を有し、その要因に高温、多雨等を挙げていたこと、②実践中の適応策には農薬、防除、水やりの変更等の順に回答が多いが、将来的な適応策には栽培品種の変更、栽培時期の変更、作物転換も視野に入れていること（**図20**）、③水稲と野菜では専業、兼業といった就業形態によっ

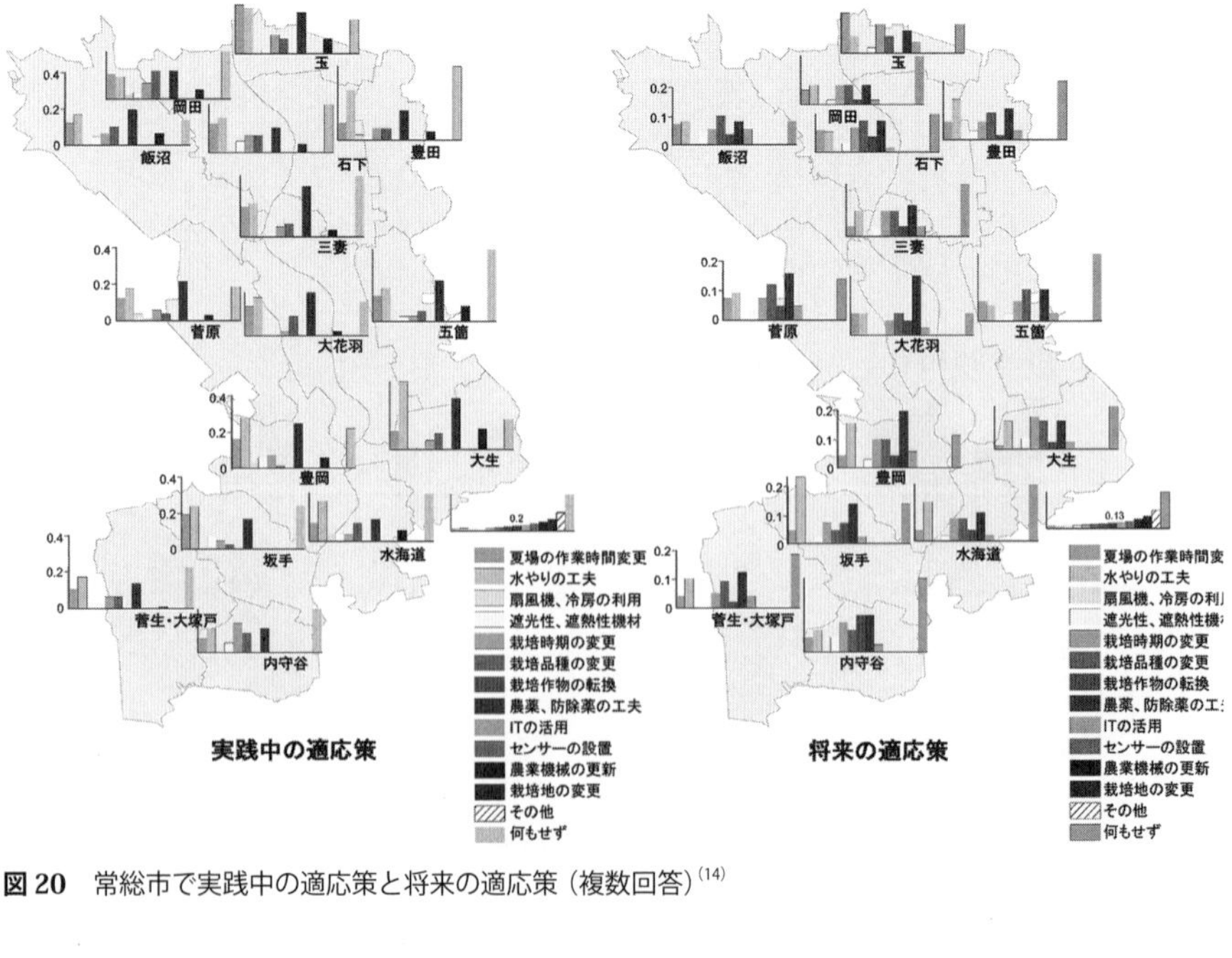

図20　常総市で実践中の適応策と将来の適応策（複数回答）[14]

て適応策の違いがあること、などが明らかとなりました(14)。２０２０年度には県内14市町の認定農業者に対して同様の調査を広域展開しました(15)。

●災害への適応策

気候変動によって発生リスクが高まると懸念されている災害への適応策も重要な課題です。茨城県はかつて災害の少ない県と認識されがちでしたが、近年は水害や地震などさまざまな災害が発生しています。

常総市は２０１５年9月の関東・東北豪雨で甚大な被害を受け、その後ボランティアやクロスロード、マイタイムラインを活用した防災教室を小中学校で実施してきました（**図21**）。前述の常総市の農家アンケートでも3割を超える回答を得られたのは、これら協働の証です。

さらに、２０１９年10月の台風19号豪雨災害（令和元年東日本台風）を受けて、茨城大学では「茨城大学令和元年度台風19号災害調査団」を結成し、複数分野で県内の災害調査、復興支援を実施しました（**図22**）。発災直後の災害ボランティアや洪水時の水戸市等での避難アンケート調査にはやはり学生が活躍しました。気象モニタリング、豪雨予測などの数値解析に加えて、草の根の活動も意義があるでしょう。

また、２０２１年3月には、茨城大学、茨城県地域気候変動適応センターの共編、茨城県の協力で第二弾となる冊子「茨城県における気候変動影響と適応策：水害への影響」を公表しました（**図23**）。国土交通省関東地方整備局常陸河川国道事務所、水戸地方気象台、水戸市、筑波大学、防災科学技術研究所の関係者にも寄稿してもらいました。

図21　常総市での防災教室

図22　茨城大学令和元年度台風19号災害調査団最終報告書（2021年3月発行）

前述の関東・東北豪雨や令和元年東日本台風などのすでに顕在化しているリスクとその対策を紹介しつつ、今後さらに増大が予想されるリスクへの適応策の必要性を指摘しています。

●おわりに

気候変動影響は多岐にわたり、地域の自然条件、社会経済、分野によって適応策の優先度も異なります。気候変動適応は、地域の実情をよく理解することから始まり、持続可能な地域づくりの一つと言えます。

茨城県地域気候変動適応センターでは茨城県内の自治体、各種団体、学校、そして住民の方々と協力して地域ごとの細かな気候変動の影響やその適応のためのさまざまな情報を収集・解析し、支援していきます。

（田村　誠）

図 23　茨城県における気候変動影響と適応策：水害への影響

《参考文献》

（１）気候変動適応情報プラットフォーム「地域気候変動センター一覧」
（２）令和２年度気候変動適応関東広域協議会分科会懇談会資料
（３）平成30年度気候変動適応関東広域協議会（第１回）資料
（４）令和２年度気候変動適応関東広域協議会分科会懇談会資料
（５）長野県「長野県環境エネルギー戦略―第三次長野県地球温暖化防止県民計画」２０１３、https://www.pref.nagano.lg.jp/ontai/kurashi/ondanka/shisaku/documents/00zenbun_1.pdf
（６）浜田 崇「地方環境研究所における気候変動適応研究の取組と課題―長野県環境保全研究所の事例―」『全国環境研会誌』第43巻第４号、１６０～１６８頁、２０１８
（７）信州気候変動適応センター「長野県の気候変動とその影響」２０２０
（８）長野県「気候非常事態宣言」２０１９
https://www.pref.nagano.lg.jp/ontai/documents/kikohijyojitaisengen.pdf
（９）長野県「気候危機突破方針」２０２０
https://www.pref.nagano.lg.jp/ontai/documents/houshin_scenario.pdf
（10）彦根地方気象台「滋賀県の21世紀末の気候」
https://www.data.jma.go.jp/osaka/kikou/ondanka/leaf_shiga.pdf
（11）滋賀県気候変動適応センター「気候変動適応策の推進
https://www.pref.shiga.lg.jp/ippan/kankyoshizen/ondanka/13573.html
（12）滋賀県気候変動適応センター「滋賀県の気候変動と今後の予測」
https://www.pref.shiga.lg.jp/file/attachment/5141338.pdf
（13）増冨祐司「低品質米（白未熟粒）発生への影響」『茨城県における気候変動影響と適応策：

水稲への影響』37〜43頁、2020
（14）田村 誠・関根滉亮・王 瑩・安原侑希・今井葉子・槇田容子「農業分野における気候変動影響と適応策：茨城県常総市での2019年農家アンケート調査」『土木学会論文集G（環境）』第76巻第5号、I-121〜I-127頁、2020
（15）田村 誠・内山治男・今井葉子「農業分野における気候変動影響と適応策：2020年茨城県14市町農家アンケート調査」『土木学会論文集G（環境）』2021（印刷中）

第3章

適応策検討に必要な技術開発の概要

3・1　気候モデル

●気候とは

気候とは一般に、十分に長い時間について平均した大気や海洋の状態を示す言葉です。天気予報等で我々が日常用いる気象という言葉とは異なります。長い期間で平均しますと、短い時間の変動は取り除かれますので、それぞれの場所で現れやすい大気等の状態と考えることができます。したがって、将来の気候予測では、ある特定の日や時間における、将来の瞬間的な天気を予測しているのではなく、将来の現れやすい大気等の状態を対象にしています。

●気候モデルの開発

気候を予測するためには、気候モデルを用います。気候モデルは、大気や海洋などの中で起こることを、物理法則に従って定式化し、コンピューターによって擬似的な地球を再現します。空間を網の目に区切り（グリッドと呼ばれます）、そのグリッドごとに気温、風量、水蒸気などの時間変化を物理法則に従って計算することにより、大気等の状態を予測します。地球全体を対象とした気候モデルの場合、グリッドの水平間隔は数十km～百km程度のモデルが多く存在します。

気候モデルは世界に一つだけ存在しているのではなく、世界の研究機関でさまざまな気候モデルが開発されています。例えば、ＣＭＩＰ（Coupled Model Intercomparison Project）と呼ばれる世界的なプロジェクトのもとでは、世界のさまざまな研究機関で開発された気候モデルの結果が公開され、入手することもできるようになっています。

●気候モデルの予測結果の確からしさ

気候モデルを使って、人間活動に伴う温室効果ガスなどの濃度を変化させることにより、将来の気候が予測できます。予測結果の確からしさについては、これまでに起こった気候変動についての観測結果を、気候モデルで再現できるかどうかで確認されています。例えば、太陽活動や火山活動などによる自然起源の要因、そして温室効果ガスなどの人為起源の要因を考慮に入れてシミュレーションを行った結果によると、両方の要因を考慮した場合に、実際の気候の変化に近い結果が得られています。一方で、自然起源の要因のみを考慮に入れた場合は、実際の気候の変化は再現できていません（**図１**）。このように、気候モデルを利用して過去の気候の変化を再現できることが、将来の気候の変化を予測できる能力があると考えられる根拠の一つとなっています。

●ＲＣＰシナリオ

将来の温室効果ガス濃度は、将来の人間活動がどのようになるかわからないため、将来の温室効果ガスの濃度を確定的に設定することはできません。そこで、四つの代表

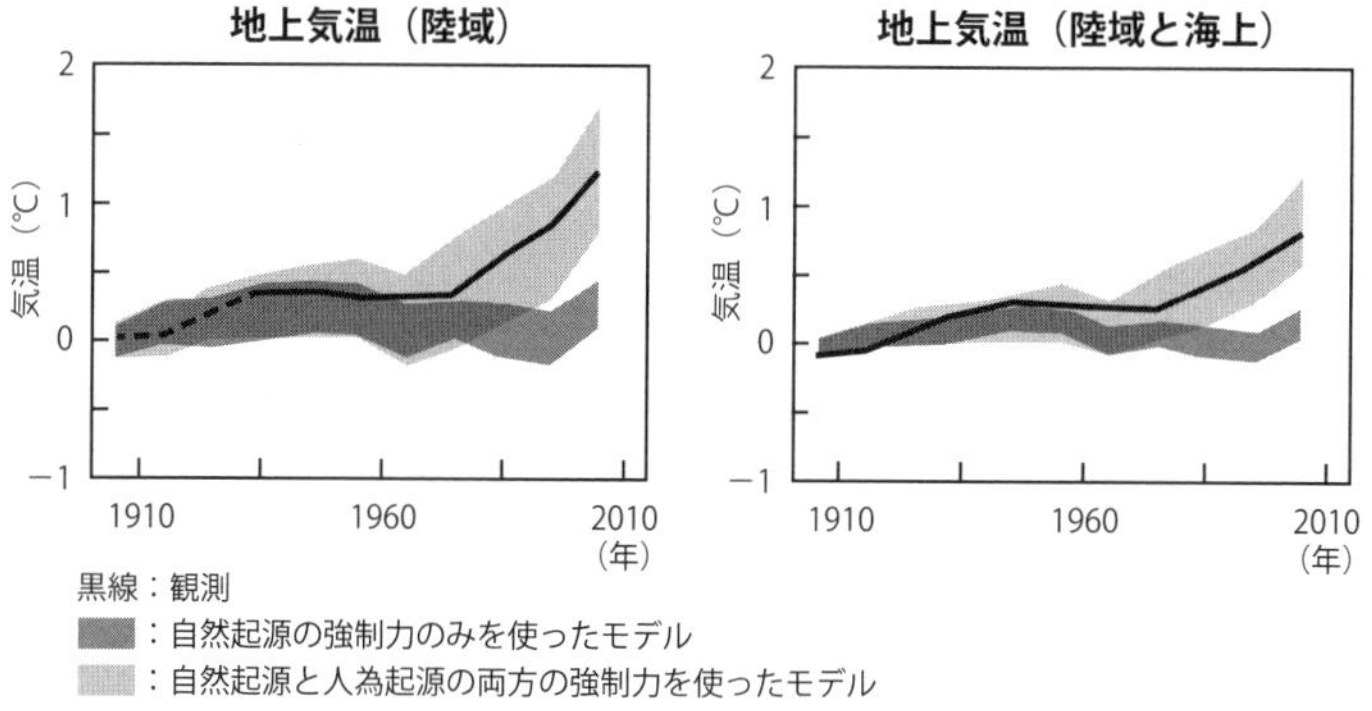

図１　モデルの再現性（出典：AR5 WG1 SPM Fig SPM.6 一部抜粋）

的な濃度を想定し、その濃度のもとで気候モデルを用いたシミュレーションが行われています。その想定した濃度をＲＣＰシナリオと呼んでいます。ＲＣＰに続く数値は、地球を暖める能力（放射強制力と呼ばれます）の大きさを示しており、その数値が大きいほど、温暖化が進んだ状態を示しています。以下に四つのＲＣＰシナリオを示します（**表1**）。ＲＣＰ２・６シナリオは将来の気温上昇を産業革命以前と比較して２℃以下に抑えるという目標のもとに、開発されたシナリオです。

●気候モデルに基づく結果

将来、気温上昇や降水量などがどのようになるかについては、世界のさまざまな気候モデルの結果を集約した結果がＩＰＣＣの評価報告書で示されています。ＩＰＣＣの第５次評価報告書によりますと、ＲＣＰ８・５（温暖化が最も進んだ）の場合に世界平均気温は現在（１９８６～２００５年）と比べて２・６～４・８℃気温が上昇すると考えられています（**図2**）。

図２で示すように、同じＲＣＰシナリオでも気温上昇量に幅があるのは、気候モデルの解像度や考慮している物理法則等が各機関の気候モデルで異なるためです。

また、この気温上昇量は世界全体の平均値であり、値は場所によって異なります。

（吉川　実・大西弘毅）

表1　主なRCPシナリオの種類

主なRCPシナリオ	特徴など
RCP2.6	世界平均気温上昇を2℃未満に抑えるシナリオ
RCP4.5	低位安定化シナリオ
RCP6.0	高位安定化シナリオ
RCP8.5	温室効果ガス排出量が最も多いシナリオ。現時点を超える政策的な緩和策を行わないことを想定

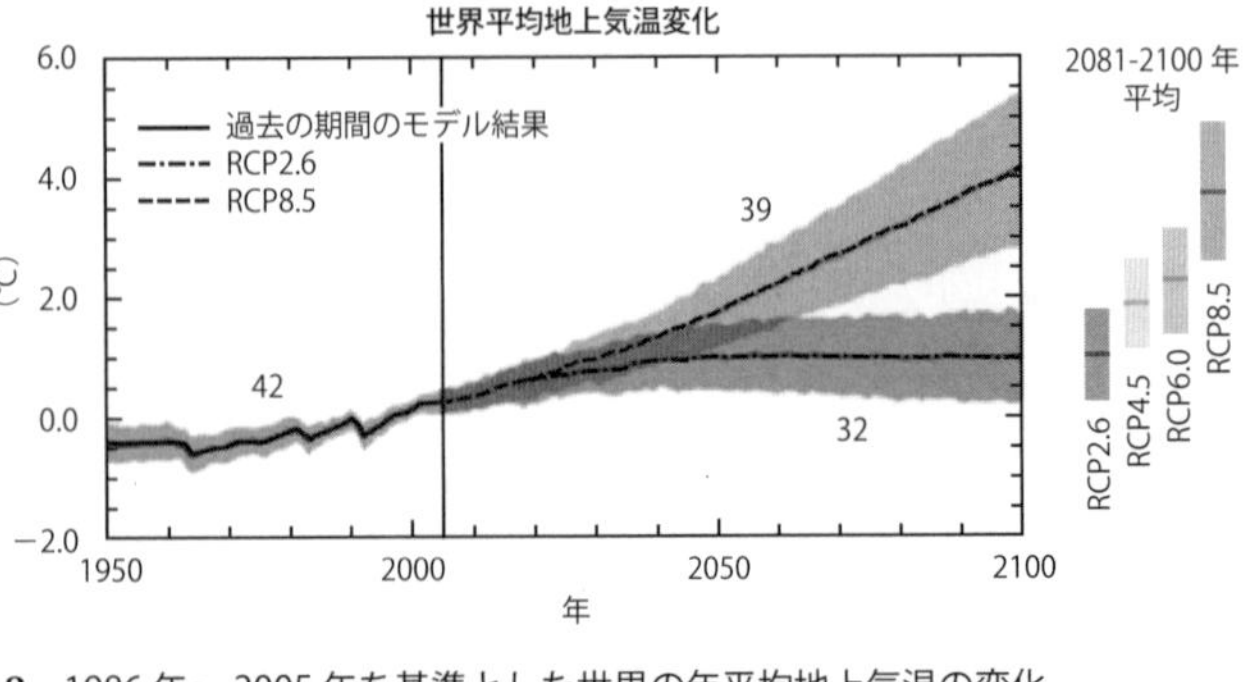

図2　1986年～2005年を基準とした世界の年平均地上気温の変化
（出典：AR5 WG1 SPM　Fig SPM.7 (a)）

３・２　ダウンスケーリング

●ダウンスケーリングとは

全球気候モデルはその空間解像度が数十km～百km程度ですので、全球気候モデルから得られる気温等のデータは、詳細な地形の影響などが反映された結果ではなく、グリッド内の広範囲における平均的な値となります。したがって、都道府県等のレベルで気候変動による影響評価を実施、分析する際に、数十km～百km程度の解像度をもつ気候モデルのデータをそのまま用いることは適していない場合があると考えられます。その場合、全球気候変動モデルのデータをもとにして、数kmの空間解像度のデータにダウンスケールを行うことが必要となります。ダウンスケーリングとは、データを詳細化するための手法のことです。

●ダウンスケーリングの手法

ダウンスケーリングには大きく二つの手法があります。一つは「統計的ダウンスケーリング」と呼ばれるものであり、もう一つが「力学的ダウンスケーリング」と呼ばれるものです。

〈統計的ダウンスケーリング〉

統計的・経験的な関係を用いてダウンスケーリングを行う手法です。一般に力学的ダウンスケーリングよりも簡易で、計算時間や労力などの負担が少なくなりますが、物理法則との完全な一致は保証されません。ある特定の日だけに着目しますと、例えば、気温と日射量の関係等に整合性がとれない場合が生じ得ます。

〈力学的ダウンスケーリング〉

物理法則に基づいてダウンスケーリングを行う手法です。例えば、全球気候モデルの結果をもとにして、さらに解像度の細かい気候モデルで詳細な地形などを再現し、予測する方法です。時間ごとに物理的に整合性のあるデータが予測されますが、計算時間や労力の負担が大きいという特徴があげられます。また、データの出力の仕方にもよりますが、一般にデータ量が膨大になります。必要に応じて観測値などをもとに、さらに補正等が行われることもあります。

●各ダウンスケーリングの特徴に応じた利用方法

影響評価を実施する分野や対象等により、統計的ダウンスケールされた気候データを用いるのが良いのか、あるいは力学的ダウンスケールされた気候データを用いるのが良いのか検討が必要になります。

農業や自然生態系分野では月平均や年平均データなどの平均的な気温等を対象とすることが多くあります。その場合、統計的ダウンスケーリングデータの利用がよく見られます。一方で、洪水などの自然災害分野では短期間の激しい現象（極端現象と呼ばれることがあります）を対象とすることが多く、その場合には、力学的ダウンスケールされたデータを用いることもよく見られます。影響評価を実施する分野や対象をもとに、各ダウンスケーリングの特徴を鑑みて、データを作成したり、選ぶことが必要となります。

●主な気象要素と時間解像度

ダウンスケーリングされる主な気象要素について表に示します（**表２**）。統計的ダウンスケーリングは観測値などとの関係から作成されるデータですので、観測所にて測定されている気象要素に限られる場合が多く見られます。一方で、力学的ダウンスケーリングは気候モデルから出力される値のため、一般にデータの種類は多くなります。

（吉川　実・大西弘毅）

表２　ダウンスケーリングの主な気象要素

ダウンスケーリング	主な気象要素
統計的ダウンスケーリング	平均気温、最高気温、最低気温、降水量、風速の大きさ、相対湿度、日射量など
力学的ダウンスケーリング	気温、降水量、風速、比湿、放射量、雲量など多数

3・3 影響評価*

●影響分野

気候変動により直接的あるいは間接的に影響の及ぶ範囲はさまざまですが、政府の気候変動適応計画では7分野（農業・林業・水産業、水環境・水資源、自然生態系、自然災害・沿岸域、健康、産業・経済活動、国民生活・都市生活）に分けて、影響やその対策（適応策と呼ばれます）が検討されています（**表3**）。

●気候シナリオ

影響評価を実施する場合には、気温がどれくらい上昇するかなどの情報が必要です。その気温などのデータのことをしばしば気候シナリオと呼びます。主に、前述のダウンスケールしたデータ等が該当します。また、気候シナリオには、気候モデルやRCP、そして期間ごとに多くのデータがあります。影響評価では多くの気候シナリオの組み合わせを利用することが理想的ですが、各種の資源や時間が限られていますので、その組み合わせは限定的になる場合も多く見られます。

*影響評価
影響予測と呼ばれることもあります。

表3 影響評価の一例

分野	影響評価事例
農業・林業・水産業	作物（コメ、果樹、野菜等）の収量、品質、栽培適域 樹種の適域、松枯れ発生ポテンシャル 水産資源の適域 畜産物への影響（個体の大きさ、乳量） 害虫の分布　など
水環境・水資源	ダムや河川における水質 水資源量　など
自然生態系	鳥獣の分布域 昆虫の分布 サンゴの分布域　など
自然災害・沿岸域	洪水発生頻度 高潮発生頻度 土砂災害発生頻度　など
健康	暑熱による死亡者数 感染症による危険域 大気汚染による死亡者数　など
産業・経済活動	スキー場への影響（積雪量の変化）　など
国民生活・都市生活	サクラの開花時期、紅葉の時期への影響　など

日本を対象に実施される影響評価でよく見かける組み合わせは、ＲＣＰについては、ＲＣＰ２・６、ＲＣＰ８・５のシナリオ、気候モデルは、日本の研究機関で開発されたモデル（例えば、ＭＩＲＯＣやＭＲＩと呼ばれるモデルの出力結果を使ってダウンスケールしたものなど）、期間は21世紀中ごろ、21世紀末（および現在）があげられます。

●影響評価の空間解像度

影響評価の空間解像度についてはさまざまですが、例えば都道府県などの空間的な広がりを対象に実施する場合には、１km～数km程度の解像度で実施される場合が多く見られます。その理由の一つに影響評価に必要となるほかのデータ（例えば、土地利用データや人口データなど）が、同様の空間スケールで入手できることがあげられます。

●影響評価の手法と内容

影響評価では、気候変動により人間活動や動植物などに直接、間接的にどのような影響が生じるのかを定量的に表し、現状と将来の変化について比較・分析することが多く行われています。

通常、影響評価を行うための入力には、前述の気候シナリオが用いられます。また、出力は分野・対象によって異なりますが、例えば、健康分野では熱中症による死亡者数、農業分野では作物の収量・品質や適域、防災分野では災害発生頻度や被害規模などがあげられます。

また、影響評価を行うにあたっては、通常は影響評価モデルが利用されています。影響評価モデルについてもさまざまなものがあり、作物の影響評価を例に挙げると、気候と作物収量の統計的な関係式を用いたもの（例えば、気温が1℃上昇した場合に収量が3％減少するなどの関係）、物理法則や生物学的な法則などに基づいて予測したものなどがあります。影響評価を実施するにあたっては、一般に後者のほうが負担は大きくなります。

●影響評価結果の入手等

適応策の検討や適応計画の策定にあたっては、多くの場合で、現状や将来の影響評価結果を確認したうえで進められます。自らが、影響評価に関する個別の文献等を検索し、必要な情報を入手することも一つの方法と考えられますが、情報収集に要する負担も大きくなります。そこで、例えば、国立環境研究所で開発・管理されている気候変動適応情報プラットフォーム（A-PLAT）では、気候変動影響に関する情報やデータ（都道府県ごとのグラフや地図情報も含まれます）が収集され、入手することができますので、この情報を活用することが有効と考えられます（**表4**）。ほかにも農林水産省の「気候変動の影響への適応に向けた将来展望」において、農業分野に特化した、影響評価に関する多くの事例が記載されています（表4）。効率的に情報収集するために、これらのサイトを活用し、求めている情報がないか確認することが有効です。

（吉川　実・大西弘毅）

表4　影響評価結果の情報源の一例

機関	タイトル	URL
国立環境研究所	A-PLAT（気候変動の観測・予測データ）	https://adaptation-platform.nies.go.jp/map/index.html
農林水産省	気候変動の影響への適応に向けた将来展望	https://www.maff.go.jp/j/kanbo/kankyo/seisaku/climate/report2018/report.html

３・４　適応策策定の指針

●適応策策定の流れ

　環境省「地域気候変動適応計画策定マニュアル－手順編－」では、地域気候変動適応計画策定の流れを８つのＳＴＥＰから説明しています（**図３**）。ＳＴＥＰ１～８の大まかな流れは、以下のとおりです。はじめに、地域の気候・気象（気温や降水など）が、これまでどのように変化してきたかを把握します。次に、気候・気象の変化に伴い、これまでに、地域でどのような気候変動影響が生じており、その影響が将来どのように変化すると予測されるかを整理します。そして、整理した情報を基に、地域で重要な気候変動影響を特定し、当該影響への適応策を検討します。

　ＳＴＥＰの流れからわかるように、地域ですでに生じている気候変動影響、およびその影響の将来予測に関する情報収集が、適応策策定の第一歩になります。一方で、どれほど正確な情報を、どのように収集していくべきかという点について、悩まれている方も多いと感じています。そこで、以降では、これら情報収集の方法について、情報を提供していきます。

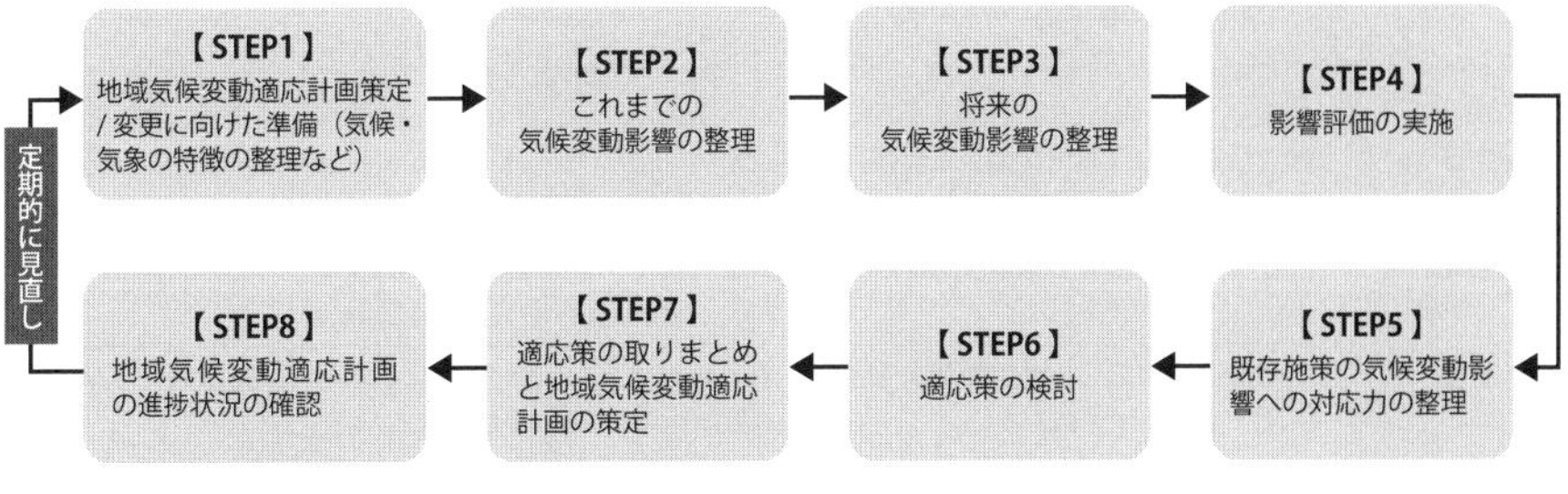

図３　地域気候変動適応計画策定の流れ
（出典：環境省「地域気候変動適応計画策定マニュアル－手順編－」より作成）

●気候変動影響に関する情報をどのように収集していくか。

ここでは、情報収集の方法を3段階で説明します。段階が上がるにつれて、情報収集時に巻き込む人の数が増加し、情報の正確性も向上する想定です。

第1段階では、国等が公開している情報を利用します。最も包括的に情報を入手できるのは、2018年11月に閣議決定された「気候変動適応計画」だと考えられます。本計画では、7分野（表3参照）ごとに現在および将来の気候変動影響が示されています。また、各省庁が独自に公開しているガイドライン・適応計画等もあり、該当分野の詳細な情報が記載されています（**表5**）。一方で、本計画に記載されている影響が、必ずしも自地域で生じているとは限りません。適応計画やガイドラインから、自地域と関連する情報を抽出するといった工夫が必要です。国等が提供している情報は、既存の科学的知見等を幅広く収集したものです。そのため、第1段階ではありますが、これらの情報源を活用することで、ある程度は十分な情報を収集できると考えられます。

第2段階では、庁内の担当部局などと連携し、情報を収集していきます。より現場に近い担当者から情報を収集することで、第1段階で活用した情報源では入手できない、地域特有の情報を把握できる可能性があります。実際に、いくつかの地方自治体では、庁内の各部局向けに気候変動影響・適応に関する勉強会等を開催し、他部局の協力を得ながら、地域固有の影響事例を収集しています。

第3段階では、有識者で構成される検討会等を開催します。有識者の意見を踏まえ、地域ですでに生じている気候変動影響、および当該影響の将来予測を整理することで、より正確な情報を把握できると考えられます。国立環境研究所のA-PLATでは、検

表5　各省庁の提供情報の一例

機関	タイトル	URL
環境省	国立公園等の保護区における気候変動への適応策検討の手引き	https://adaptation-platform.nies.go.jp/plan/pdf/moej_nationalpark_2019_tebiki.pdf
国土交通省	国土交通省気候変動適応計画	https://www.mlit.go.jp/sogoseisaku/environment/sosei_environment_fr_000130.html
水産庁	気候変動に対応した漁場整備方策に関するガイドライン	https://www.jfa.maff.go.jp/j/gyoko_gyozyo/g_hourei/attach/pdf/index-42.pdf
農林水産省	農林水産省気候変動適応計画	https://www.maff.go.jp/j/kanbo/kankyo/seisaku/climate/adapt/top.html

討会を開催している地方自治体の情報もまとめられており、検討会の実施内容を確認することも可能です。

本節では、「いかに気候変動影響に関する情報を収集するか」について説明しました。段階が上がるに伴い、情報の地域性や正確性も向上しますが、巻き込む人の数も増加し、情報収集のハードルは高くなります。地域性を考慮するため、また、より正確な情報を収集するために、第２、３段階の方法に取り組むことも重要です。一方で、国等が公開している情報を活用することで、ある程度は網羅的な情報が収集可能だと考えられます。まずはできる範囲で取組みを進めていくことが重要です。

（吉川　実・大西弘毅）

《参考文献》

（1）ＩＰＣＣ「ＩＰＣＣ第５次評価報告書　第１次作業部会報告書」２０１３
（2）環境省「地域気候変動適応計画策定マニュアル−手順編−」２０１８

第4章

気候変動適応技術の地域間での波及要因

4・1　技術・政策波及をめぐる視点

全国で気候変動に適応する社会が実現していくためには、自治体間で計画や政策、あるいは技術が波及していく必要があり、そのためこれらの波及メカニズムや要因について明らかにする必要があります。

これまでに国内の環境政策については、環境基本計画や気候変動緩和策が自治体間で波及した要因として、内生条件（自治体の規模や活用できるリソース）、準拠集団（相互参照する自治体の存在など）、国の介入（国の制度や補助金の導入など）が挙げられています[1][2]。さらに、政策の内容と波及との関係性については、以前から指摘のあった[3]「引き写し（ほぼそのままの形で引き写し、特に独自性を加えたわけではない）」「模倣プラスアルファ（活用できる部分を引き写したうえで必要な独自性を加えた）」「いいとこ取り（ほかの領域のいくつかの政策や制度から統合、組み合わせて制度設計した）」といった態様に加えて、実効性を犠牲にして波及が進展する「模倣マイナスアルファ」が観察されています[4]。一方で、気候変動適応策の自治体間の波及については初期的な段階において検討された事例[5]以外には、欧州の国家レベルにおける適応計画の波及の要因について分析した事例[6]をはじめいくつかの欧米での事例[7][8]がみられます。適応策の内容については各政策分野によって大いに異なり、むろん各政策分野の国地方関係も異なるため、適応策の波及の態様も各分野によって大いに異なることが想定されます。

＊1　ある技術がこれまでの技術よりもよいと知覚される度合いのこと

＊2　潜在的採用者がもつ既存の価値観や過去の体験そしてニーズに対して、ある技術が一致している度合いのこと

＊3　技術を理解したり使用したりするのが相対的に困難であると知覚される度合いのこと

＊4　技術が小規模にせよ経験しうる度合いのこと

＊5　技術の結果がほかの人たちの目に触れる度合いのこと

また、技術の波及・伝播については、ロジャーズ(9)の普及理論では、新たな技術を個人が採用するために必要な条件として以下を挙げています。すなわち、相対的優位性＊1、両立可能性＊2、複雑性＊3、試行可能性＊4、観察可能性＊5です。このロジャーズの知見をベースとしつつ、特に農業分野においてこれまでに多くの技術の導入と普及に関する研究が行われています(10)〜(18)。

本章では、以上の個人や地域内での技術の導入・普及に係わる先行研究の知見を参考とし、さらに地域間にわたる波及の要因を検討した結果、新たな技術・政策の導入・普及・波及の要因として、「背景」「技術」「経済」「制度」「社会」「組織」「個人」そして「文化」を仮定します（**表１**）。これらの要因を、文献調査と技術の開発者、採用者それぞれを対象とする聞き取り調査で得られた情報を基に明らかにすることにより、検証していきます。第８章ほかでも触れるように、気候変動影響の人々の実感として、防災、農業、そして暑熱が挙げられることが非常に多く、多くの自治体の適応計画においてもこの三つの分野が重点的に取り上げられることは多い傾向があります。本章ではこのうち、農業分野、暑熱分野における気候変動適応策・技術を取り上げ、馬場ほか(19)、馬場ほか(20)を基に、過去の革新的な技術が多くの地域で導入・普及した要因を分析し、今後の農業分野、暑熱分野における気候変動適応策や技術の地域間での波及を経て全国展開に向けた見通しを得たいと考えています。

（馬場健司・吉川　実・大西弘毅・田中　充）

表１　新たな技術・政策の導入・普及・波及の要因(14)

要因	主な具体例	要因	主な具体例
背景要因	**<イノベートのきっかけ>** ・技術が生まれた、必要とされた背景 ・課題やメリット	社会的要因	**<社会的受容性，受益者のメリット>** ・受益者ニーズに適合する環境負荷が低い
技術的要因	**<従来技術の応用やデメリットの軽減>** ・簡単に設置、導入可能 ・徐々に拡大できる	組織的要因	**<組織的なサポート>** ・自治体や協議会等のサポート首長のけん引力
経済的要因	**<直接的なメリット>** ・収益性が高い ・導入、維持コストがかからない	人的要因	**<現場レベルのサポートやキーパーソン>** ・リーダーシップ横のつながりや情報交換
制度的要因	**<公的支援や認定制度等>** ・国や自治体の支援 ・第三者機関の認証、推奨	文化的要因	**<地域の事情や地域の伝統>** ・地域的、歴史的背景地域間の競争意識

4・2　農業分野における事例分析

●農業分野における適応策

農業分野における気候変動適応策は、農林水産省[21]にみられるように、品種改良技術・新品目栽培、農業生産基盤、栽培技術に大別されます。これは従来の農業分野の各種技術と抜本的に異なるということはありませんが、長期的なリスクを順応的に管理しながら、産地全体を気候変動に適応させていくという視点は重要となってくるでしょう。

以下では、具体的な調査対象として、代表的な気候変動適応技術である品種改良技術・新品目栽培、農業生産基盤技術、栽培技術の中で、近年急速に普及した10個の技術を選定しました（**表2**）。これらの10個の革新的な農業技術の先進地域（イノベーター地域）とそれを受容・追随した地域（フォロワー地域）とその要因を、まず文献調査より抽出しました。そのうえで、文献調査では必ずしも十分な情報が得ら

表2　調査対象とした農業技術[19]

カテゴリ	調査技術	技術概要	気候変動適応策との関連
品種改良技術・新品目栽培	つや姫（水稲）	山形県で開発された水稲品種。2008 年に山形県で奨励品種に指定された後、宮城県、大分県、島根県、長崎県、宮崎県、和歌山県等にて奨励品種に指定されている。徹底的なブランド化戦略により、高品質生産体制を構築するとともに、高温耐性品種として主に西日本に広がる。	高温耐性水稲品種
	シャインマスカット（ブドウ）	農研機構が開発したブドウ新品種。2006 年に品種登録。従来より主要ブドウ産地だった長野県、山梨県、岡山県、山形県を中心に、全国的に栽培面積が増加しており、2020 年にはこの 4 産地だけで 1 200 ha に拡大すると試算されている。	黒系品種等に比べ、高温による着色不良の影響を受けにくい
	かおり野（イチゴ）	三重県で約 18 年かけて開発されたイチゴの新品種。高温多湿条件で発生が増加しやすい重要病害「炭疽病」に強い抵抗性を持ち、極早生性、多収であるため、単価の高い年内に出荷可能。他県での栽培を条件付きで許可し、特に山口県での普及が広がる。	高温多湿条件で発生が増加しやすい「炭疽病」耐性を持つ
	パッションフルーツ	亜熱帯性果樹のパッションフルーツは、1920 年代に鹿児島県指宿市に持ち込まれた。栽培が比較的簡便であるほか、病害虫にも強く国内の様々な地域に広がりつつある。温暖化の進行により既存果樹生産が難しくなるなか、有望転換作物として研究が進められている。	高温障害が増える既存果樹に代わる転換品目として亜熱帯性果樹が注目されている
農業生産基盤	田んぼダム	2002 年、新潟県神林村（現・新潟県村上市）で取組みが始まった。洪水調整機能。その後、県や自治体の支援で新潟県内で拡大。2015 年度現在、新潟県内 15 市町村 12 000 ha で取り組まれているほか、その技術の簡便さから全国各地（北海道・兵庫県等）で導入が進んでいる。	降雨を一定期間田んぼに貯留することにより洪水を防ぎ、気候変動による洪水被害の増加を防ぐ取組み
	FOEAS	農研機構により開発された灌漑排水設備。2003 年に試験圃場が造成され、国や自治体の協力により普及が進み、2013 年時点で全国の 167 地区、9 300 ha で導入（予定を含む）されている。特に山口県で積極的な施行が行われ、新潟県や北海道などにも広がる。	地下水位を制御することにより、湿害と渇水両方に対応する給排水設備
栽培技術	鉄コーティング湛水直播	水稲種子を鉄でコーティングし、水田土壌の表面に播種する技術。近畿中国四国農研センター（現・農研機構西日本農業研究センター）で開発され 2004 年に特許出願。特に（株）クボタが特許を取得するなど積極的に取り組み、2016 年には東北地域や北陸地域を中心として、全国 17 300 ha で導入されている。	地下水位を制御することにより、湿害と渇水両方に対応する給排水設備
	マルドリ方式	1998~2002 年にかけて近畿中国四国農研センターが開発した点滴灌水施肥装置。農研機構が積極的に普及活動を実施しており、2005~2006 年のカンキツ生産府県の導入調査では全国でおよそ 300 ha の面積であったが、現在では、400 ha 以上に普及していると考えられる。	マルチドリップ方式により灌水と液肥施用を行い、干ばつ・長雨等の気候変動に対応する
	樹体ジョイント仕立て	神奈川県で開発された、樹木（主にナシ）を連続的に連結する仕立て技術。密植した苗木を一方向に伸ばし、隣接する苗木に接木（ジョイント）することで一本の主枝として、主枝から直角に結実枝を発生させる整枝法。作業効率がよく、整枝の単純化で規模拡大や新規参入が見込まれる。	気候変動の影響を受けやすい果樹の品種転換等の改植において、早期成園化を可能とする仕立て法
	耕うん同時畝立て播種	農研機構が発足した、大豆の高品質安定生産を目的とした「大豆 300A」の北陸大豆研究チームが開発。耕うんと同時に畝立てと播種を行い、省力化を実現。畝を立てることにより、重粘土壌での麦・大豆の安定栽培を可能にする。	気象条件による湿害に伴う、大豆等の収量低下を回避する技術

れなかった技術や地域について、地方自治体の農業部局、農業研究機関、主要なステークホルダーなどへの聞き取り調査を実施しました。

●各技術の波及状態の概要

10個の技術の波及状態について、文献調査より、各技術の先進地域と追随地域は、おおよそ**表3**のように分類できます。国の研究機関である農研機構からの波及技術が多いなか、「つや姫」「かおり野」「パッションフルーツ」「田んぼダム」「樹体ジョイント仕立て」の5技術は、地域からの波及であり、農研機構発の波及技術を「国によるトップダウン型の技術波及」と表現するならば、これら5技術は「自治体発のボトムアップ型の技術波及」であり、県境を越えた地域間における技術普及の特徴が見出せると考えられます。

以下では、特に先進地域内および追随地域内での地域内普及と先進地域から追随地域への地域間普及に特徴がみられた「つや姫」と「かおり野」を取り上げて波及の要因について分析します。

●「つや姫」の波及過程

水稲品種改良技術の例である「つや姫」は「ブランド化の確立」と「高品質米」による普及拡大の事例といえます。普及の

表3　各農業技術の波及状態[19]

		先進地域（イノベーター地域）	追随地域（フォロワー地域）
品種改良技術・新品目栽培	つや姫	山形県	宮城県・島根県・大分県・長崎県・宮崎県・和歌山県・岐阜県
	シャイン マスカット	農研機構	長野県・山梨県・岡山県・山形県など
	かおり野	三重県	山口県・千葉県・滋賀県・和歌山県・島根県・長崎県など
	パッション フルーツ	鹿児島県奄美地方・沖縄県・東京都島嶼部	東京都八王子市・岐阜県関市・千葉県木更津市など
農業生産基盤	田んぼ ダム	新潟県	兵庫県・奈良県・山形県 安城市・鯖江市・須賀川市・小山市など
	FOEAS	農研機構	山口県・新潟県・北海道・宮城県など
栽培技術	鉄コーティング 湛水直播	農研機構→新潟県・JA・（株）クボタ	東北地方・北陸地方など
	マルドリ 方式	農研機構	熊本県・三重県など
	樹体ジョイント 仕立て	神奈川県	鳥取県・山口県・三重県・栃木県・富山県・宮城県・福島県・群馬県など
	耕うん同時 畝立て播種	農研機構→北陸・東北地域	近畿中国四国・九州など

きっかけは2010年夏季、全国的に記録的な猛暑となったことにあります。多くの水稲品種において一等米比率が下落するなか、山形県産つや姫は98・3%と全国トップ（検査数量2千トン以上）の成績となりました[22]。同年以降、高温耐性品種米における「つや姫」の割合は増加し、他県への導入も拡大していきました。

2007年当時、主力品種である「はえぬき」は日本穀物検定協会の食味ランキングにおいて「特A」を13年連続して獲得し、高く評価されていましたが、業務用としての利用が多く、知名度不足もあり消費者からの評価を得られているとは言い難い状況でした。このように全国の消費者に高く評価される新たなブランド米の導入が喫緊の課題となっていた[23]背景要因があるなかで、県農業総合研究センターで育成した新品種「山形97号（後のつや姫）」が、同協会の食味官能試験においてコシヒカリを上回る結果を得たほか、試食求評においても高い支持を得るなど、高品質（高温耐性・良食味、栄養価など）であるという技術的、安定収量という経済的特性が認識され、県内の関係者が一丸となって同品種を日本一のブランドに育て上げ、「米どころ山形」の評価向上を目指すことになりました。

このため、多くのステークホルダーからなる「『つや姫』ブランド化戦略会議」が組織され、高い技術力を持った農家に限定して「つや姫マイスター」を認定する制度を導入して高品質を担保したり、奨励品種に指定することを条件に他県での栽培を承認したりするといった制度的な後押しが行われました。また、テレビCMやイベントなど積極的なプロモーション活動や「全国つや姫フォーラム」の開催（山形・宮城・大分・宮崎・長崎・島根の6県持ち回り）などの組織的な後押し、「つや姫マイスターの会」を各地で設立し、研修会などで情報交換やマイスターによる技術指導を行うといった人的要因が相まって、結果として、2010年より食味ランキング6年連続「特A」（山形県産）評価を受け、食味の割に安価（味はコシヒカリ並みであるものの価格はコシヒカリほど高くはない）といった社会的な評価を受けることとなりました。

各地域への波及過程は**図1**に示すとおりです。宮城県、大分県、和歌山県などで倒伏、高温登熟、品質低下といったそれぞれの背景から導入しています。

●「かおり野」の波及過程

イチゴ品種「かおり野」は、「耐病性・多収・早生」という技術と、やはり「他県生産許可」という制度による普及拡大の事例といえます。イチゴの重要病害「炭疽病」への対策は、栽培上の最重要課題の一つであり、高温多湿条件で発生が増加しやすい炭疽病対策は、特に雨が多い三重県では重要課題でした。根本的な対策として抵抗性品種の利用が必要であることから、三重県農業研究所は1990年から交配を開始、2008年に品種登録出願、2010年に「かおり野」は品種登録されました(24)。

このように炭疽病対策に加えて、産地間競争に勝てる三重県オリジナルブランドのイチゴ品種が求められていたという背景要因があり、開発された品種は、炭疽病抵抗性が強いだけではなく、果実が

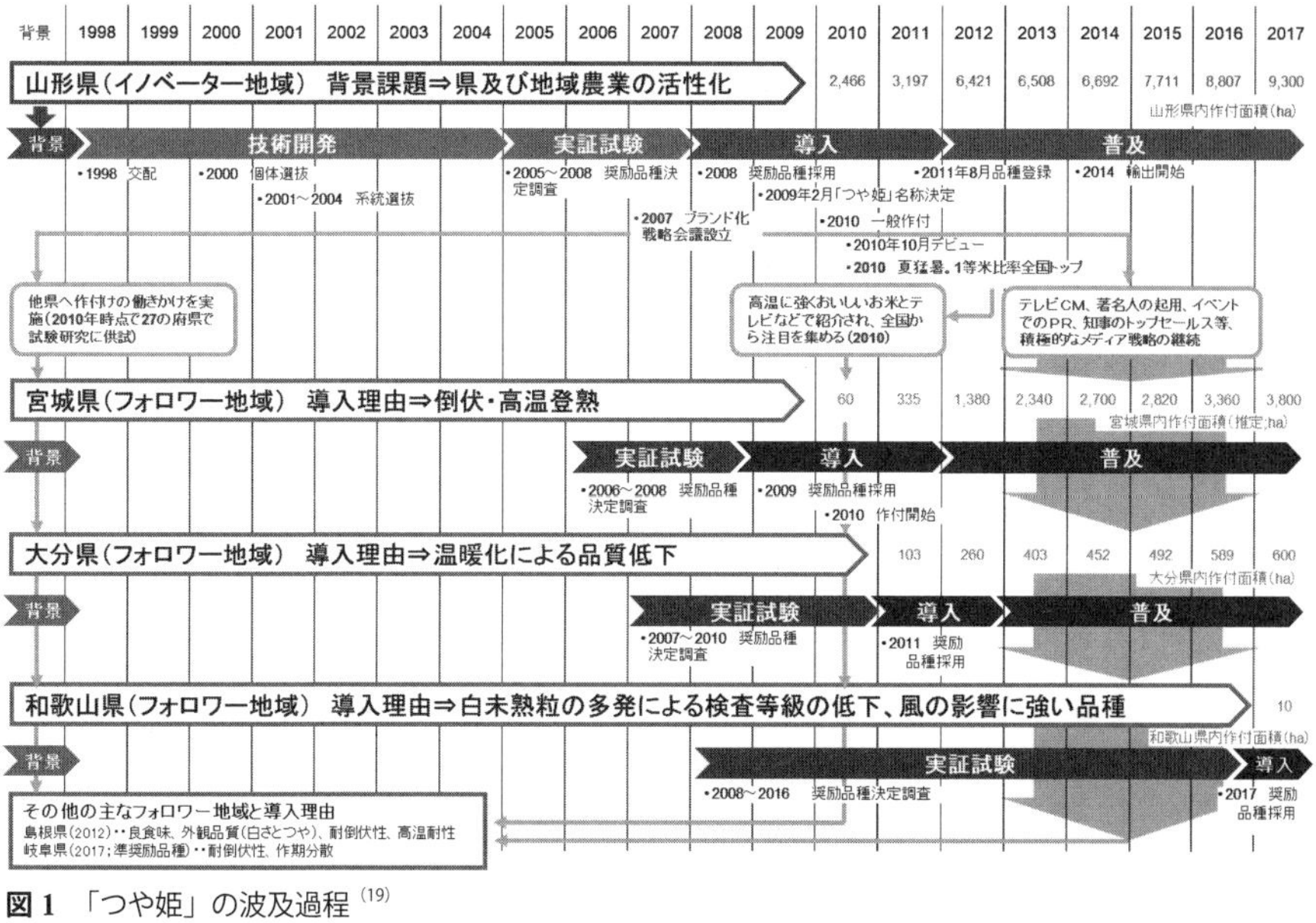

図1　「つや姫」の波及過程[19]

大きく多収、酸味が少なく、上品な香りが特徴、良食味という技術的特性を持ち、収穫時期が非常に早く、11月中旬から収穫が可能（クリスマスケーキ需要による単価の高い年内に収穫できる品種が強く求められる）であるという経済的な優位性をもつものでした。そして、県外での栽培を登録制で許諾し、三重県に登録料を払えば個人農家でも栽培が可能という制度的な後押しが普及を拡大させました。また、三重いちごブランド化推進協議会（事務局＝JA全農みえ県本部園芸特産課）や「かおり野サミット」の開催などの組織的な後押しもありました。

各地域への波及過程は**図2**に示すとおりです。特に山口県では、JA山口中央が5・4ヘクタール、ハウス200棟の国内最大規模となる生産団地を2015年より3年かけて整備し、株式会社「ベリーろーど」を設立して運営、県の新規就業者受入体制整備事業を活用し、20〜30代の新規就農者を雇用、県と市の補助を受けて県奨励品種の「かおり野」を栽培し、年間200トン、2億円の販売を目指しています。それ以外にも、千葉県（近年不安定な気象等による収量減少を回避するため）、滋賀県（年内収量を高めるため）、和歌山県（「かおり野」と果実品質に優れる「こいのか」を交配し、炭疽病に強く極早生のイチゴ新品種「紀の香」を育成し、品種登録出願を行った）などがそれぞれの背景から導入を進めています。

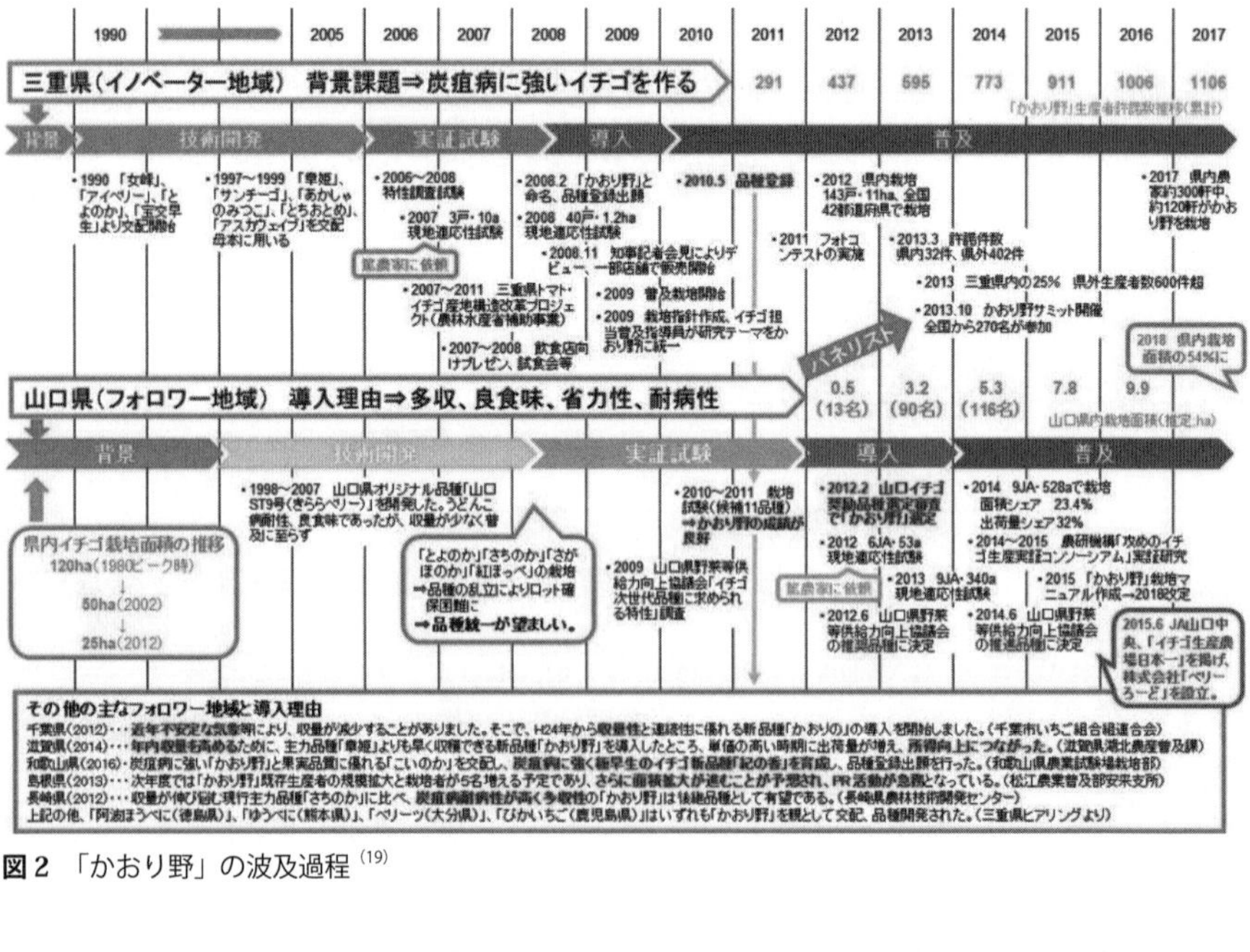

図2　「かおり野」の波及過程(19)

●波及要因のまとめ

表 4は以上の内容をまとめたものです。まず、背景となる課題を満たす技術的要因をもつ農業技術が存在する必要があることは前提といえます。ただ、優れた技術でも、それ単独で社会に実装されることは難しいことも明らかであり、特に聞き取り調査において共通的に聞かれた意見として、地域内における農業技術の波及・伝播の過程では、「組織的」「人的」要因の果たす役割が大きいことが示唆されました。

具体的には、県やJAの指導員のほか、地域農業で主導的な立場にあって「○×マイスター」と呼ばれるような「篤農家」の果たす役割は重要であると考えられます。「篤農家」は、自治体や民間の試験研究機関からの実証依頼に協力し地域における栽培技術を確立したり、周囲の農家からの相談に対して助言をしたり、新技術の研究・導入に熱心に取り組んだりするなど、高い技術力を持ち地域農業の中で厚い信頼を得ている農家です。こうした主導的な農家による技術普及の成功例や、キーパーソンの重要性については、これまでも言及されており、今回もこれらが裏づけられました。

また、生産者だけでなく、JAや行政など、農業を取り巻くステークホルダーなどから構成される「協議会等の組織」が、円滑な技術導入に貢献していると考えられることも、聞き取り調査から示唆されました。「つや姫」のケースでは、『つや姫』ブランド戦略会議（２００７）や『つや姫』ブランド化戦略実施本部（２００８）が山形県内で組織され、知事をはじめとして学識経験者、マーケティング専門家、JA、流通業者、加工業者、炊飯器メーカー、料理研究家、農業生産団体、情報通信、マスコミ、観光物産団体など、多様なステークホルダーにより構成されました。「かおり野」では先述の「三

表 4　各技術の波及要因 [19]

要因	つや姫	かおり野
背景	**【先進地域】** ・農業の低迷（高齢化、産地間競争の激化）（山形） ・他県より低い認知度、県農業および地域の活性化（山形） **【追随地域】** ・高温障害、検査等級の低下、品質低下等、既存品種の転換の必要性（宮城、大分、和歌山など）	**【先進地域】** ・産地間競争に勝てる県オリジナルブランドのイチゴ品種が求められていた（三重） **【追随地域】** ・自県品種開発がうまくいかず、適切な品種を探索していた（山口） ・早収性、多収性、省力性、良食味を備えた品種（山口、千葉、滋賀など） **【共通】** ・イチゴの重大病害である炭疽病に強い品種が求められていた
技術的	**【共通】** ・高品質（高温耐性・良食味・安定収量、栄養価等） ・作期分散	**【共通】** ・炭疽病抵抗性 ・果実が大きく多収、酸味が少なく、上品な香りが特徴、良食味
経済的	**【共通】** ・安定収量、安定価格	**【共通】** ・収穫時期が非常に早く、11 月中旬から収穫が可能（クリスマスケーキ需要による単価の高い年内に収穫できる品種が強く求められる）
制度的	**【先進地域】** ・奨励品種に指定することを条件に他県での栽培を承認（宮城・大分・島根・長崎・宮崎などに普及）（山形） **【共通】** ・生産者を限定して栽培させる、生産者認定制度の導入。高い技術力を持った農家に限定（つや姫マイスター）→高品質を担保	**【先進地域】** ・県外での栽培を登録制で許諾（例えば「あまおう」は福岡県内に囲い込み）（三重） **【追随地域】** ・三重県に登録料を払えば、誰でも栽培が可能 ・県奨励品種への選定（山口）
社会的	**【先進地域】** ・記録的猛暑となった 2010 年、1 等米比率の割合で好成績を収め、多くの関係者の注目を集める（山形） ・H22 年より食味ランキング 6 年連続「特 A」（山形県産）評価を受ける ・テレビ CM やイベントなど積極的なプロモーション活動（山形） **【共通】** ・食味の割に安価で消費者に受容される	**【先進地域】** ・種苗会社にも生産許諾したため、種苗会社の宣伝販売網が奏功した（三重） ・大消費地の愛知県に近いため早生であることが重要だった（三重） **【追随地域】** ・「かおり野」には育成地の県名が含まれていなかったため採用されやすかった（山口）
組織的	**【先進地域】** ・知事をトップとした戦略会議の設立（山形） ・行政、JA、関連産業や有識者を広く巻き込んで議論（山形） ・他県への実証試験の働きかけ（山形） **【共通】** ・「全国つや姫フォーラム」の開催（山形・宮城・大分・宮崎・長崎・島根の 6 県持ち回り）	**【先進地域】** ・三重いちごブランド化推進協議会の設立 **【追随地域】** ・山口県野菜等供給力向上協議会山口いちご産地拡大プロジェクトの立ち上げ ・株式会社べりーろーどを設立、国内最大規模のかおり野の生産団地を展開、新規就農者を受け入れ（山口） **【共通】** ・県、JA、関連企業、生産者が一丸となった取組み ・「かおり野サミット」の開催による地域間交流
人的	**【共通】** ・「つや姫マイスターの会」の設立（各地）→研修会等で情報交換、マイスターによる地域での技術指導	**【共通】** ・地域内で有力な「篤農家」に実証試験を依頼、地域に即した栽培方法を確立 ・先進地域と追随地域は気候条件が異なるため、先進地域の技術協力や助言等による追随地域における栽培最適化のための相互連携
文化的	**【先進地域】** ・長年、米の産地として役割を担ってきものの、他県に比べ知名度不足であり、県を代表するブランド米が期待されていた（山形）	**【先進地域】** ・雨が多く炭疽病が発生しやすい風土（三重） ・温暖化適応策への取組みが進んでいる自治体（三重） **【追随地域】** ・追随地域である山口県から他県へも広がっている

重いちごブランド化推進協議会」のほか、山口県でも「山口県野菜等供給力向上協議会山口いちご産地拡大プロジェクト」が組織されたりしています。これらの組織や人間が地域で果たす役割は、単に技術の底上げだけではなく、「さまざまなステークホルダー間の円滑なコミュニケーションの確立」であるといってもよいでしょう。加えて、技術導入による収益向上（経済的要因）、補助金制度の利用（制度的要因）などを通して障壁を克服し、地域内では当該技術が普及していくと考えられます。

地域外への波及については、「○×サミット・フォーラム」といったより大規模な地域間交流などの活動（組織的要因）、技術研修などによる地域間の人的ネットワーク（人的要因）、メディアでの広報（社会的要因）といったことを通じて、促進されていくと考えられます。この際、導入地域において文化的要因などによるローカライズを通じた技術の最適化が行なわれることも普及のポイントといえるでしょう。

（馬場健司・吉川　実・大西弘毅・田中博春・田中　充）

4・3 暑熱分野における事例

●暑熱分野における施策の概要

暑熱分野における気候変動適応策をはじめとする暑熱対策全般について、政府や自治体の行政文書（環境省[27][28]、東京都[29][30]、大阪府[31][32]など）を調査したところ、その特徴や性質に応じて概ね**表5**のような五つのカテゴリー（①人工排熱の低減（熱を出さない）、②建物・地表面の高温化抑制（熱をためない）、③都市形態の改善（自然の利活用）、④暑熱対応設備の設置（人の感じる暑さの緩和）、⑤普及啓発）に大別されます。

これらの対策メニューを時系列に整理すると**図3**に示すとおりです。各主体よりヒートアイランド対策が発表された2004～2005年ごろは、主として、「①人工排熱の低減」「②建物・地表面の高温化抑制」「③都市形態の改善」に限定されていたところが、2009年以降には「④暑熱対応設備の設置」や「⑤普及啓発」も示されるようになりメニューが多様化されています。なお、2012年以降は「適応策」としての考え方が記載されはじめ、2015年ごろより「ヒートアイランド対策」から「暑さ対策」へと表現の変化がみられるようになっています。

表5 政府と地方自治体における主たる暑熱対策の類型[20]

	暑熱対策メニュー	対策技術の例と自治体における主な担当部局
主に暑熱影響の発生要因を削減	①人工排熱の低減(熱を出さない)	・省エネ、新エネ、太陽光発電設備(環境部局・地域振興部局・住宅部局等) ・低公害車(環境部局・交通部局等) ・スマートハウス(環境部局・住宅部局等)
	②建物・地表面の高温化抑制(熱をためない)	・屋上緑化、壁面緑化、緑のカーテン(環境部局・土木部局・教育委員会・都市計画部局等) ・遮熱性舗装、透水性舗装(環境部局・土木部局等) ・高反射塗装(教育委員会等)
	③都市形態の改善(自然の利活用)	・風・水の利活用(環境部局・都市計画部局等) ・森づくり(開発部局等) ・公園整備(建設部局・都市整備部局等)
主に熱ストレスによる健康影響を軽減	④暑熱対応設備の設置(人の感じる暑さの緩和)	・ミスト設置、補助(環境部局・水道部局・交通部局・観光部局・スポーツ振興部局等) ・人工日よけ、送風ファン設置(土木部局・交通部局等) ・クールスポット、クールシェア(環境部局・観光部局・産業部局・総務企画部局等)
	⑤普及啓発	・熱中症予防事業(環境部局・保健福祉部局・教育委員会・産業部局・消防局等) ・日傘普及(環境部局・観光部局等) ・クールマップ(環境部局・観光部局等)

　このように、暑熱対策に資する技術は、個人で実施可能なソフトな技術から、街の構造を大きく変えるハードな技術まで多岐にわたるという特徴がみられます。また、それだけ各技術がさまざまな領域や部局にまたがるということも意味しており、これらの技術が社会実装される場合の課題ともなりうるでしょう。個々の暑熱対策技術が自治体において導入される際には、その技術特性と導入箇所に応じて、各部局により独自に導入される場合も多く、農業分野の適応策であれば主として農業部局、防災分野の適応策であれば主として河川をはじめとする土木系部局が主導する状況とは大きく異なっています。

　これまでに整理した対策の分類を基に、東京都、大阪府に加えて、過去10年間（２０１０～２０１９年）でアメダスデータより猛暑日日数が多いことが確認された上位五つの自治体（館林市：２８１日、多治見市：２７６日、日田市：２６５日、熊谷市・京都市：２３８日）のうち、庁内横断的に暑熱対策を進めている3市において、行政文書の文献調査よりその施策を詳細な形で**表6**に整理しました。これによると、各自治体により対策はさまざまですが、暑さで知られる自治体や暑熱対策を重視する自治体では、対策メニューが多様であり、庁内・部局横断的に対策が進められている一方、基礎自治体の多くでは、各取組みがそれぞれの部局単独で行われている箇所が多いことがうかがえます。

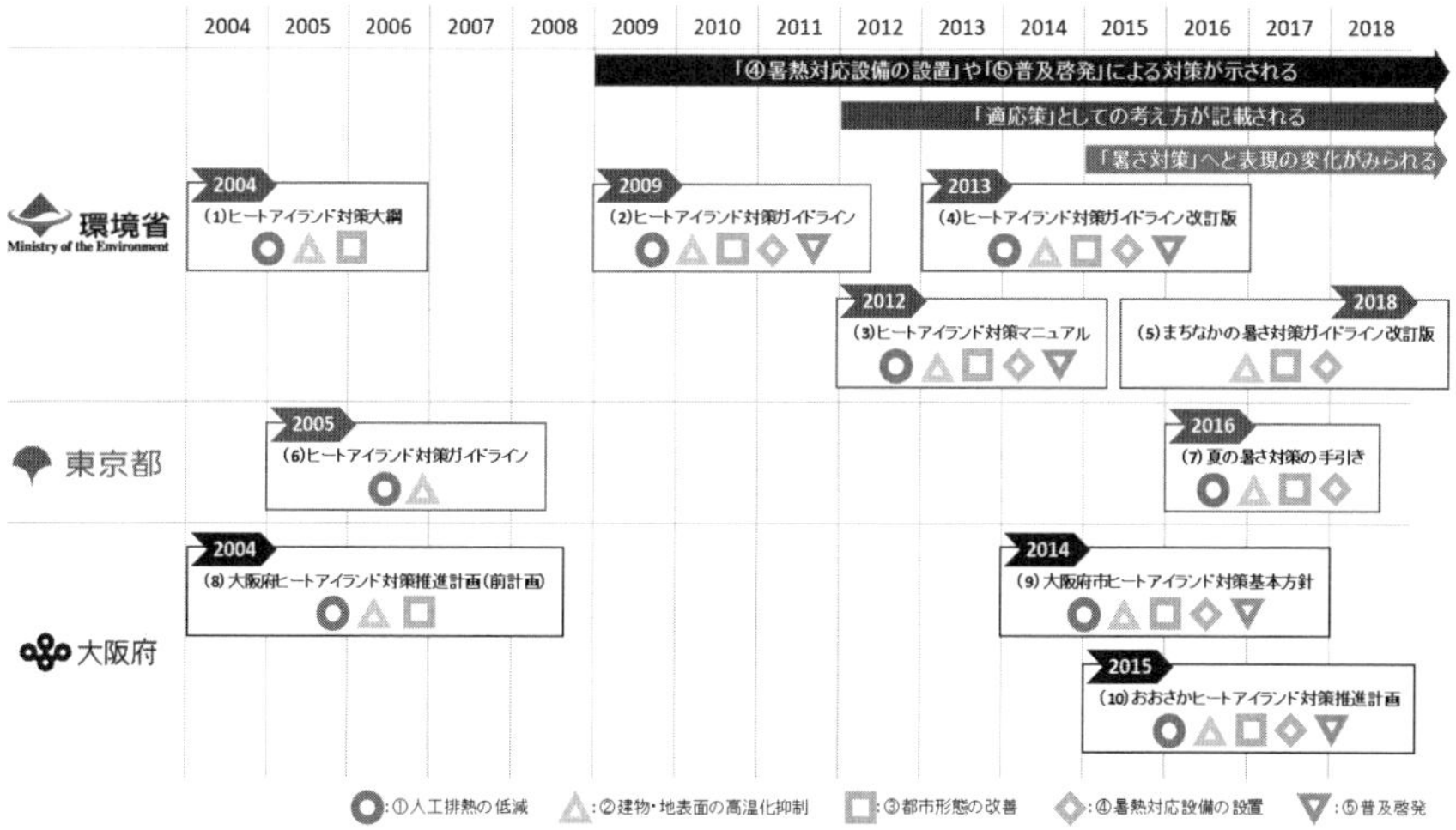

図 3　政府と地方自治体における主たる暑熱対策の時系列的展開[20]

表6 過去10年間の猛暑日が極めて多い3市と東京都・大阪府における暑熱対策 [20]

	熊谷市	館林市	多治見市	東京都	大阪府
特徴と主な暑熱対策	・市長公室政策調査課が主体となり市を挙げた取組みで、暑さ対策ポータルサイトで情報発信が充実。 ・それまで用いてきた「あついぞ！熊谷」のキャッチコピーを、「移住促進や観光にマイナス」といった観点から2016年度から取りやめ、現在は「暑さ対策日本一」を掲げる。	・2008年6月、市長を本部長とする「館林市暑さ対策本部」を設置し、「館林市暑さ対策市民会議」を立ち上げ、庁内のさまざまなステークホルダーを巻き込む。	・町おこしの観点から、地域のさまざまな関係者を巻き込み、環境部局が中心となりいろいろな取り組みを進めている。	・2002年よりヒートアイランド対策の取組みを開始。全庁的取組みを進める。 ・オリンピック・パラリンピック開催に向けた取組みが進んでいる。	・2015年3月、大阪府と大阪市が協力し、効率的にヒートアイランド対策を行なうため、大阪府市の既計画の目標値等を統一するとともに、今後のヒートアイランド対策の取組み内容等について「おおさかヒートアイランド対策推進計画」として取りまとめた。
①人工排熱の低減（熱を出さない）	・省エネ・新エネ、太陽光発電設備 ・低公害車 ・スマートハウス	・施設の省エネルギー化		・太陽光発電設備	・建物の断熱化 ・エコカー、エコドライブ ・省エネ、再エネ促進
②建物・地表面の高温化抑制（熱をためない）	・壁面緑化、緑のカーテン ・遮熱性、保水性舗装 ・熱線反射・遮熱フィルム ・熱交換塗料、遮熱塗装（保育所）	・緑のカーテン ・まちなか緑化	・緑のカーテン ・打ち水	・屋上緑化、壁面緑化 ・遮熱性、保水性舗装 ・高反射塗装、遮熱塗装 ・打ち水、道路散水	・高反射化、外装の木質化 ・屋上緑化、壁面緑化 ・透水性舗装、保水性、高反射舗装 ・緑のカーテン&カーペット
③都市形態の改善（自然の利活用）	・森づくり			・大規模緑地、風の道の整備 ・新たな街路樹の整備 ・街路樹の樹冠拡大	・都市公園や大規模緑地の整備、維持 ・校庭の芝生化 ・親水空間、風の道（大阪市）の創造
④暑熱対応設備の設置（人の感じる暑さの緩和）	・ミスト散布 ・クールシェア（商工会、青年会議所等） ・かき氷「雪くま」 ・藤棚、日陰創出	・クールスポット ・扇風機設置 ・打ち水 ・可搬式樹木の設置 ・ミスト散布、貸出	・クールシェア、スポット ・ミスト散布、貸出 ・うちわの配布	・日陰創出、パーゴラ ・ミスト散布 ・フラクタル日よけ ・クールシェア ・クールベンチ	・クールスポット ・ミスト散布 ・打ち水、うちわ配布 ・フラクタル日よけ
⑤普及啓発	・シンボルキャラクター ・日傘普及 ・熱中症予防 ・民間との連携（飲料・寝具・入浴剤・日よけ） ・涼しさ体感アート ・「アツいまちサミット」への参加（民間後援）	・熱中症予防 ・涼みどころマップ ・熱中症かけこみ協力店 ・民間との連携（飲料・気象・商工会） ・近隣市町との情報交換	・熱中症予防 ・暑さ対策公式飲料 ・「アツいまちサミット」への参加（民間後援） ・空中スイカ ・フォトコンテスト、風鈴	・ガイドラインの作成 ・熱中症予防 ・日傘の普及 ・暑さ対策技術展示	・ポータルサイトの開設 ・熱中症予防 ・クールゾーンマップ ・暑さ対策啓発イベント ・民間との連携

●「ドライミスト」の導入・普及過程

暑熱対策技術の適用範囲を明確に線引きすることは難しいものの、多くの自治体や地域に波及している対策技術として、④暑熱対応設備の設置の一つであり、身近に利用されるようになってきた「微細ミスト（ドライミスト）」があります。これを対象として、その導入・普及要因について分析していきます。ドライミストは、ミスト消火のために開発されたノズル技術を用いていたものであり、人工的に霧をつくって蒸発させ、水が液体から気体（水蒸気）に変わる際に熱を奪い、周囲の温度を下げるものです。植物による蒸散分だけを、ミストで直接空気中に供給し、その冷却効果を利用しており、クスノキ林の蒸散量（7・5ml／㎡・分）を基準として採用し、ミスト粒径を平均16マイクロメートルとすることにより、短時間で気化するため人が濡れを感じることはありません。このため「ドライミスト」と命名され、商標登録されています。日陰状況下で2～5℃の降温効果が確認されており、「現代版の打ち水」とも例えられます(33)。

ドライミスト販売の主要3社（能美防災（株）、なごミスト設計（有）、（株）いけうち）のウェブサイト情報によると、主な導入事例は、駅や学校、自治体行政庁舎などの公共性の高い施設、商業施設や観光名所など、人が多く集まる箇所への導入が広がっているほか、病院や高齢者施設、保育園など、暑熱の脆弱性が高い箇所への熱中症対策として導入されつつある傾向がうかがえます。また、**図4**はドライミストの導入・普及過程の概略を示したものです(34)。以下、技術開発イノベーターであるA氏（大学教授・NPO法人代表）からの聞き取り調査結果の概要です。

・開発の経緯：開発のきっかけは、2003年ごろに、清水建設（株）から、ミスト技術を用いた経産省の「地域新生コンソーシアム研究開発事業」への共同提案に関する打診があり、「ドライミスト蒸散効果によるヒートアイランド抑制システムの開発」のテーマで応募したところ採択され、助成を受けて開発を進めた。

・「愛・地球博」での導入とその後の普及：２００５年に開催された「愛・地球博」の開会前、所管である経済産業省の管理職が会場に視察に訪れた際に、試験的に設置していたドライミストを見学し、髪が濡れない点、化粧が崩れない点が高く評価された。開会後に、「愛・地球博」の出展者に営業に回り、結果的に会場内の多くの箇所にドライミストが設置されることとなった。技術的な完成度の高さに加え、「愛・地球博」で多くの来場者の目に留まり、また多くのメディアで紹介されたことがその後の普及の大きな要因となったと考えられる。

・普及上の課題：設置費用が高い点は大きな課題であった。実際に興味を持ってもらえても、コストが原因で導入を断念する例があった。ノズル部分に技術的なコストがかかるため、ノズルを大量生産できるだけの受注があれば、もう少しコストは下げられる。また、オフシーズンには適切なメンテナンスを行わないと、翌シーズンに使えなくなってしまう点にも注意が必要である。さらに、ミストにはＪＩＳのような規格がまだないため、各社から出されている製品に統一的な指標がなく、利用者がどのシステムを選定してよいかわからず、現状では比較が困難である。

・技術開発上の課題：設置には上水道と電気が必要であり、ポンプのエネ

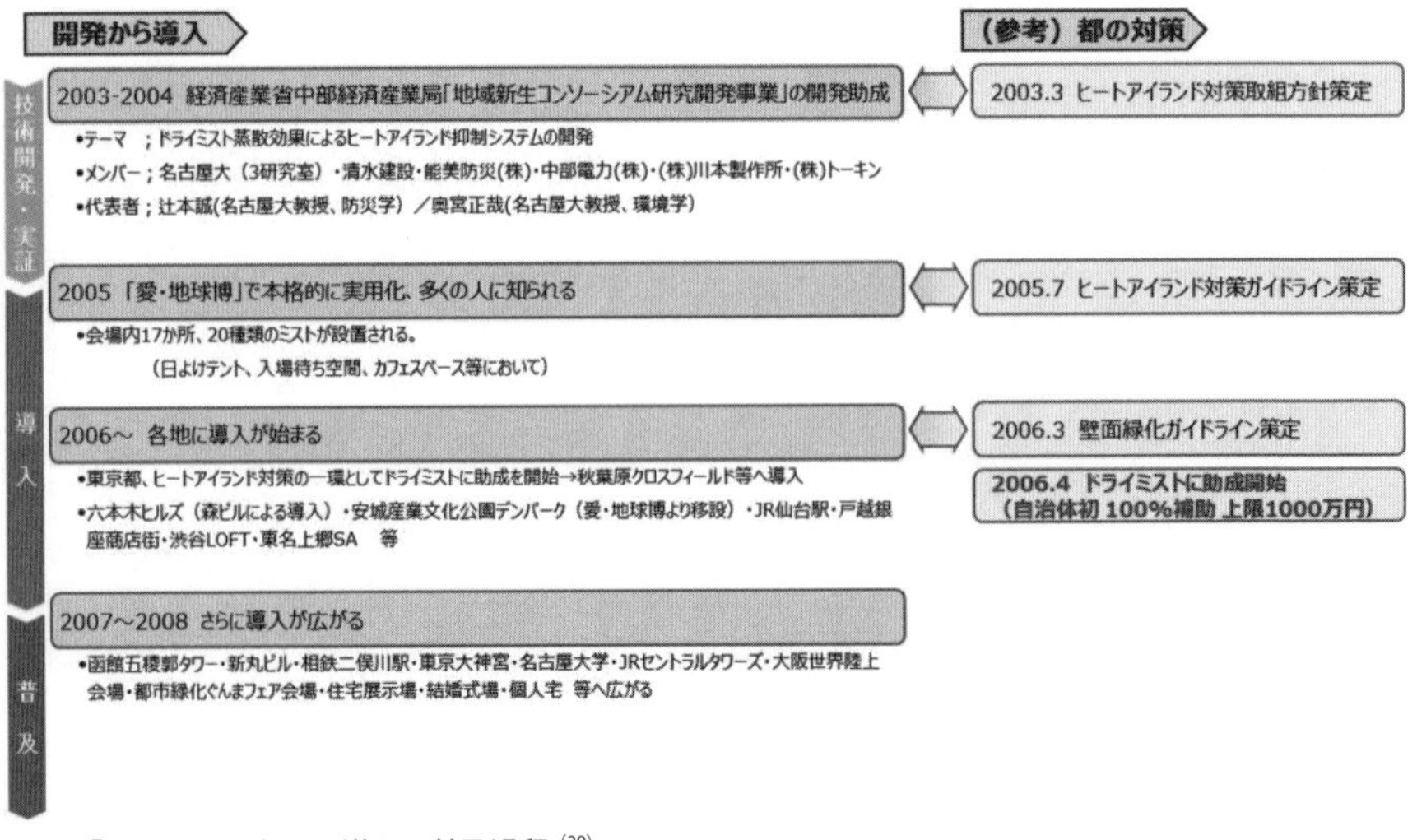

図４　「ドライミスト」の導入・普及過程 [20]

ルギー消費量はエアコンの１／３程度、掃除機と同程度である。気化熱を利用した冷却装置であるため、装置自体の稼働に大きなエネルギーを要しては無意味であるが、最近販売されている装置には大きなエネルギーを要するものもあり、本来の「エネルギーをかけずに涼をとる」という目的から離れつつある場合がある。
・今後の展開：A氏の勤務する大学に近い神楽坂商店街では、ＮＰＯ法人による活動の成果もあり、毎年１軒程度ずつのペースでミストを設置する店舗が増えている。大学で設置と導入をサポートし、商店街の利用者や観光客からカンパを募るという方法で維持している。少しずつではあるが、興味を示す店舗が広がることで地域内での普及が進んでおり、夏期の暑熱環境の改善による集客の効果も期待される。
次に、技術導入イノベーターの一つであるB広域自治体環境局からの聞き取り調査結果の概要をまとめます。
・当該自治体の暑熱の特徴と暑熱対策：当該自治体における気温上昇は、世界平均や国内平均に比べて大きく、気候変動のほかにヒートアイランド現象による影響が大きいと考えられる。２０１７年度から「２０２０年に向けた暑さ対策事業」として、競技場付近への暑熱対策導入に対して補助金を出しており、八つの基礎自治体で整備が進んだ。
・ドライミスト導入の背景：背景には、公共性が高い、効果が目に見えてわかりやすい、単年度事業で導入可能で結果が出るなどのメリットが挙げられ、導入が進みやすい技術であると考えられる。一方で、遮熱性舗装や再帰性反射フィルム、フラクタル日よけなど、ほかの暑熱対策技術は、涼しさが直感的にわかりにくい点が、あまり導入が進まない一因ではないかと考えられる。

・施策上の課題（補助金という施策の背景）：設置に補助金を出しているのは、環境部局が所管する土地や建物がなく、自前でミストを設置することが難しいためである。そのため、設置を希望する主体に対して条件付きで設置費用の補助を行うという形をとっている。
・庁内他部局との連携：水道部局とは設置に伴う水道料金の減免、交通部局とはバス停留所へのミスト設置などの取組みについて協力がある。それ以外の部局との暑熱に対する共通的な対策、取組みは特段ない。産業部局、建設部局などでそれぞれの暑熱対策の取組みが進んでいるものの、環境部局の暑熱対策事業とは特段の連携はない。
・今後の展開：公共施設への設置は来場者の暑熱対策としての位置づけが大きいが、商業施設への設置は集客を促す目的もあると考えられる。また、J-REIT（不動産投資信託）による自社の不動産価値の向上に、屋上緑化の整備やドライミストの設置が用いられる例が近年はみられる。単なる暑熱対策に留まらず、入居テナントや周囲の街の価値の向上のための技術としての役割が意味づけられつつあると考えられる。
最後に、技術導入フォロワーの一つであるC基礎自治体からの聞き取り調査結果の概要をまとめておきます。
・当該自治体の暑熱の特徴：国内でも大変暑い街として知られており、日最低気温は、最近40年で1℃程度の上昇であり、ヒートアイランドの影響は大きくなく、気温上昇の原因は気候変動によるものと考えられる。
・ドライミスト導入の背景：暑熱対策技術の導入に際し、さまざまなものを検討したなかで、遮熱舗装や公園の設置などは導入コスト、維持管理コストともに非常に高く、当該自治体での導入は困難であった。また、通常のドライミストは機能としては高性能であるが、導入時のコストも高い。そこで、廉価で導入可能な「ドライ〝型〟ミスト」を中心に導入を進めることとなった。機能面ではドライミストにやや劣るが、冷却効果としては遜色なく、当該自治体のような財政規模でも導入が進めやすい。

・施策上の課題（補助金という施策の背景）：設置の課題は、市行政の所有物に設置できるものが少なく、道路や施設を所管している箇所に設置のお願いをするという形にならざるを得ず、市としてできることが限られる点である。そのため、設置していただける民間の事業者への設置費用の補助を始めた。また、ランニングとメンテナンスのコストがそれなりにかかる点も課題である。

・庁内他部局との連携：当該自治体では全庁的に暑熱対策に取り組むため、「高気温対策会議」が設置されている。この会議では、環境部局が全庁の施策として行う暑熱対策予算として百万円程度を用意し、この予算を他部局に割り振り、暑熱対策事業の実施を依頼している。また、首長が日ごろから「全庁が一丸となって取り組むように」と発言していることもあり、庁内での横断的な取組みは比較的スムーズに進んでいる。また、公営まちづくり企業が、行政と市民の間に入り、ミスト設置や気象観測など協力して行った例があるように、日常的に地域内での連携ができている

・今後の展開：当該自治体では２０１７年度から2か年をかけて「立地適正化計画」を策定した。コンパクトシティを目指す本計画の中で、「都市機能誘導区域」などのように市民を誘導するか、具体的に施策を策定するにあたり、ドライミストの設置が決まった。本計画の策定に際して庁内の各部から一人ずつワーキング・グループに参加したが、このことで他部局の職員に暑熱対策としてのミストについての理解が深まり、庁内で話がとおりやすくなったといえる。

●導入・普及要因のまとめと考察

以上の結果を、前述した八つの要因ごとにまとめると、**表7**のとおりに整理されます。

背景要因としては、導入イノベーターや導入フォロワーへの聞き取り調査結果より、ヒートアイランド、気候変動による気温上昇が進むなかで、暑熱対策が求められるようになり、当初は一定規模以上の施設に屋上緑化を義務づける条例などにより、屋上緑化が用いられることが多かったものの、設置や維持管理のコストの問題や既存建築への導入の難しさなどの課題があった点が挙げられます。

技術的要因としては、ミスト消火のために開発されたノズル技術という既存技術を応用させたものであったことと、上水道と電気があれば施工可能という手軽さがあったことが挙げられます。

経済的要因としては、壁面緑化や人工日よけ等と比べると、単位面積当たりの設置コストや維持管理コストも比較的低く、また移動式レンタルのもの、廉価で導入可能な「ドライ〝型〟ミスト」といえるものなどが挙げられます。しかし、これらはあくまで相対的であり、設置コストや維持管理コストもある程度は要する点が課題としても挙げられます。一方で、導入フォロワーへの聞き取り調査結果からは、最近ではJ-REIT（不動産投資信託）による自社の不動産価値の向上に用いられるケースもみられました。ESG投資に関連する環境負荷軽減の取組みとして、緩和と適応の双方にまたがるも

表7　「ドライミスト」の導入・普及の要因[20]

要因	主な具体的事象
背景要因	・ヒートアイランドの進行、熱中症の予防のため暑熱対策が各場面で求められる ・既存対策技術の導入における課題
技術的要因	・既存技術の応用（ミスト消火） ・ユニット化され、水と電気があれば施工可能
経済的要因	・壁面緑化や人工日よけに比べると単位面積当たりの設置コストが概ね低い ・ランニングコストも比較的低い ・移動式レンタル製品もある
制度的要因	・自治体の補助
社会的要因	・「愛・地球博」（2005）で多くの人に知られる ・熱中症対策として効果的とされる ・駅等多くの人の目に付くところへの導入（→市民に施策が伝わりやすい） ・メディアでの紹介
組織的要因	・自治体、協議会単位での導入 ・販売、施工事業者による営業網
人的要因	・イノベーターの発信力
文化的要因	・涼しげでわかりやすい視覚的効果

のにも投資法人が目を向けはじめており、新たなベネフィットを創出する方向性がさらなる地域間での波及を生み出す可能性があります。

制度的要因としては、自治体行政による補助事業として位置づけられるケースが多いことが挙げられます。ただしこれは、自治体の環境部局が所管する建物などがなく、これに設置できないため、設置希望主体を募って設置費用の助成を行うという状況が多くあります。また、「立地適正化計画」における市民の市街地への誘導ツールとして位置づけられるなど、単なる暑熱対策ではなく、複数の政策にコベネフィットがあるものとして位置づけられる可能性があります。

社会的要因として、2005年の「愛・地球博」で多くの来場者の目に留まり、また多くのメディアで紹介されたことが最初の重要なイベントとして挙げられます。このように多くの人に触れることにより、さらなる地域間での波及のポイントとなる可能性は高いと考えられます。

組織的要因としては、自治体行政と地元まちづくり企業との協力によりミストの設置が進められるなど、前述と同様、やはり単なる暑熱対策にとどまらず、ミストを用いて地域の価値の向上を目指す活用例がみられました。また、神楽坂エリアでは、ミスト設置を地域内に進めるためのNPO法人が組織され、大学との協力の下で、毎年少しずつ設置が広がり、夏季の商店街の風景が変わりつつある例がみられました。このように、単に行政だけではなく、地域のさまざまなアクターと連携して、暑熱対策だけではない複数の目的を達成することがキーとなっていると考えられます。ただし、業界として大規模ではないため、統一的な規格や指標がない点は、今後の利用者の裾野を広げるうえでは課題といえます。

人的要因としては、技術開発の起点となったイノベーターの存在が挙げられます。研究者としての技術確立のみならず、商品開発から販売、導入後のメンテナンスまでの一連の過程において主要な役割を果たすことにより、着実な社会実装に寄与したと考えられます。このような普及におけるキーパーソンの重要性については、前節の農業分野においても示されているように、地域における有力者が強力なリーダーシップをとることによって周囲のステークホルダーを巻き込み、技術導入が進みやすいことが暑熱分野においても示唆されました。また、地域間での波及においては、商品化した事業者の担当者による地道な営業努力のほか、テレビや雑誌などのメディアへの積極的な露出が一因として示唆されます。

文化的要因としては、本技術の場合、技術を受け入れる側の人間の知覚による受容性の高さが挙げられます。前述したように、設計基準としてクスノキ林の蒸散量に合わせて設定された噴霧量で自然に近い環境を再現した点や、涼を得られる装置であることを感覚的、視覚的に捉えやすい点などを特徴としており、多くの人が訪れる駅における設置実験では、ミストの噴霧により快適さを知覚する人が多くなることが示されています[35]。「現代版の打ち水」とも例えられ、店舗の軒先で伝統的に行われてきた、打ち水により涼をとるという体験を持つ日本人にとって、これらの特徴が親和性のある受容しやすい技術として認知されたことが挙げられます。ドライミストが備えるアフォーダンス（意味・価値）の多様さと受け取る側の人間の受容性の高さが、導入を促したと考えられます。

（馬場健司・吉川　実・大西弘毅・田中　充）

4・4　事例からの含意

以上の結果をまとめて、気候変動適応技術が地域間で波及していくモデルを模式的に表わすと、概ね**図5**のようになるものと考えられます。

農業分野では、第一に、背景課題を満たす技術的要因の出現があったうえで「組織的」「人的」要因の果たす役割が大きい傾向がみられました。特に地域農業で主導的な立場にある「篤農家」やステークホルダーなどから構成される「協議会等の組織」の果たす役割は重要です。加えて、技術導入による収益向上（経済的要因）、補助金制度の利用（制度的要因）などを通して障壁を克服し、地域内では当該技術が普及していくと考えられます。第二に、地域外への波及については、より大規模な地域間交流などの活動（組織的要因）、技術研修などによる地域間の人的ネットワーク（人的要因）、メディアでの広報（社会的要因）といったことを通じて促進され、導入地域において文化的要因などによるローカライズを通じた技術の最適化が行なわれることも波及のポイントといえます。今後、長期的な気候予測の結果が詳細に得られるようになり、長期的な技術開発のロードマップは描きやすくなるでしょう。そうするとどのような段階でどのような適応技術を導入し、それに伴って人的、組織的後押しをしてイノベーター地域となるのかは、長期的な戦略、順応型計画にますます依存することになります。

暑熱分野については、背景課題を満たす技術的要因の出現があったうえで、特に経済的要因、制度的要因、社会的要因、組織的要因の果たす役割が大きい傾向がみられました。

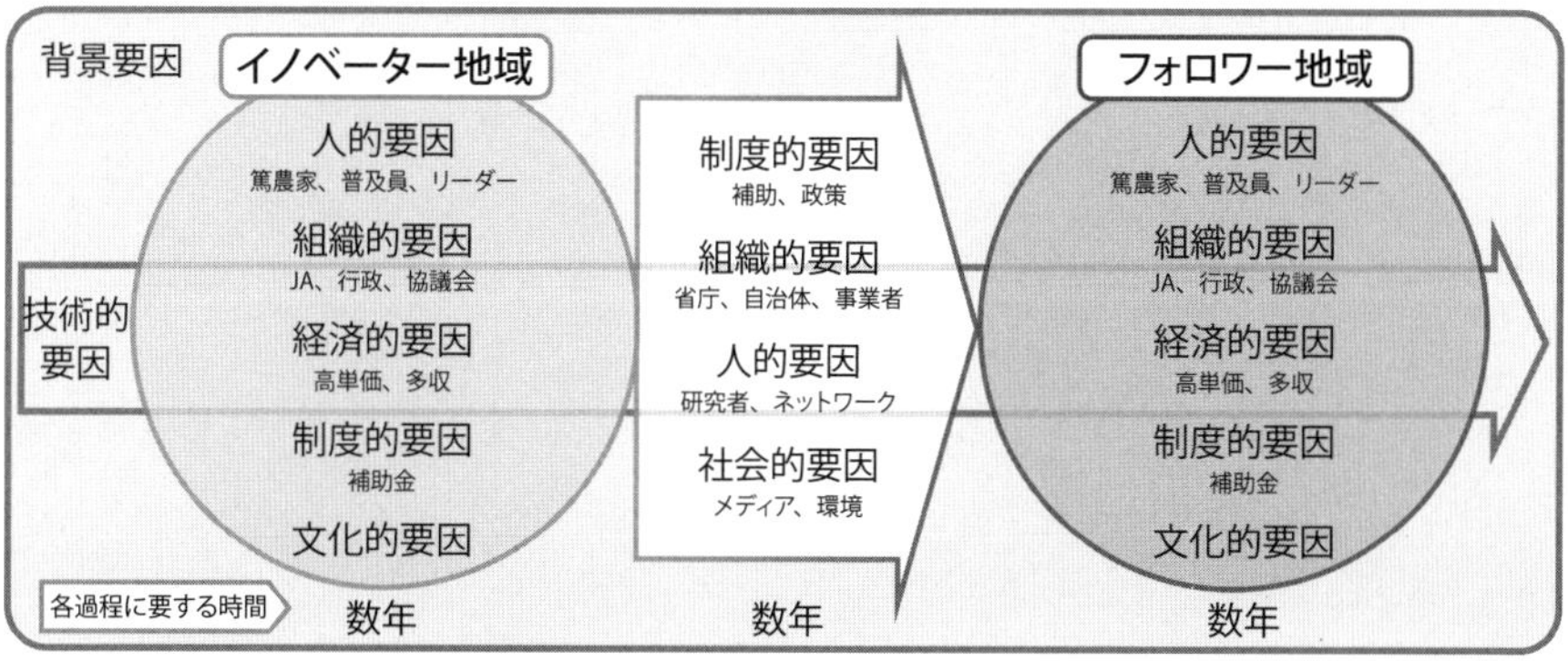

図 5　気候変動適応技術の地域間波及モデル [19]

これは、ミスト技術の導入・普及とともに、設置場所や担当部局、介在するステークホルダーが変わり、このことにこれらの要因が係わっていることが観察されたためです。また、ミスト技術の社会実装が進むにしたがって、「人が多い場所での暑熱対策」から「人を多く集めるための対策」、さらには「人やモノの価値を高めるための対策」へと、ミスト技術の持つ役割、価値の変遷も明らかとなりました。暑熱分野では、多くの自治体が各部局の予算のみを用いた単独の対策を行っている一方、庁内横断的な暑熱対策会議を組織している小規模な基礎自治体では、部局間の連携がとられ、行政全体としての暑熱対策が進みやすい傾向がみられます。このように自治体の規模、リソースや置かれている自然的、社会的、政治的状況によって、暑熱分野における気候変動適応策の導入・普及の要因は異なります。

これらの知見は、導入・普及したいくつかの技術についての結果であり、例えば地域間で波及しなかった技術と対比するなどにより、本章で十分に追究できなかった波及を見据えた各要因の頑健な解釈を得る必要があるでしょう。今後、各地の地域気候変動適応センターが、こういった知見を蓄積していくことにより、例えばEvans(36)が指摘するような政策移転ネットワークのハブとして機能していけば、全国で気候変動に適応する社会の実現が近づくものと考えられます。

（馬場健司・吉川　実・大西弘毅・田中　充）

《参考文献》

（１）馬場健司「持続可能な都市づくりに向けた環境・エネルギー施策の策定プロセス」『都市計画論文集』第40巻第３号、９３１～９３６頁、２００５
（２）馬場健司「地方自治体における低炭素施策の実効性と波及性 - 地球温暖化対策事業所計画書制度のケース - 」『エネルギー・資源学会論文誌』第31巻第２号、１～９頁、２０１０
（３）Dolowitz, D. P. and Marsh, D.: Policy Transfer; a Framework for Comparative Analysis, In Minogue, M., Polidano, C., Hulme, D. eds.; Beyond the New Public Management; Changing Ideas and Practices in Governance, Cheltenham: Edgar Elgar, 1998.
（４）馬場健司・田頭直人・金振「産業・業務部門における低炭素政策波及の可能性と促進・阻害要因」『環境科学会誌』第25巻大２号、73～86頁、２０１２
（５）白井信雄・馬場健司「日本の地方自治体における適応策実装の状況と課題」『環境科学会誌』第27巻第５号、３２４～３３４頁、２０１４
（６）Massey, E., Biesbroek, R., Huitema, D., Jordan, A.: Climate policy innovation: The adoption and diffusion of adaptation policies across Europe, Global Environmental Change, 29, pp.434-443, 2014.
（７）Tompkins, E. L., Adger, N. W., Boyd, E., Nicholson-Cole, S., Weatherhead, K, and Arnell, N.: Observed adaptation to climate change: UK evidence of transition to a well-adapting society, Glob. Environ. Change, 20, pp.627-635, 2010.
（８）Bierbaum, R., Smith, J.B., Lee, A. et al.: A comprehensive review of climate adaptation in the United States: more than before, but less than needed. Mitig Adapt Strateg Glob Change, 18, pp.361-406, 2013.
（９）エベレット・ロジャーズ著・三藤利雄訳『イノベーションの普及（第５版）』翔泳社、

２００７

（10）山本和博・沖本宏・松下秀介「新技術導入の決定要因と技術普及に関する動学的経営分析 - 酪農経営における基本給与技術の導入を事例に -」『農業経営研究』第43巻第２号、1～11頁、２００５

（11）浅井悟・山口誠之「農業経営者の意識に見る新技術導入の動機と規定要因 - 水稲病害抵抗性品種を対象に -」『農業経営研究』第36巻第１号、１～13頁、１９９８

（12）松本浩一・山本淳子・関野幸二「機械・施設投資を伴う新技術の導入意向の規定要因」『農業経営研究』第42巻第２号、35～40頁、２００４

（13）Longa, T. B., Blok, V. and Coninx, I.: Barriers to the adoption and diffusion of technological innovations for climate-smart agriculture in Europe: evidence from the Netherlands, France, Switzerland and Italy, Journal of Cleaner Production, 112 (1), pp.9-21, 2016.

（14）Tambo, J. A. and Abdoulaye, T.: Climate change and agricultural technology adoption: the case of drought tolerant maize in rural Nigeria, Mitig Adapt Strateg Glob Change, 17, pp.277–292, 2012.

（15）Deressa, T. T., Hassan, R. M., Ringler, C., Alemu, T., and Yesuf, M., Determinants of farmers' choice of adaptation methods to climate change in the Nile Basin of Ethiopia, Global Environmental Change, 19 (2), pp.248-255, 2009.

（16）Bryan, E., Ringler, C., Okoba, B., Roncoli, C., Silvestri, S., Herrero, M., Adapting agriculture to climate change in Kenya: Household strategies and determinants, Journal of Environmental Management, 114, pp.26-35, 2013.

（17）Baba, K. and Tanaka, M., Attitudes of Farmers and Rural Area Residents Toward Climate Change Adaptation Measures: Their Preferences and Determinants of Their Attitudes, Climate, 7, pp.71-81, 2019.

(18) 伊藤千弘「愛知県碧海地域おける不耕起Ｖ溝直播栽培の普及過程」『地理学報告』第１１２号、15〜29頁、２０１１
(19) 馬場健司・吉川実・大西弘毅・目黒直樹・田中博春・田中充「農業分野における気候変動適応技術の地域間での波及要因の事例分析」『土木学会論文集Ｇ（環境）』第75巻第５号、Ｉ-47〜Ｉ-55頁、２０１９
(20) 馬場健司・吉川実・大西弘毅・目黒直樹・田中充「暑熱分野における気候変動適応策・技術の導入・普及要因の事例分析：地域間波及を見据えた含意」『土木学会論文集Ｇ（環境）』第76巻第５号、Ｉ-２３７〜Ｉ-２４７頁、２０２０
(21) 農林水産省「農林水産省気候変動適応計画 平成30年11月27日改定」２０１８
http://www.maff.go.jp/j/kanbo/ kankyo/seisaku/attach/pdftekioukeikaku-10.pdf
(22) 卯月恒安「『つや姫』の高品質生産とブランド化の取組について」平成25年度　稲・麦・大豆を中心とした土地利用型作物の生産性向上セミナー 配布資料、中国四国農政局、２０１４
http://www.maff.go.jp/chushiseisandaizu/ h25_seminar.html（２０１９年６月７日閲覧）
(23) 小松伸一「ブランド米『つや姫』の産地形成及び販売促進をめぐる動きについて」『米の流通、取引をめぐる新たな動き（続）：米の流通構造の変容および米取引、流通をめぐる新たな動きに関する研究会報告（日本農業研究シリーズ22）』日本農業研究所、全１４４頁、２０１５
(24) 北村八祥・森利樹・小堀純奈・山田信二・清水秀巳「極早生性を有するイチゴ炭疽病抵抗性品種『かおり野』の育成と普及」『園学研』第４巻第１号、89〜95頁、２０１５
(25) 林秀司「園芸農業地域における新品種の普及過程 - 福岡県八女郡広川町におけるイチゴ品種とよのかの普及 - 」『島根県立大学 総合政策論叢』第７巻、１４９〜１６８頁、２００４

(26) 高橋行継・吉田智彦「群馬県稲作農家の低コスト・省力化技術導入に対する評価と意識及び普及に関する調査」『日作紀』第75巻第4号、５４２～５４９頁、２００６
(27) 環境省「ヒートアイランド対策大綱」２００４
https://www. env.go.jp/air/life/heat_island/taikou.html
(28) 環境省「まちなかの暑さ対策ガイドライン 改訂版」２０１８
http://www.env.go.jp/air/life/heat_island/guideline H30. html
(29) 東京都「ヒートアイランド対策ガイドライン」２００５
https://www.kankyo.metro.tokyo.lg.jp/climate/heat_island/guideline.html
(30) 東京都「夏の暑さ対策の手引き」２０１６
https://www. kankyo.metro.tokyo.lg.jp/climate/heat_island/tebiki.html
(31) 大阪府「大阪府ヒートアイランド対策推進計画～ヒートアイランドに配慮したまちづくり～（前計画）」２００４
http://www.pref.osaka.lg.jp/chikyukankyo/jigyotoppage/heat_mati.html
(32) 大阪府「おおさかヒートアイランド対策推進計画」２０１５
http://www.pref.osaka.lg.jp/chikyukankyo/jigyotoppage/osakaheatkeikaku.html
(33) 原田昌幸・杉山剛「ドライミストの蒸散効果を用いた夏期の暑さ対策」『空気調和・衛生工学』第82巻第9号、７８７～７９１頁、２００８
(34) 辻本誠・大手山亮「ドライミスト技術とその応用」『建築設備&昇降機』第66号、30～35頁、２００７
(35) 石井智洋・辻本誠・山西敦也「駅舎プラットホームでのドライミスト噴霧実験」『日本建築学会学術講演梗概集』Ｄ-２、環境工学Ⅱ、５５５～５５６頁、２００８
(36) Evans, M. ed., Policy Transfer in Global Perspective, Routledge, 2004.

第2部

科学的知見を社会に実装化するための社会技術

第5章

庁内外との計画策定支援社会技術１：コデザインワークショップ（適応自治体フォーラム）

5・1　開催概要の推移

●開催概要

文部科学省「気候変動適応技術社会実装プログラム（SI-CAT）」では、気候変動影響や適応策に関する科学的知見と、適応策を立案、実施する行政が持つニーズのマッチングを目指したコデザインワークショップとして「適応自治体フォーラム」を毎年1回、終日のイベントとして4年にわたって開催してきました（**表1**）。ここでは、関係する部局に所属する全国の自治体行政職員と、地方環境研究所およびSI-CAT技術開発機関の研究者に参加していただき、気候変動適応技術や政策動向に係わる最新の話題提供や直接的に意見交換を行うワークショップ（WS）を行いました。

年を追って参加者が増え、文科省はもとより、環境省、国交省、農水省、気象庁、自治体からも環境部局に加えて、さまざまな部局からの参加も増えていました。なおWSは、環境、河川・防災、農業、健康の分科会を設定し、それぞれの分野別に関係する行政職員3～6名、地方環境研究所数名ずつとSI-CAT技術開発機関3～6名ずつ程度にファシリテーターで1つのグループを構成し、残りの参加者は周囲から傍聴する形態を採っています。表に記されているとおり、各回の目的やWSでの討論テーマも変遷しました。

表1　適応自治体フォーラムの開催要領

	第1回	第2回	第3回	第4回
日時	2016年8月31日午後	2017年8月30日終日	2018年8月28日終日	2019年8月28日終日
参加者	環境省、自治体、SI-CATメンバー計76名	環境省、国交省、自治体、SI-CATメンバー計109名	環境省、農水省、国交省、気象庁、自治体、地方環境研究所、コンサルタント、SI-CATメンバー計150名	環境省、農水省、国交省、気象庁、自治体、地方環境研究所、コンサルタント、SI-CATメンバー計140名
議事次第	●話題提供 ▷SI-CAT技術開発動向 ▷自治体ニーズ動向 ▷環境省の政策紹介 ▷自治体の政策紹介 ●小グループ（環境、防災、農業）でのWS ▷お題：自治体の適応計画立案に役立つ技術開発とは？　適応策についてわからないこと、困っていること、悩んでいること　など	●話題提供 ▷SI-CAT技術開発動向 ▷社会技術開発動向 ▷環境省の政策紹介 ▷自治体の政策紹介 ●小グループ（環境、防災、農業、暑熱）でのWS ▷お題：興味を持てた気候変動適応技術は？　その技術が役立ちそうな行政実務は？　立案された適応計画の情報を市民・ステークホルダーにどう伝える？　など	●話題提供 ▷SI-CAT技術開発動向 ▷社会技術開発動向 ▷環境省の政策紹介 ▷自治体の政策紹介 ●小グループ（環境、防災、農業、暑熱）でのWS ▷お題：現在の影響・ニーズとシーズの相互理解、2℃昇温時（今世紀中ごろ）を想定した場合の影響想定と課題の検討、仮想的な適応策（計画）案の検討など	●話題提供 ▷SI-CAT技術開発動向 ▷社会技術開発動向 ▷環境省の政策紹介 ▷自治体の政策紹介 ●小グループ（環境、防災、農業、暑熱）でのWS ▷お題：気候変動影響の予測・評価の課題、適応目標の設定と進捗管理の課題、地域適応センターの設置・整備の課題、国と地方との役割分担　など

第1回は、「気候変動予測や影響評価に係わる技術的シーズに対する自治体ニーズを明確化し、実装化に向けた課題などを共有する機会とすること」を目的とし、WSでは各分科会でテーマに若干の相違はあるものの、概ね「自治体の適応計画立案に役立つ技術開発とは？」「適応策についてわからないこと、困っていること、悩んでいること」について、話題提供で用いられた「適応策の検討手順と現場での実際／現場でよく聞かれた課題」を参考資料として用いながら議論が進められました。開催時期が国の適応計画が策定されて半年を経過したころで、まだ多くの自治体が適応計画を試行錯誤しながら検討を進めていたころでもあるため、まずは策定に必要なデータや技術にどのようなものがあるのか、基本的な情報を共有することに主眼が置かれました。

続く第2回では、「適応策の策定に向けた気候変動データの提供と行政実務における活用を明らかにする」ことを目的としました。WSでは各分科会でテーマに若干の相違はあるものの、概ね「話題提供の中で興味を持てた気候変動適応技術は？」「その技術が役立ちそうな行政実務は？」「立案された適応計画の情報を市民・ステークホルダーにどう伝える？」といった課題について、SI-CATの気候変動適応技術を簡単に紹介したカタログを参考資料として用いながら議論が進められました。このころには、多くの自治体で適応計画の検討が始まり、具体的なニーズが明確になってきていることを想定し、計画策定のステップに即したデータや技術の活用について議論することに主眼が置かれたものの、WSよりは話題提供に多くの時間が配分されました。

第3回は、さらに具体的に「気候科学技術・データの自治体行政への実装化プロセスの検証と課題を明らかにする」ことを目的として掲げ、WSでは各分科会でテーマに若干の相違はあるものの、概ね「現在の影響・ニーズとシーズの相互理解」「昇温時（今

写真１　適応自治体フォーラムの様子（分科会 WS）

写真２　適応自治体フォーラムの様子（全体会）

世紀中ごろ）を想定した場合の影響想定と課題の検討」「仮想的な適応策（計画）案の検討」について、SI-CATモデル自治体等による社会実装の経験・事例紹介を交えながら議論が進められました。気候変動適応法の施行が迫り、自治体の適応計画策定の努力義務や地域適応センターの検討が求められてくるなかで、適応計画全般分科会ではこれらに資することを意図した課題設定とし、それ以外の分科会ではSI-CATモデル自治体等の経験がWSの中で密に共有されるよう、WSに多くの時間を配分するようにしました。第3回では参加者数が大幅に増え、所属機関等の幅も大いに広がりました。

第4回は、気候変動適応法が施行され、自治体の適応計画が法や条例に基づく計画として位置づけられたり、更新されたり、そして地域適応センターが徐々に設置されたりしていく状況下での実施でした。「気候科学技術・データの自治体行政への実装化プロセスの検証と課題を明らかにする」ことを目的とし、第3回で得られた知見をさらに具体化に議論するように心がけました。WSでは各分科会でテーマに若干の相違はあるものの、概ね「気候変動影響の予測・評価の課題」「適応目標の設定と進捗管理の課題」「地域適応センターの設置・整備の課題、国と地方との役割分担」について、SI-CATモデル自治体等による社会実装の経験・事例紹介を交えながら議論が進められました。

分科会終了後にも再び全体で集まり、各分科会での議論のポイントを共有し合う場を設定しました。これは、異なる分野で専門家や行政担当者が一堂に会して、改めてそれぞれの適応に対する捉え方の相違について認識する機会となることを意図しています。なお、各分科会での議論の内容については、5・2節以降で詳細に分析されています。

●事後評価の推移

以下では終了後に参加者から寄せられた簡単なアンケートの結果を振り返ります。

前半の話題提供の満足度については、４回ともに肯定的な評価が８～９割を占めており、時間が不足気味であること以外は大きな改善点は見当たりません。後半の分科会（ＷＳ）の満足度は、４回ともにさらに高くなっており、専門家と行政職員とが直接的に密に意見交換する場がほかにはあまりないことが評価されたものと考えられます（**図１**）。

しかしまったく対照的に、科学的データと行政実務の活用についての相互理解の進展については、肯定的な評価が回を追うごとに少なくなっています（**図２**）。この傾向は、科学的データの行政実務への活用可能性に対する評価についても概ね同様です。

どういった点が課題なのか、自由記述欄をみてみると、非常に多くの意見が寄せられたなかで課題と見られる意見としては次のようなものが挙げられていました。おおよその傾向として、参加者本人は理

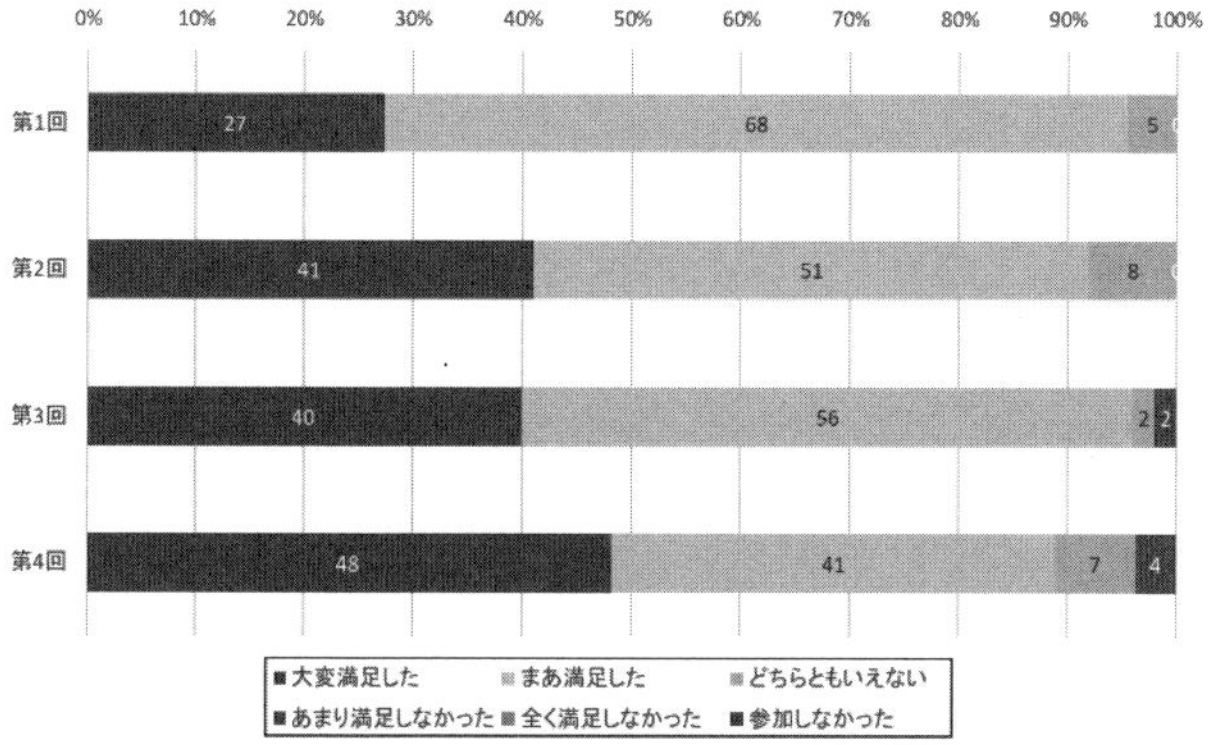

図１　適応自治体フォーラム分科会の満足度

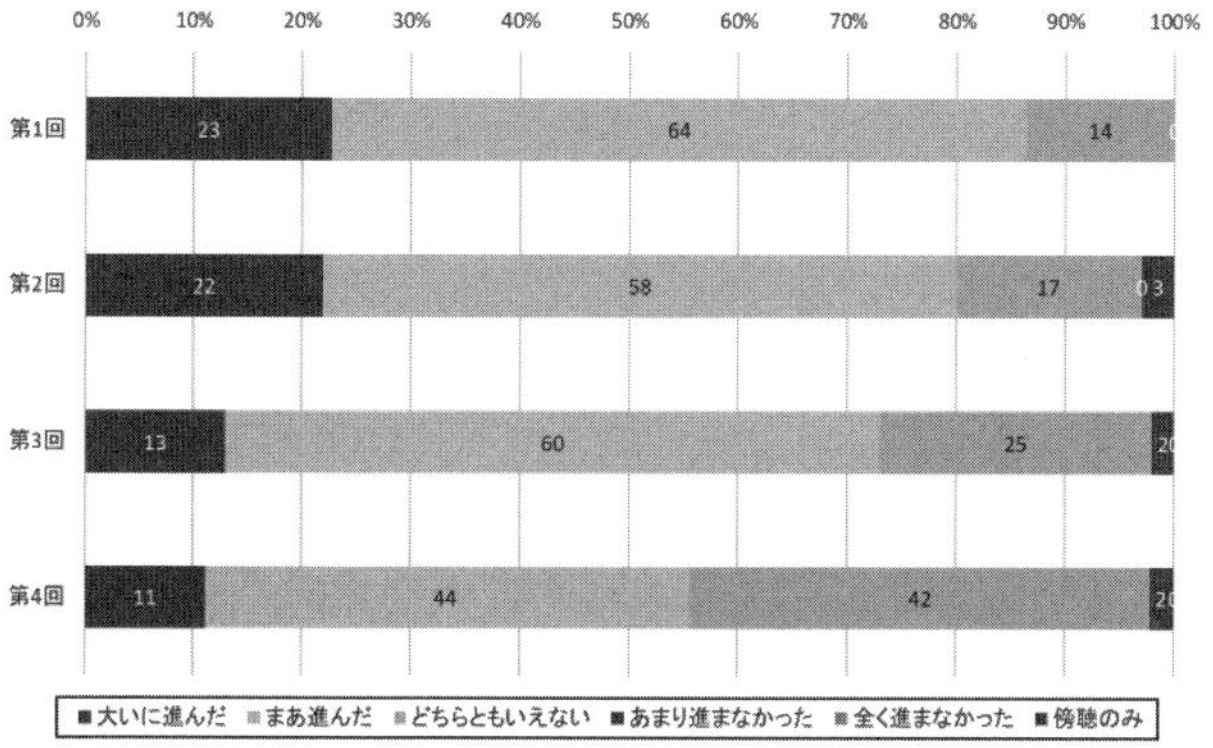

図２　適応自治体フォーラムでの科学的データと行政実務の活用についての相互理解の進展度評価

解が進んだものの、これを持ち戻って部局内、あるいは庁内で計画立案に結びつけるには一層の理解とデータを読み解く能力向上が必要であることや、予測結果や影響評価結果から具体的な施策に結びつけることの難しさなどが挙げられているようです。

・基礎データの研究は進んでいるなかで、データの活用をする行政の受け入れ体制が整備されていない印象。

・個人としては、科学的データの内容の理解が進んだが、実際に業務に活かしたり、他人に理解してもらったりするにはもう少し詳しい説明が必要だと感じた。

・科学的データの種類が多く、分野も多岐にわたるため、情報を入手すればするほど、何をどう活用すればよいかわからなくなる。

・実際に県レベルで科学的データを使うには予算をかけて作らなくてはならないため活用が難しい。

・むしろ課題が浮きぼりになったような気がする。不確実性があるなかで、予測にもとづいた施策が行政内で受け入れられるのか？

・科学的データを積極的に使っていきたいと思う反面、そのデータを使って具体的に行政でできることが、普及啓発以外のものでなかなか思いつかず、適応策の難しさを感じた。

・行政実務では、ダウンスケーリングして誤差のない予測を求めているが、予測には限界があるため、むしろ予測に頼りすぎずに脆弱性評価とＰＤＣＡによる管理が必要と感じた。

また、科学的データの活用可能性についても、非常に多くの意見が寄せられたなかで行政職員からは次のような意見が挙げられていました。やはり不確実性をもつデータを計画立案に用いることや庁内での部局間のギャップの課題は大きいことがうかがえます。そのようなことが、評価が二分されたことの背景にあるのかもしれません。
・研究成果（影響評価）を政策に落とし込む方法論を開発する必要がある。現状では科学的アプローチと行政の仕事の進め方に断絶がある。
・気候変動において主流となっている確率論的な考え方が行政の意思決定になじまないため、科学者が作成したデータセットをそのまま提供しても意味は薄い。少数のシナリオ（社会経済）を作成し、国がお墨付きを与えるのがベストか？
・各種データが簡単に視覚化できる仕組みがあれば、行政の方らもイメージが湧きやすいと感じます。
・市町村レベルで予測し、気温、降雨等正しく評価するためのアドバイスがほしい。また、データを公開する際は、国土交通省、農林水産省とあらかじめ調整を図ってもらいたい。
・適応策を事業化する部局は、環境部局ではないことが多いので、部局間の連携がやりやすい環境が必要（例えば、トップダウン的な指示や国の関係省庁からの通知や指針の発出などがほしい）。
・地方環境研究所として仲介することはできるが最新の科学の知見を行政に反映させていくことは簡単ではない。行政の方に科学的知見を理解してもらえるように努めることは重要だが、行政担当者は2～3年ごとに人事異動で変わっていくので行政の仕組みを変えないと科学データが政策に反映されにくい。
・自治体が独自に必要なデータを分析し、活用していくことは非常に困難です。研究いただく方と関係する自治体が、データや研究成果を個別にマッチングする懸念があります。
・どこにどのような専門家やデータがあるのかがまとまっていると良いのではないか。どの分野にはどのような影響評価が有効なのか、地域適応センターで実施できる形で提供するなど。
・科学的根拠なしに行政計画を策定できない。使わなければならないと考える。
・幅広い分野、関係者ごとに見合った使い方の提示が必要、専門家と行・官・民をつなげる人材も必要。県民：多分こうなっていくのでこうしたほうが良いに足りるデータや絵。産業：リスクをみえる形でこうしたほうが良いに足りるだけのデータ、被害額など。行政：施策の順位付けに関する確度、精度の高いデータ。
さらに、専門家やコンサルタントからは次のような感想も寄せられており、行政ニーズに応えようという意識や、このような場を活用してニーズとシーズのマッチングをコーディネートしようという姿勢も見られました。
・今後、適応法の成立に伴い自治体の方々が具体的に適応計画をつくっていくと思います。その中で具体的なニーズがたくさん出てくるとグループワークから感じました。それを集めていくことで仲介できると感じました。
・科学的データの作成・提供者と利用者が対話する機会を増やし、お互いの取組みや状況・課題などを具体的に知り、理解する場が多くあると有効。
・より自治体の方々のニーズに応じた情報提供を心がけたいと思います。

●今後の展開

全体を通してみると、「自治体・研究者相互の連携構築」「研究者情報のデータベース化」「多様な地方環境研究所のレベルに応じた地域適応センターのあるべき姿の提示」といったご意見もみられました。参加者からは、今後も適応自治体フォーラム（コデザインワークショップ）の開催の継続を望む声が非常に多く寄せられました。このような科学と政策の対話の場の重要性は気候変動問題に限らず高くなっています。ウィズコロナ時代においては、空間的、地理的な障壁はむしろ低くなった側面もありますので、第８章でご紹介しているオンライン熟議のような仕組みも援用しながら、科学と政策の対話の場を設定していくことが重要と考えられます。

（馬場健司）

5・2　防災分科会の議論の推移

ここでは、第1～4回適応自治体フォーラムの後半に実施された分科会の発言録に対してテキストマイニングを適用し議論内容の可視化を試みた結果を交えながら、これまでの各分科会で議論された内容をご紹介します。テキストマイニングとは、テキストデータを計算機で定量的に解析して有用な情報を抽出するためのさまざまな方法の総称であり、大量のテキストデータを統一的な視点から分析することができます。

まず、第1～4回に開催された防災分科会での議論をご紹介します。第1回での発言を基にワードクラウドを作成しました（**図3** 参照）。ワードクラウドとは高い頻度で現れている単語を大きいフォントで表示するという可視化技術です。

まず第1回では図3に示すように「自治体」や「議論」「国」「データ」などの単語が大きく表示され、出現頻度が高かったことがわかります。そのほかにも「信頼性」「国交省」「お墨付き」「信用」など技術シーズの信頼性や、オーソライズされたデータである必要性などに関する単語、「予算」「お金」など予算に関連する単語が見られます。具体的な発言を参照すると、研究機関から提供される気候予測や影響評価に関する情報の信頼性や、その情報を自治体行政はどのように受け止め対応するべきか、また意思決定は誰がすべきか、国のお墨付きがあれば不確実性を伴う情報であっても計画に盛り込んでいけるだろうといった発言があり、研究成果の信頼性や行政計画に反映させるためには国の機関などによってオーソライズされた情報であることが望ましいという意見がありまし

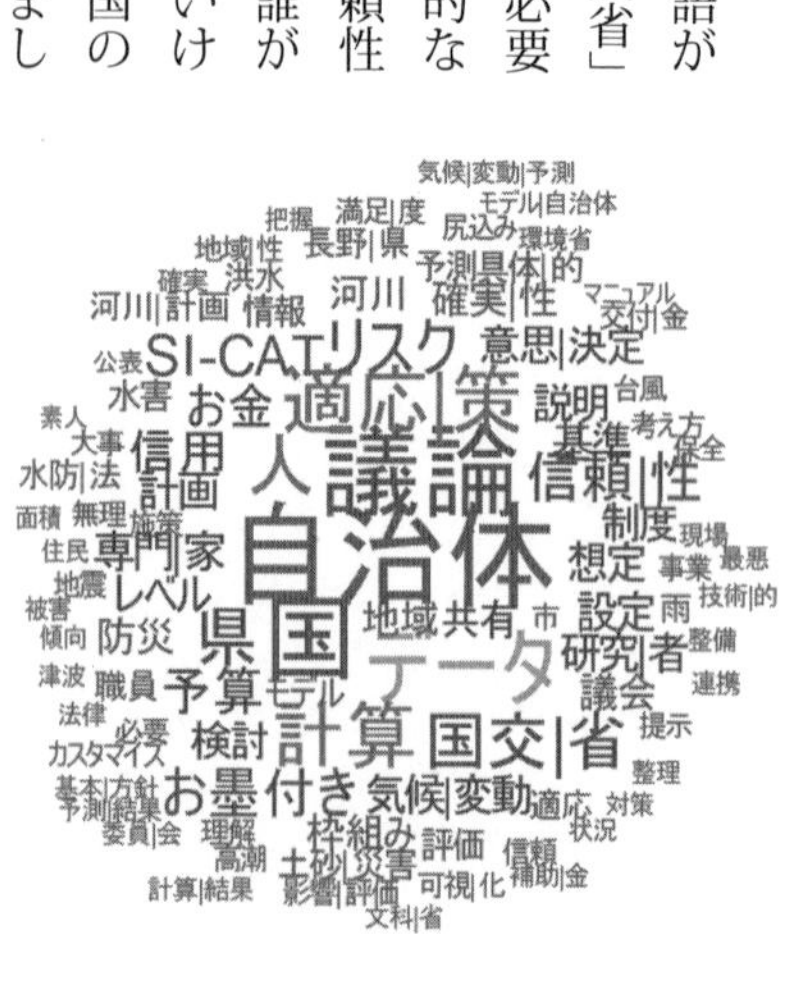

図3　第1回防災分科会の発言を基に作成したワードクラウド

た。また、省庁レベルではなく国として予測に基づいた計画策定を進める方針が合意されないと自治体行政が将来予測と影響評価の情報を用いて適応計画を策定し実施していく流れにはならないだろう、そのためには「適応策を議論する場」の設定がまず必要で、長野県では気候変動適応プラットフォームを立ち上げようとしているなど、技術を適応策に実装していくために必要なプロセスや仕組みに関する発言もありました。さらに河川整備の場合、国土交通省からの補助金の交付は河川整備計画に基づいており気候変動適応の視点から計画を作り予算要求したとしても認められず、国の補助事業や交付金の枠組みの中で事業を申請する必要があることなどについても議論がありました。

続く第2回では、前半の話題提供で北海道における「防災分野の適応策策定に向けた気候変動データの提供と活用の実際」や「精緻な浸水予測手法を基礎とした東京都23区の豪雨時リアルタイム浸水予測システムとその社会実装」について紹介があり、それに関連した内容の発言が多く見られました。具体的には、水害リスクをどう評価するかが大事と感じた、水害リスクを評価すれば河川改修の優先順位を付けることができる、河川の整備と遊水地の整備を比較して効果的な方を行うなど予算は変えずに事業内容を変えることを考えているといった治水の考え方を転換する必要性について発言が見られました。また、シミュレーションで実際に浸水が進んでいく様子を見ると避難の必要性を実感するので、市民への意識啓発や自分事にするために有用であるなど、可視化された予測データの避難情報やリスク評価への活用を期待する発言がありました(1)。

第3回が開催された２０１８年には西日本を中心とする集中豪雨により河川の氾濫や浸水害、土砂災害が多発したこともあり、災害時の避難や防災教育の重要性、予測情報の精度に関する議論が多く見られました。分科会の発言には、提供される情報を基に、

10年確率の地点を避け安全に避難できるルートを地域が選定して避難計画を立てているや、都市部では夜間で公共交通機関が動いていない場合など広域避難が困難な場合もあるため地域特性に応じた避難の方法を検討する必要がある、人命を守るだけではなく過去の被害の悲惨さを訴え浸水被害を避けるための備えの必要性を強調しなければならない、降雨の程度や頻度の変化に伴い災害の様相そのものが変わり過去の経験は通用しないことを認識する必要がある、避難所運営訓練で防災力を高めながらコミュニティづくりにつなげられるのではないか、避難所のイメージを明るく楽しいものにすることで避難を促す方法もあるなど、具体的な避難の方法や意識啓発に関する議論がありました。また、住民に避難の重要性を理解してもらうには子どもに対する防災教育が重要であるという意見があり、学校のカリキュラムに河川災害に関する防災教育を採り入れている自治体についても紹介がありました。加えて、避難は重要だが経済的な被害を減少させることはできないため、今後よりレジリエントの視点が必要であり、防災の視点からの投資の検討や財源の確保が必要である、さらに、省庁を超えて気候変動に関する事業に取り組むことにより、将来に備えた動きがとれるという社会基盤の整備や投資に着目した横断的な意見も見られました。一方、予測データについては河川の氾濫の予測の精度は向上しておりメッシュ情報や危険度分布情報をまず知って見てもらいたい、降雨の予測の精度は向上しているが予測が難しいものもあるという意見が見られました。

第4回では、佐賀県と茨城県、四国での取組みの事例紹介の後、社会実装への工夫や課題として、自治体行政の担当者と研究者の協働や、住民への情報提供に関する話題がありました。佐賀県や四国の事例として、自治体行政が河川管理を重要な行政課題であると認識していることから協働が進んでおり、たとえば担当者が理解しやすい可視化されたデータや、住民にそのまま提供できるよう加工されたデータを研究者が提供するなど、自治体行政のニーズが反映された情報の提供がなされていることや、さらに分析のケースにも担当者の意見が反映されているなど、コミュニケーションを取りながら取組みが進められていることが紹介されました。また、住民への情報提供を考慮するとリアリティのあるシミュレーションが重要である一方で、国土交通省の想定最大規模の降雨と気候モデルのシミュレーション結果の値との違いの整理や説明が難しい、シミュレーションのケースが増えると混乱してしまうのではないかといった課題についての発言もありました。関連して、発生する可能性がある災害はさまざまで、そのすべてを住民に伝えると不安を煽ったり混乱を招いたりすることになりかねず、シンプルに情報を提供したいがどこに焦点を当てるべきか判断が難しいという意見も見られました。一方、国土交通省の気候変動を踏まえた治水計画への政策転換について、ダムや橋梁など利用期間が長期にわたるインフラは目標値や計画値を設定する建設時に、予測情報を含む長期的な視野で検討することができ、将来の柔軟な運用にもつながるため方針が示されたことは評価できる、という発言があった一方で、予測値に基づく対策を実現させるのは現実的に困難な場合もあり努力目標として示すなどメリハリをつける必要性や、予測値だけが一人歩きするリスク、予測値に基づく対策では過大整備と言われかねないなど、問題点や課題も指摘されました。さらに、既存のインフラの活用や順応的管理、自助・共助・公助それぞれの役割を整理したうえで防災のアプローチを検討することの必要性に加えて、危険箇所への居住の制限など中長期的な土地利用計画、防災や減災の視点を含めた都市管理などまちづくり分野との連携が今後必要な対策として挙げられました。

（岩見麻子・稲葉久之）

5・3　農業分科会の議論の推移

次に、第2～4回に開催された農業分科会の議論についてご紹介します。

まず第2回では農業分野で取り組まれている品種改良やそれに関する農業者への情報提供、影響評価結果の提供時の課題などについて議論がありました。具体的には、新品種や奨励品種を出すことと並行して県で適地マップを作り生産者に情報を提供するといった取組みや、影響評価が出た時にどの程度詳細に伝えるべきか、適地以外でも高い技術で高品質の農作物を作っている生産者もおり、風評被害のようなことがないよう慎重に情報を出す必要があるなど情報の扱い方、関連して利害関係がある場合は詳細な情報より広域の予測や評価のほうがよいのではないかなど、用途や目的、分野に応じた解像度・範囲の影響評価の必要性に関する発言がありました。また、生育への影響評価に基づく品質や収量の予測情報の提供が可能であることや、実際に適応策として採り入れていくには地域の事情も考慮する必要があるため、データの処理に自由度を持たせられるとよいなど、技術開発の状況やそれに関するニーズについても議論がありました(1)。

続いて第3回に開催された農業分科会での発言を基にワードクラウドを作成しました（**図4**参照）。図4に示すように「データ」「水稲」「気象庁」「果樹」などの単語の出現頻度が高く、主に水稲や果樹、花卉の影響評価、気象データに関する議論がありました。具体的には、水稲の白未熟粒の発生については予測することができてきたが、次の課題として高温耐性品種がいつまで問題なく育てられるか、気候は変化していくため次に発

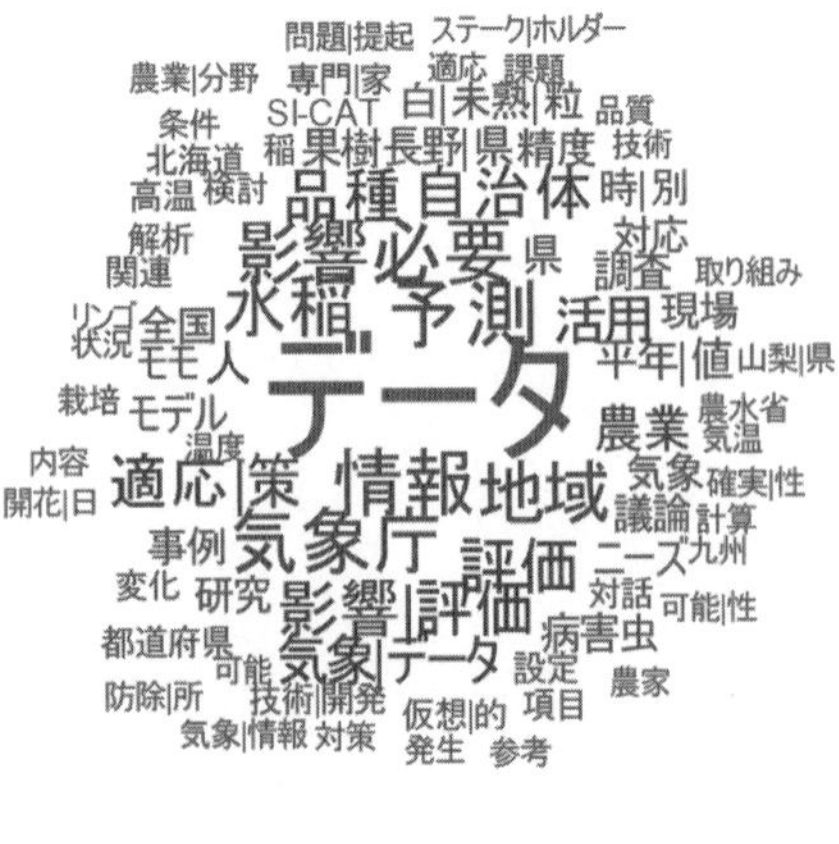

図4　第3回農業分科会の発言を基に作成したワードクラウド

生することを予測し対策を検討していく必要性や、北海道や東北地方における病害虫のリスクは九州地方の発生状況からある程度予測が可能であること、東北地方ではいもち病のリスクマップがあるが、他地域に展開するには、必要となる観測データが存在しないなど問題があることについて議論がありました。また果樹や花卉については、開花期のずれについて気象データを使った定量的な評価に向けた気象庁の取組みの紹介や、たとえばスイートピーは急激な変化に弱いため気温の月平均のデータよりも特定条件の頻度や連鎖に着目する必要があるという発言に対して、技術開発機関から現状でどの程度起こりうるかを調べることは可能であり、それに基づいて10年後などの将来に想定される頻度は、ある程度予測することができると思うという発言がありました。関連して、影響評価のニーズがある品目や項目は多様であり、また都道府県や地域によって優先度の高い主要な作物は異なるため、優先順位をつけていく必要があるという意見も見られました。さらに気象データについて都道府県が出す営農支援情報では平年値を使い予測されることが多いが、予測値のほうが精度が高かった例もあり、精密な情報が取れるにもかかわらずそれを認知・活用できていない現状や、気象データを利活用するにあたって必要な正しい知識を得たり、提供者と利用者の間で対話をしたりする場としてセミナーが開催されていることについても発言がありました。

第４回では適応策の社会実装の阻害要因として、情報の共有に関する発言がありました。関係者が出会って議論を交わしていくことで化学反応のようなものが起こり、アイディアが生まれたり、ニーズの掘り起こしができたりしてうまく進んでいくため、研究者や自治体行政の担当者、生産者、情報の作成者と利用者など関係者間でお互いのニーズやシーズ、限界を理解するために対話が必要だという意見がありました。また、生産者はすでに発生している影響への対策を日々検討し実践しており、適応技術やノウハウは現場に多く存在していることや、「ポジティブデビアンス」の考え方で現場の生産者の「差」に着目して適応策を発見し、適応策に関する情報をデータベースや事例集としてまとめ共有することで水平展開につながるという意見もありました。ただし、生産者にとって自身の対策や技術は企業秘密のような側面もあるため、他者に教えたがらない場合も多いことや、たとえ共有されたとしてもその情報が全員に行き渡らないといった課題も指摘されました。また、中長期的な適応策（たとえば高温耐性品種の開発や導入など）やその優先順位の検討、財政支援は国や自治体行政の役割であり、食の安全保障を念頭に置いた計画の策定や目標の設定が必要という発言も見られました。関連して、たとえばＲＣＰ２・６シナリオなど適応水準を設定して影響やリスクの評価を実施し、適応策を検討・実施しつつ状況に応じ順応的に水準を高めていくような方針に関するコンセンサスを得る重要性を指摘する発言もありました。そのほかに情報に関するニーズとして、作物それぞれに生じる影響への適応策や、たとえば影響の程度と発生確率を掛け合わせるなど定量化されたリスク情報が挙げられるとともに、費用便益分析や予測の不確実性、確率情報の扱い方などを理解してリスクコミュニケーションできる人材を増やす必要性についても指摘されました。また、たとえば「今年の出穂日はいつ？」と尋ねると教えてくれるデジタルアシスタントのような情報提供のシステムも挙げられました。国や自治体行政などのウェブサイトでは情報にアクセスするまでの距離が長いと感じる利用者もいるという、情報のアクセシビリティに関するニーズです。

（岩見麻子・増原直樹）

5・4　暑熱分科会の議論の推移

続いて、第2～4回に開催された暑熱分科会の議論についてご紹介します。

第2回に開催された暑熱分科会での発言を基にワードクラウドを作成しました（**図5**参照）。図5に示すように第2回では、「人」「熱中症」「搬送者数」「街区レベル」などの単語の出現頻度が高かったことがわかります。第2回では技術開発機関から話題提供されたモデル自治体である埼玉県の熊谷スポーツ文化公園のヒートアイランド対策の検討を目的とした暑熱環境力学的ダウンスケーリングシミュレーションや、分科会のアジェンダである市民への情報提供、暑熱対策の視点を採り入れたまちづくりなど総合的な対策の必要性に関する議論がありました。具体的な発言には、話題提供で紹介された街区レベルでの建物解像シミュレーションは、患者発生が多い地域での暑熱対策の検討に利用できるという技術の活用や、暑熱対策で樹木を植えるのは生物多様性の面からは良いが、費用対効果を考えると日よけやドライミストが良いという結論になってしまうこともあるなど対策の費用対効果に関するものが見られました。また市民への情報提供に関しては、イベントの広報などマスコミの影響力は大きく、熱中症被害の深刻さを周知するために有用であること、市民にとって部局の縦割りは関係なく、行政内で情報を共有し提供する必要があるという発言、さらに建物や道路の暑熱対策などまちづくりを工夫すれば熱中症被害を減らせる可能性があり、総合的な対策が必要であるといった、取組み推進に向けた行政内部の縦割りによる課題、問題点に関する発言も見られまし

図５　第２回暑熱分科会の発言を基に作成したワードクラウド

た(1)。

続いて第3回では、自治体行政の担当者から現在起こっている問題や取組みについて、技術開発機関や地方環境研究所から問題や課題の解決に貢献できそうな情報や技術について紹介がありました。具体的には、動物園や公園など屋外の観光施設への夏場の来場者数が減少していることや、増加している外国人観光客への暑熱に関する注意喚起が困難であることなど観光の視点からの課題や、桜の開花の早期化やセミの種類の変化、白未熟粒の発生など生態系や農業への影響、熱中症が発生する日時が集中してしまうため、広範囲を管轄する消防署では救急車での対応が追い付かないという課題について発言が見られました。熱中症による救急車の出動に関しては、技術開発機関から暑熱環境の予測ができれば救急車の台数を増やすなど行政として対応できるかという質問がありましたが、これに対して予算上の問題や消防署は火災や自然災害への対応など多様な役割を担っていることからすぐに対応できるわけではないが、たとえば夜間の数時間の体制を強化するなどソフト対策の参考になりうるという回答もありました。ただし、時間別で予測するためには詳細で具体的なデータセットが必要ですが、観測のためには機器や人件費が必要で予算の面からデータを取ることも難しくなってきているという発言もありました。また、比較的冷涼な地域ではまだ深刻な被害は見られないものの、涼しい地域の人は暑さに弱く熱中症の警戒レベルが地域で異なるため、今後どのような対策が必要なのか検討する必要があるという発言も見られました。取り組んでいることについては、建物に関しては企業に対して緑化指導や、建設時に環境アセスメントで風の通り道ができるよう指導していること、図書館や市役所などクーラーが効いている施設をクールシェアスポットとして開放していること、民間企業と連携した透水性・保水性舗装の実証実験などが紹介されました。また、市民への意識啓発として緑のカーテンの講習会や、打ち水や反射フィルム、フラクタル日よけの効果を体感できるイベント、小学校や保育園への情報提供や導入支援、防災無線や防災メールを利用した注意喚起について発言がありました。ＷＢＧＴ計やサーモグラフィカメラを活用している自治体も多く、生き物観察会で子どもと屋外に行く時にはＷＢＧＴ計を携行し給水タイムや日陰に避難する目安に活用したり、サーモグラフィカメラで緑のカーテンや打ち水、透水性舗装などの効果を可視化したりしているという発言もありました。加えて、デング熱のリスクへの対策の検討に向けて蚊を捕獲しウイルス調査を始めたという自治体もありました。さらに暑熱分科会においても地域気候変動適応センター（以下、地域適応センター）に関して、後述する適応計画全般分科会と同様に、人員や予算の確保が困難であることや、地域適応センターが担うべき役割は何かという話題が挙がりました。

第４回では社会実装上の課題、阻害要因として、庁内の体制や科学的知見や技術を活用できる人材の不足・育成の必要性などについて議論がありました。具体的には、環境部局以外の適応策関係部局では適応策の認知度や優先順位が低く、適応の考え方を施策に取り込んでもらうことが困難であるという意見が見られました。それに対して、他部局が取り組んでいる施策を軸として、たとえば潜在的適応策の周知など、適応の視点を入れるような提案や支援ができないか検討しているという発言や、特に暑熱の問題は環境部局だけでなく土木や福祉、健康など多様な部局が横のつながりを持ち連携していく必要があり、そのためには日ごろからコミュニケーションを取ったり、顔の広い上司と関係部局を訪ねて回ったり、地道に距離を縮めていく努力をしているという意見もありました。また、首長が適応への理解がある場合には関係部局の巻き込みがトップダウンでスムーズに進むという声もありました。関連して、大阪市では関係部局から構成される「大阪市ヒートアイランド対策推進連絡会」が設置されており、情報を交換・共有したり、あるいはニーズとシーズのマッチングをしたりして庁内横断的に適応策を進めていこうとする事例も紹介されました。人材の不足や育成に関しては、たとえば適応策を検討していくためのデータは多く公開・提供されている一方で、自治体行政の担当者がそのデータを使いこなせるレベルに達しておらず、情報が活用できていないという意見がありました。関連して、地域適応センターに期待される役割として、知識が浅い担当者をフォローする深い知識を持つ専門家とのコーディネートや科学技術とのコミュニケーションの機能が想定されるが、おそらく現時点では担うことができる機関ではなく、地域適応センターの能力を高めていくための人材育成や施策が必要であるという意見もありました。一方、情報に関するニーズとして、発生する確率やその影響への具体的な対策、損益評価まで含めた影響評価に加えて、たとえば暑熱環境の悪化と降水量の増加など、今後発生の頻度が高くなると考えられる複合災害への対策など、実際の政策の検討時を想定したニーズ、住民や首長、関連部局、担当者間の引継ぎの際に利用することを想定したわかりやすい情報、たとえば図を多用したものやサーモグラフィ画像など、見てすぐわかる情報というニーズが挙げられました。

（岩見麻子・木村道徳）

5・5　適応計画全般分科会の議論の推移

最後に、第1～4回に開催された適応計画全般分科会での議論に対してテキストマイニングを適用し、環境省が公開している「地方公共団体における気候変動適応計画策定ガイドライン（2）」の中の「適応計画策定のステップ」に着目して整理した結果をご紹介します。まずテキストマイニングで第1～4回適応自治体フォーラムの適応計画全般の分科会において出現頻度が高かった単語を抽出し、同一発言中で言及される（共起）頻度に基づき単語を分類することで、話し合われたテーマの特定を試みました（**表2** 参照）。表2に示すように第1回では「1-1：研究成果の精度」「1-7：優先順位の検討」、第2回は「2-1：数値目標の設定」「2-6：適応策の位置づけ」、第3回は「3-2：地域適応センターの設置」「3-4：科学的情報に関するコミュニケーション」、第4回では「4-1：適応計画の進行管理」「4-7：地域適応センターの機能」など各回で議論されたテーマを特定しました。

次に、特定したテーマが適応計画策定のどの段階に関係するかを整理するため、前述の「適応計画策定のステップ」にマッピングしました（**図6** 参照）。図において、第1～4回の各回で議論されたテーマ

表2　適応自治体フォーラムの適応計画全般分科会で議論されたテーマ（3）～（5）

No.	テーマ（第１回）	No.	テーマ（第２回）
1-1	研究成果の精度	2-1	数値目標の設定
1-2	データの出典	2-2	地球温暖化の対策
1-3	適応の主流化	2-3	計画の内容の検討
1-4	簡易なツール	2-4	計画の改定
1-5	他部局への説明	2-5	市民への情報提供
1-6	国のオーソライズ	2-6	適応策の位置づけ
1-7	優先順位の検討	2-7	防災分野の対策
1-8	人事異動と他部局との連携	2-8	予算配分
1-9	精度に関するニーズ	2-9	影響評価の技術
1-10	わかりやすい情報と信頼性	2-10	科学的情報の活用
1-11	トップダウンでの情報提供	2-11	影響評価情報に関するニーズ
1-12	必要な将来予測情報		
1-13	具体的な適応策の検討		
No.	**テーマ（第３回）**	**No.**	**テーマ（第４回）**
3-1	ステークホルダーとの連携	4-1	適応計画の進行管理
3-2	地域適応センターの設置	4-2	優先順位の意思決定
3-3	適応計画策定に必要な情報	4-3	影響予測情報の評価
3-4	科学的情報に関するコミュニケーション	4-4	適応の推進
3-5	発現している影響・被害	4-5	庁内での調整
3-6	影響に対する適応策の検討	4-6	政策への科学的情報の反映
3-7	他部局や市民への説明	4-7	地域適応センターの機能
3-8	地域適応コンソーシアム事業	4-8	国やNIESに求められる役割
3-9	影響評価の情報提供	4-9	地域特性に関する検討

のラベルをそれぞれ白色・薄い灰色・濃い灰色・黒色で、複数のステップに重複して配置したテーマに下線を付して示しています。図に示すように、関連するテーマが多かったのは、「ステップ２ 適応の推進体制の構築」や、「ステップ６ 気候変動影響の評価」「ステップ７ 適応計画の策定」であり、４回の分科会のうちいずれか３回分のテーマが含まれる結果となりました。また、第１回のテーマはステップ２・４に、第２回はステップ４・７、第３回はステップ３・６、第４回はステップ１・６に多く分類され、フォーラムにおいては回を重ねるごとに大きく「ステップ２ 適応の推進体制の構築」から、「ステップ６ 気候変動影響の評価」や「ステップ７ 適応計画の策定」に議論が変化したことがわかります。なお、「ステップ２ 推進体制の構築」や「ステップ６気候変動影響の評価」「ステップ７ 適応計画の策定」については第１～４回を通して多く議論されていました。これら話題の変化は気候変動適応法の成立など社会状況の変化や自治体行政における取組みの進捗によるものと考えられますが、継続的に話題に挙がる影響評価は適応計画の策定における中核であることがわかります。

（ａ）ステップ１　ゴールとプロセスをイメージする

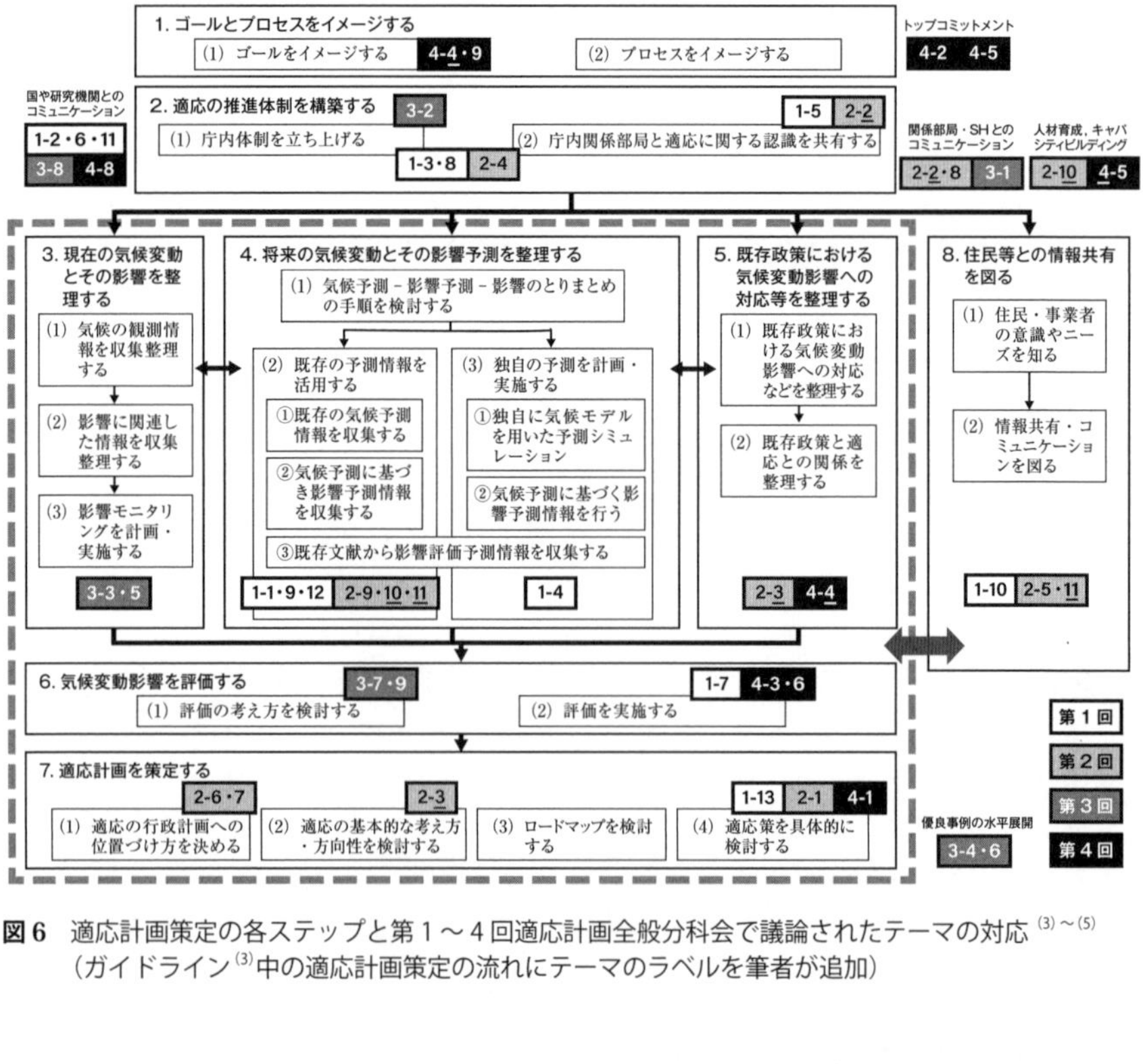

図６　適応計画策定の各ステップと第１～４回適応計画全般分科会で議論されたテーマの対応[(3)～(5)]
（ガイドライン[(3)]中の適応計画策定の流れにテーマのラベルを筆者が追加）

策定の流れに沿って各ステップに分類したテーマを見ていくと、まずステップ１に関連するテーマとして「４‐４：適応の推進」「４‐９：地域特性に関する検討」が挙げられました。これらはすべて第4回に議論されたテーマですが、地域特性を踏まえた計画策定や、ＳＤＧｓや国土強靭化、ほかの行政課題への適応策の位置づけ、最終的な方向性の意思決定者など適応計画全体を包含するような内容に関する議論がありました。

（b）ステップ２　適応の推進体制を構築する

次にステップ２に関連するテーマとして「１‐３：適応の主流化」「１‐８：人事異動と他部局との連携」「２‐４：計画の改定」が、庁内体制の整備について「３‐２：地域適応センターの設置」、関係部局との認識の共有について「１‐５：他部局への説明」「２‐２：地球温暖化の対策」が挙げられました。他部局との連携や情報共有に関するテーマは第1～4回で継続的に議論されましたが、その内容は人事異動による担当者の交代で知識や情報が引き継がれないことから、適応の考え方が浸透していないこと、関係部局から構成される研究会の発足や政策のパッケージ化の方法について、影響評価の結果などを説明する際にわかりやすい情報や指標が必要であることなど、回を重ねるごとに関係部局との連携体制の構築が進んでいることが推察されます。また、第3回フォーラムでは気候変動適応法施行に伴い設置が求められている「3‐2：地域適応センターの設置」に関する議論があり、連携する研究機関や人材・予算の確保などは新たな課題であるという意見が多く見られました。

（c）ステップ３　現在の気候変動とその影響を整理する

次にステップ3には「３‐３：適応計画策定に必要な情報」「３‐５：発現している影響・

被害」が挙げられました。なお、言及は少なかったものの第2・4回には、適応策の策定時に必要となる過去のモニタリングデータが不足していることや、実施段階における継続的なモニタリングの実施体制をどう取るかが課題であるという議論もありました。

（d）ステップ4　将来の気候変動とその影響予測を整理する

続いて、ステップ4のうち、「（2）既存の予測情報の活用」については「1-1：研究成果の精度」「1-9：精度に関するニーズ」「1-12：必要な将来予測情報」「2-9：影響評価の技術」「2-10：科学的情報の活用」「2-11：影響評価情報に関するニーズ」の六つが、「（3）独自の予測の計画・実施」には「1-4：簡易なツール」が挙げられました。第1回では適応計画の策定に求められる影響予測の項目やその空間解像度に関する議論がありましたが、第2回では具体的なたとえば農業分野で必要な詳細さや自然生態系など地域特性に応じた予測をするための手法、また専門家から提供された予測情報を関係部局に提供してもその利用方法がわからないのではないかというように、意見が具体化していました。ただし独自の予測の計画・実施に関連するテーマは一つのみであったことから、独自で影響予測を行うことを考えている自治体行政は少数であることが示唆されます。

（e）ステップ5　既存施策における気候変動影響への対応等を整理する

さらにステップ5では「2-3：計画の内容の検討」「4-4：適応の推進」が挙げられました。具体的には防災や農業など関係部局に対して取り組んでいる適応策を照会しても他部局は適応策と認識していない場合が多く、理解や協力を得ることが困難な場合があるという発言や、ステップ1にも関連して、適応を単独で考えるのではなくＳＤＧｓや国土強靭化との共通目標を設定することや、ほかの行政課題に適応策を位置づけることで進めやすくなるのではないかという意見がありました。

（f）ステップ6　気候変動影響を評価する

そしてステップ6では、「（1）評価の考え方の検討」に「3‐7：他部局や市民への説明」「3‐9：影響評価の情報提供」「（2）評価の実施」に「1‐7：優先順位の検討」「4‐3：影響予測情報の評価」「4‐6：政策への科学的情報の反映」が挙げられました。「（1）評価の考え方の検討」について、わかりやすい指標での評価の必要性や経済的な観点から影響評価の情報があれば予算配分を決定する際の検討材料になったり、予算要求にも説得力を持たせられたりすると、具体的な適応策立案を視野に入れた発言がありました。また「（2）評価の実施」については、計画の進行管理を視野に入れた評価手法の検討や科学的知見を計画に反映させる方法論が確立していないことに加えて、ステップ3にも関連しモニタリングや観測データの重要性に関する意見もありました。

（g）ステップ7　適応計画を策定する

続くステップ7には、「（1）行政計画への位置づけ方」に「2‐6：適応策の位置づけ」「2‐7：防災分野の対策」が、「（2）考え方・方向性の検討」に「2‐3：計画の内容の検討」、「（4）適応策の具体的な検討」に「1‐13：具体的な適応策の検討」「2‐1：数値目標の設定」「4‐1：適応計画の進行管理」の三つのテーマが挙げられました。「2‐6：適応策の位置づけ」については、第2回フォーラムが開催された2017年時点では適応策が法律に位置づけられていなかったため、関係部局の理解や協力が得られにくいという課題が挙げられましたが、2018年12月に気候変動適応法が施行され大きく前進することやステップ2の「1‐3：適応の主流化」の考え方の広がりが期待されます。また、「（4）適応策の検討」については、第2回において適応計画では数値目標を設定することが困難であることや、関係部局の事業をどのようにパッケージ化すればいいかとりまとめの方法について発言が見られたのに対して、第4回では気温や発生件数の変動を考慮して標準化した指標を設定したり、各地域の目指す将来社会像との対比で進捗状況を評価したりする具体的なアイディアが出されました。

（h）ステップ8　住民等との情報共有を図る

最後にステップ8には「1-10：わかりやすい情報と信頼性」「2-5：市民への情報提供」「2-11：影響評価情報に関するニーズ」が挙げられました。第1回では正確でわかりやすい情報の必要性について、第2回では適応を「自分事」として認識させたり、ステークホルダー（以下、SH）として巻き込んだりするために地域主導の「地元学」の視点や環境教育の重要性について発言が見られました。4回を通して市民や関係部局に説明する際に、たとえば確信度やシナリオの違いなど、わかりやすい情報が必要という発言が見られました。技術開発機関の研究者からはわかりやすい情報とはどのようなものか質問もありましたが、「可視化された情報、視覚的な情報」以上の明確なイメージや具体の共有には至りませんでした。

（i）ステップに該当しなかったテーマ

分科会で議論されたテーマとガイドラインの各ステップとの対応を整理してきましたが、ガイドライン中には具体的に示されていないテーマも複数見られました。まず、ステップ1に関連するものとして「4-2：優先順位の意思決定」「4-5：庁内での調整」のトップコミットメントに関するテーマがありました。不確実性を伴う情報を利用する際の判断や、方針の最終的な意思決定などの際には首長の判断もある程度必要であると同時に、首長所管の部署ではない環境部局が適応策の担当部局であることも優先順位などを決定しにくい要因ではないかという指摘もありました。

次に、ステップ２に関連するものとして「２‐２：地球温暖化の対策」「２‐８：予算配分」「３‐１：ＳＨとの連携」の関係部局やＳＨとのコミュニケーションに関するテーマがありました。第２回には関係部局や一般市民に対する情報提供による意識啓発や、多岐の分野にわたる適応策について関連部局の間での調整や予算配分の方法に関する課題が挙げられました。また、第３回では適応計画策定や地域適応センターの設置に際して地元の大学や研究機関、コンサルタントが果たす役割を期待する発言や、適応策推進のための首長や議員の重要性について意見がありました。さらに、人材育成やキャパシティビルディングに関するテーマとして「２‐10：科学的情報の活用」「４‐７：地域適応センターの機能」がありました。地域適応センターの設置については第３回においてもステップ２に関連してその役割や機能について議論がありましたが、第４回ではそれらが明確になってきた一方で、同センターの役割を担う機関や人材の確保が課題として残されていることが推察されます。

さらに、主にステップ４や７について、国や研究機関とのコミュニケーションに関わる「１‐２：データの出典」「１‐６：国のオーソライズ」「１‐11：トップダウンでの情報提供」「３‐８：地域適応コンソーシアム事業」「４‐８：国や国立環境研究所に求められる役割」「３‐４：科学的情報に関するコミュニケーション」「３‐６：影響に対する適応策の検討」がありました。第１回では、影響予測の情報はその信頼性に加えて国の機関が公開するなど国によってオーソライズされた情報であることが望ましいという点や、検討すべき影響評価項目をトップダウンで提示してほしいという意見がありましたが、第３回では、A-PLATなどで基礎的な情報は得られるものの、影響評価の結果などから自治体行政だけで高まるリスクを把握し対策を検討するのは困難であり、適応策まで含めた情報の提示や優良事例の水平展開、影響評価情報の活用を支援する人材や仕組みが必要であるという意見、「ステップ6 気候変動影響の評価」とも関連して経済的な観点からの評価情報が必要という意見がありました。このように回を重ねるごとに情報の信頼性や出典など漠然とした課題からその利用・展開の方法、適応策を検討する際の活用方法について話題が深化していることがわかります。

国や研究機関、関係部局、SHとのコミュニケーションや、人材の育成、キャパシティビルディングについては第1～4回を通して言及があり、多くの自治体行政において適応策を進めていくうえでの課題と考えられますが、ガイドラインは自治体行政での計画策定作業に着目した閉じた構造となっており、策定の前提条件として必要な他機関や関連するSHが担うべき役割や連携のあり方については触れられていません。国や地域適応センター、自治体行政など関係する機関それぞれの役割と機能を明確にすると同時に、これら多様な主体をコーディネートする機能をいずれかの機関に持たせることも必要と考えられます。前述したように、多くの自治体行政が独自での実施ではなく既存の影響評価を活用することが予想されますが、影響評価情報の収集や活用の際には専門家の助言や支援を求める声が多く、コーディネート機能を持つ機関の明確化は喫緊の課題であると考えられます。

（岩見麻子・木村道徳・松井孝典）

《参考文献》

（１）岩見麻子・木村道徳・松井孝典・馬場健司「地方自治体における気候変動適応策の関連部局の認識の可視化」『環境情報科学学術研究論文集』第32号、２７５～２８０頁、２０１８

（２）環境省「地方公共団体における気候変動適応計画策定ガイドライン（初版）」http://www.adaptation-platform.nies.go.jp/lets/guideline_H28_08_env.pdf（２０１９年３月20日アクセス）

（３）岩見麻子・木村道徳・松井孝典・馬場健司「気候変動適応策に関する技術シーズと行政ニーズのギャップの可視化」『第45回環境システム研究論文発表会講演集』２８７～２９２頁、２０１７

（４）岩見麻子・木村道徳・松井孝典・馬場健司「気候変動適応策の立案において地方自治体が抱える課題とニーズの把握―コデザインワークショップの実践を通して―」『土木学会論文集Ｇ（環境）』第74巻第６号、Ⅱ-93～Ⅱ-１０１頁、２０１８

（５）Asako Iwam, Takanori Matsui, Michinori Kimura, Kenshi Baba and Mitsuru Tanaka: Organizing the Challenges Faced by Municipalities while Formulating Climate Change Adaptation Plans, Sustainability, Vol.12, No.3, 1203, 2020.

第6章

庁内外との計画策定支援社会技術2：気候変動リスクアセスメントと庁内合意形成

6・1　手法の概要

●はじめに

各国の政府や研究機関は、気候変動適応計画策定の一助とすべく、さまざまなガイドラインを公表しています（例えば、EC ACT（1）、DEFRA（2）、ICLEI CANADA（3））。国内でも環境省（4）や農水省（5）が公表しています。これらの多くは策定の手順を示したものとなっているものの、1・3節でも示したように、気候変動リスクや適応策をめぐっては各部局での認識の相違が計画策定や推進上の課題として挙げられており、この点を解決する方法が必要です。

そこで本章では、**図1**に示すような外力リスク（ハザード）、脆弱性（感受性）・適応能力といった地域社会が抱える課題や、詳細な気候変動影響、さらに回避すべき事態（人命被害の回避など、ある種のエンドポイント）など、各部局が計画策定に際して検討すべき要素を設定し、これらに対する部局間からの主観的な評価を収集し、これに基づいて認知ギャップを可視化し、これらの解消を支援するアセスメント手法について紹介します（6）。

なお、図1は、筆者らがこれまでに気候変動を含めた地域社会を取り巻くリスクに対するレジリエンスを具現化する施策の検討に向けたアセスメントシートとして開発したもの（7）（8）をベースとして、これをさらに気候変動適応に特化して作成したものです。

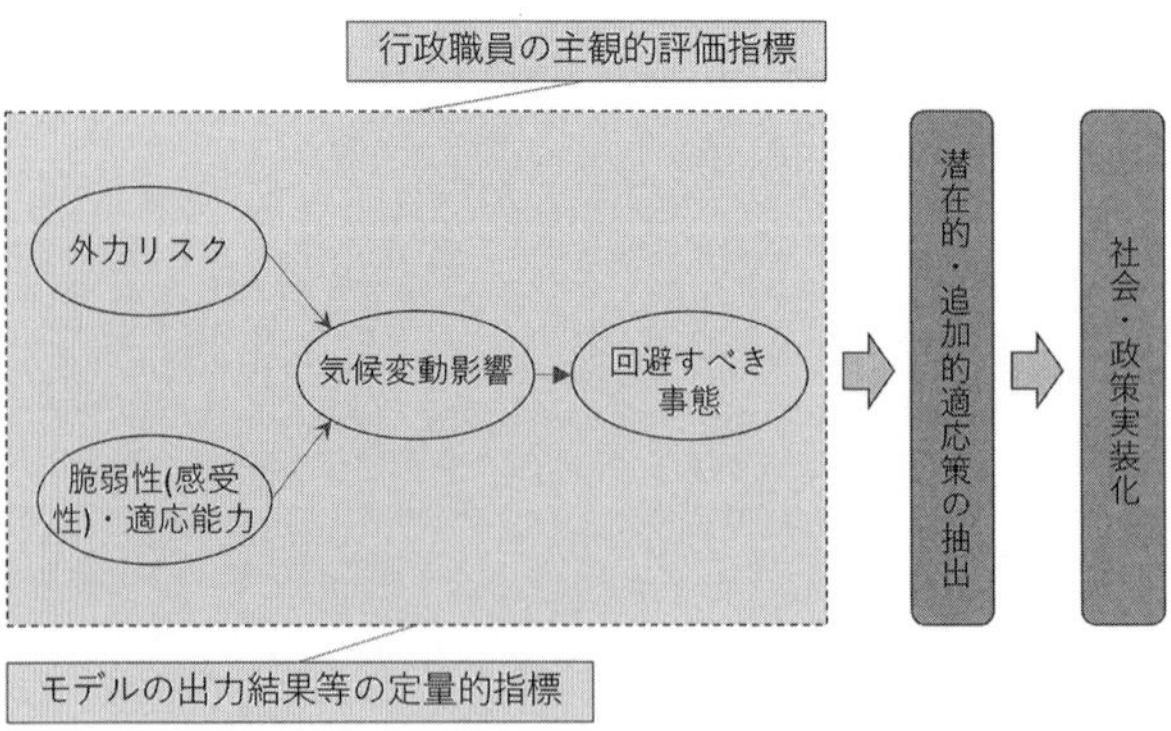

図1　気候変動リスクアセスメントのフレームワーク（出典：文献（7）（8）より改変）

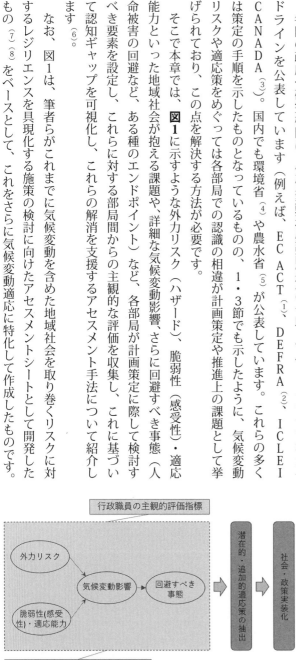

各要素に対する各部局からの主観的な評価だけでなく、モデルの出力結果などの定量的評価を用いることも重要になります。

●施策上の外力リスク・脆弱性・回避すべき事態

施策上の外力リスクとは、既往施策で想定している自然的、社会的外力による危機的事象を指しています。今回はこれを「人間活動による環境汚染等」「人間活動に関連する事故」「社会経済状況の変化」「気象関連の災害」「地球温暖化に伴う変化」「その他の自然災害」「生態系の変化」の7指標に集約しています。このうち気候変動に関連するのは、「気象関連の災害（洪水、土砂災害、猛暑など）」および「地球温暖化に伴う変化（気温上昇、海面上昇など）」の二つになります。

気候変動影響の大きさは、大雨や猛暑などの気候外力（ハザード）のみでは決まりません。例えば、氾濫しやすい場所に人や財産が存在しているか、大雨時の早期警戒体制が整備され機能しているかどうかなど、ハザードと対峙する側の状況によって影響リスクは大きく異なるからです。したがって、影響リスクを評価するにあたっては、気候外力とともに脆弱性（感受性）と適応能力の関係を把握しておく必要があります。脆弱性（感受性）と適応能力については、**表1**のように、外力が小さければ適応能力を改善する方向で気候変動影響を避け、外力が大きければ脆弱性（感受性）を改善する方向で気候変動影響に対処するような適応策を検討すると考えています。なお、ここでいう「脆弱性（感受性）」とは、影響を受けやすくしている原因、「適応能力」は行政や事業者、住民などによる気候変動影響への備えを意味しています。

表には明記していませんが、回避すべき事態の設定も適応策の抽出に重要となります。このような考え方に基づいて、脆弱性（感受性）として19指標、適応能力として10指標を設定しています。また、回避すべき事態については、表1の三つの適応策のタイプ（「タイプ1：人命・財産のリスク（影響が甚大だが頻度は少ない）」「タイプ2：生活・産業のリスク（影響は中程度だが頻度が多い）」「タイプ3：自然環境・文化のリスク（影響は漸増し長期にわたって起こる）」）に呼応させる形で、「人命被害」「生活や産業における喪失、ダメージ」「生物多様性や文化に対するダメージ」に大別して、それぞれに6指標、17指標、3指標を設定しています。

●気候変動影響・適応策

閣議決定され、その後に法定となった政府の気候変動適応計画や、中央環境審議会による「日本における気候変動による影響の評価に関する報告と今後の課題について（意見具申）」などより、日本ですでに現れてきている影響、および将来現れると予測されている影響の事象を分野ごとに抽出しました。農林水産分野は46指標、水環境・水資源分野は21指標、自然災害・沿岸域分野は26指標、自然生態系分野は44指標、健康分野は14指標、国民生活・都市生活分野は10指標、産業・経済活動分野は24指標となっています。これらに対して、発現状況、将来の発現可能性、影響の重大性、適応策の緊急性、適応策の現況それぞれの観点から評価するようになっています。

表1　気候変動影響の大きさと適応策のタイプおよびレベルの関係性

			レベル1	レベル2	レベル3
外力の大きさ	頻度	影響	小←→大		
脆弱性(感受性)と適応能力			適応能力の向上←→脆弱性(感受性)の改善		
影響と対策の関係			対策で影響を避けられるレベル	ある程度の影響は避けられないが、対策により軽減できるレベル	根本的転換なしに影響に対処できないレベル
適応策のタイプ			予防(防御)	順応(影響最小化)	転換(再構築)
タイプ1: 人命・財産のリスク 水災害、土砂災害、極端な感染症等【主に防災分野】	少ない	甚大	中小規模の水・土砂災害 適応策⇒ハード・ソフト対策で人命・財産を守る	ハード対策では守れない災害 適応策⇒ソフト対策で人命だけは守る	人命も財産も守れない想定外の大災害 適応策⇒危険地域からの住民移転など、長期的には順応的管理
タイプ2: 生活・産業のリスク 熱中症、渇水、農産物品質低下、水質悪化等【主に農業、保健、環境、産業分野】	多い	中	生活や産業への影響が顕在化 適応策⇒ハード・ソフト対策で影響を抑える	対策しても避けられない影響が残る 適応策⇒ソフト対策で影響を最小化	生活・産業維持困難が避けられない 適応策⇒土地利用・地域構造の再構築、農業経営の転換、住民移転
タイプ3: 自然環境・文化のリスク 生物多様性悪化、伝統文化の継承困難等【主に環境、観光分野】	長期	漸増	自然環境や文化への影響が顕在化 適応策⇒ハード・ソフト対策で影響を抑え、保護する	自然環境や文化の保護・継承が一部で困難 適応策⇒ある程度の変化を許容し、重点対象を保護	自然環境や文化を維持できない 適応策⇒生態系、文化の系の移動、移転

なお、適応策については、前述のように、影響の大きさならびに頻度およびリスクの性質によって異なる三つのタイプと、適応の可能性（脆弱性と適応能力）には限界があることから、予防策、順応策、転換策の三つのレベルが想定されています。

●おわりに

筆者らはこのアセスメントシートを用いて、２０１６～２０１７年に地方自治体を訪問し、聞き取り調査を行いながらアセスメントシートへの記入を依頼し、協力が得られた18団体（環境部局34、農林水産部局35、防災部局36、保健部局20、産業観光部局25）より回収しています。自治体により各部局の回収状況は異なります。具体的な指標の内容と評価結果について次節以降で説明していきます。

（馬場健司・工藤泰子・渡邊　茂・田中博春・田中　充）

6・2　全国における部局別の集計

●はじめに

気候変動リスクアセスメントシートは、本来は個別の自治体での各部局間での評価結果の相違を可視化することを意図したものですが、まずは、全国で回収された部局ごとの集計結果を概観することで、おおよその傾向をみていくことにします。なお、記入に際しては、担当課としての公式見解ではなく、日ごろの業務上の実感としての回答を求めた結果となっています。

●施策上の外力リスク・脆弱性・回避すべき事態

自治体の施策上の外力リスクとして、想定される事象の危機レベルについて部局別に集計した結果を**図2**に示しています。これは前節で指摘した気候変動に関連する二つの指標のうち「気象関連の災害（洪水、土砂災害、猛暑など）」について示したものです。図示はしていませんが、全部局では「かなり危機」「ある程度危機」と想定する回答が七つのリスク指標の中で最も多くなっています。

部局別には統計的に有意な差がみられ、環境、防災、農業部局においていずれも「危機と想定している」が80％を超える一方で、想定する危機レベルはかなり異なっており、

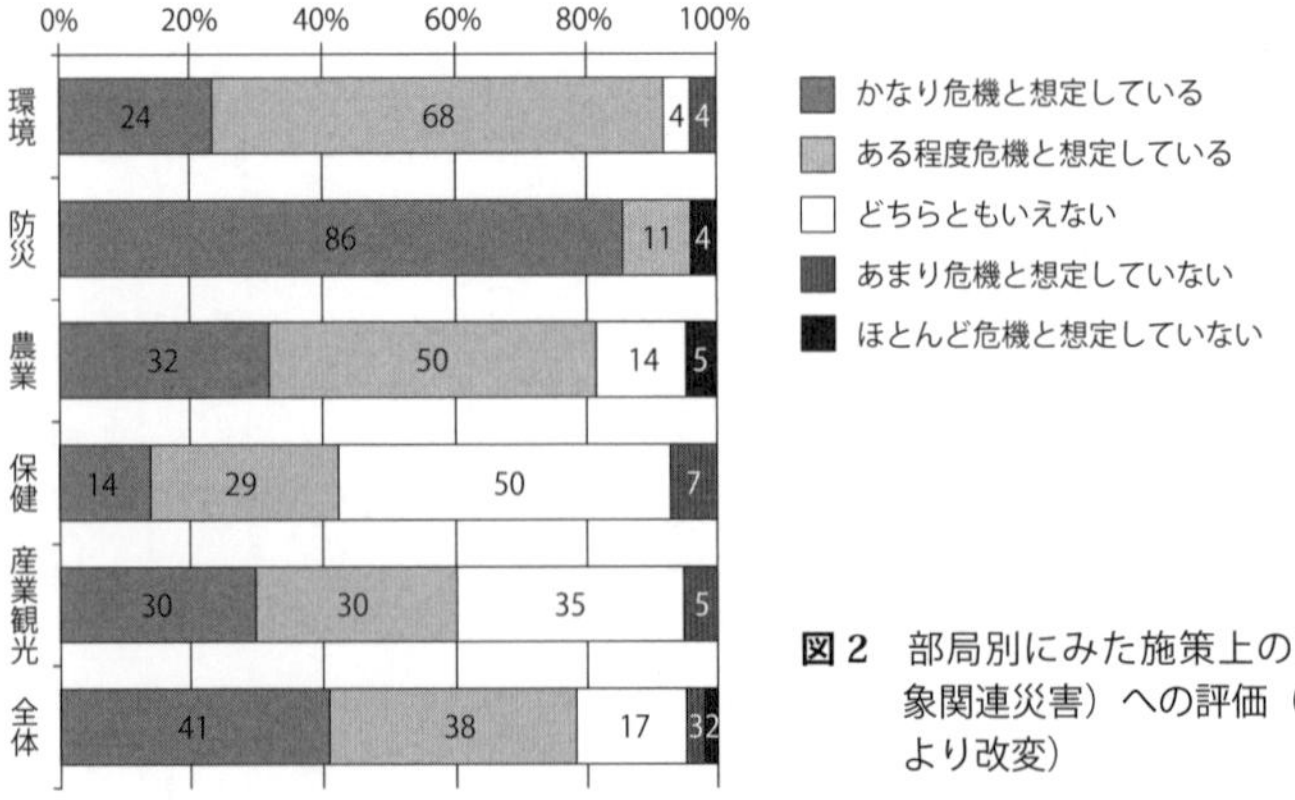

図2　部局別にみた施策上の外力リスク（気象関連災害）への評価（出典：文献(6)より改変）

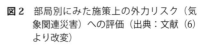

防災部局では、非常に強い危機感が現れています。なお、図示していませんが、もう一つの気候変動に関連する指標である「地球温暖化に伴う変化」については、ほかのリスクに比べて「どちらともいえない」がやや多く、危機感はやや弱い傾向がみられます。つまり、災害を含む現象についてのリスク認識は高いものの、ゆっくりと変化する事象については、明確にリスクであると認知することの難しさが行政であってもあるようです。ただ、環境部局では約９割が危機と想定し、保健部局では危機と想定する割合が６割程度にとどまるなど、部局間で有意な差がみられています。その背景として、暑熱はヒートアイランドの影響であるとの認識のもと、気候変動影響も加わっていることが現段階ではあまり認識されていない可能性が考えられます。

表２は、各部局の政策担当者が、脆弱性（感受性）と適応能力において課題があると評価した集計結果を示しています。同様に**表３**は、回避すべき事態についての部局別の集計結果を示しています。いずれについても、数値は「課題あり」と

表２　部局別にみた脆弱性（感受性）と適応能力への評価

感受性/適応能力	環境	防災	農業	保健	産業観光	合計
回答数	29	29	23	16	20	117
【感受性】						
低地・ゼロメートル地帯に人及び財産が存在	3	13	3	0	3	22
（急）傾斜地に人及び財産が存在	4	16	5	0	3	28
軟弱な地盤上に人及び財産が存在	2	12	5	0	2	21
氾濫しやすい河川の流域に人及び財産が存在	5	15	5	1	2	28
浸水想定区域に人及び財産が存在	5	18	5	2	4	34
侵食されやすい海岸に人及び財産が存在	0	5	1	0	1	7
都市構造の問題（風の道が少、緑被率が小、建蔽率・容積率が大）	4	2	1	2	2	11
インフラの老朽化	5	15	6	1	5	32
過疎化	3	2	8	0	4	17
工場や住宅の密集	0	1	0	2	3	6
空家の多さ	1	1	0	1	1	4
単身世帯の多さ	2	0	0	2	1	5
住宅の問題（老朽化、断熱の悪さ、粗雑な造り）	2	1	0	3	0	6
身体的弱者（要介護者、高齢者）の多さ	3	4	1	9	0	17
社会的弱者（高齢者、貧困層、母子家庭）の多さ	4	3	0	4	1	12
利用可能な水資源量が不十分	3	1	4	1	0	9
森林・里山の整備が不十分	1	6	7	0	1	15
絶滅危惧種・希少種の存在	7	0	0	0	0	7
単作的な農業	1	0	3	0	0	4
その他	0	0	1	0	0	1
【適応能力】						
気候変動の影響リスクに対処する行政の施策・計画	12	11	11	4	5	43
気候変動の影響リスクに対処する行政の推進リソース（人的、予算的	14	11	10	4	4	43
インフラ（堤防、防潮堤、水門、下水道、貯水池、遊水池など）	6	20	7	2	5	40
モニタリング（時間降水量など）	6	12	3	1	1	23
気候変動の影響リスクに関す住民や企業における備え・知識	10	11	4	4	5	34
警報システム（防災、暑熱など）	1	15	0	2	2	20
避難場所の整備	1	12	3	0	3	19
BCP（事業継続計画）	2	12	2	0	9	25
近隣関係、コミュニティのつながり	1	4	1	2	0	8
医療・保健サービス	1	1	0	5	0	7
その他	2	1	1	0	0	4

出典：文献（6）より改変

する回答数を示しています。表中の数字に付されている色の濃淡は、各分野および合計において度数が多い項目ほど色が濃くなっています。

脆弱性（感受性）については、部局によって課題の捉え方が異なっていることがわかります。特に、防災部局が最も顕著にさまざまな課題、および人命被害やインフラ・ライフラインの被害を意識する傾向がみられます。全体では、脆弱性（感受性）に課題があるとする度数は、「インフラの老朽化」、および「浸水想定区域に人及び財産が存在」「（急）傾斜地に人及び財産が存在」「氾濫しやすい河川の流域に人及び財産が存在」で多くなっています。このうち「インフラの老朽化」以外は、災害外力に対する曝露の問題といえます。いずれも防災分野に関連する項目ですが、防災系以外の部局もこれらの項目を挙げています。これらは水害・土砂災害における抵抗力の不足を指摘するもので、先に示された外力リスクの増大への懸念とともに災害リスクの観点から重大な課題と認識している自治体が多いことがわかります。そのほか、「森林・里山の整備が不十分」は農業部局だけでなく防災部局でも問題意識があることが注目され、森林・里山の整備が分野横断的な

表3　部局別にみた回避すべき事態への評価

回避すべき事態	環境	防災	農業	保健	産業観光	合計
回答数	29	29	22	16	20	116
人命被害						
河川の氾濫による人命被害	8	17	5	1	8	39
内水氾濫による人命被害	6	19	4	0	6	35
土砂災害による人命被害	9	20	8	1	6	44
高潮・高波災害による人命被害	4	9	4	1	2	20
複合災害による人命被害	5	14	5	1	6	31
暑熱による人命被害	8	2	6	9	4	25
その他	1	0	0	0	1	2
生活や産業における表失、ダメージ						
長期的な肉体的・精神的健康被害	5	9	1	4	9	28
食料・ライフライン（電気・水道・ガス等）の供給途絶	9	12	5	1	13	40
交通・通信機能の分断・途絶	5	16	6	1	15	43
金融サービス機能の停止	5	2	3	0	11	21
産業活動・サプライチェーンの停止	4	3	5	0	13	25
建築物や家屋の流出、倒壊、損傷	7	11	3	0	11	32
長期的な避難生活	5	14	3	3	5	30
長期的な食料事情の悪化	6	4	4	2	5	21
長期的な水資源状況の悪化	12	8	6	4	5	35
長期的な経済の衰退	5	5	6	0	11	27
行政活動の停止	7	10	3	1	9	30
砂浜の消失	4	4	1	0	1	10
農業の維持困難	8	3	16	0	6	33
漁業の維持困難	4	2	4	0	5	15
林業の維持困難	4	3	5	0	3	15
暑熱による屋外活動の困難	8	1	6	8	6	29
暑熱による日常生活の困難	6	1	1	8	4	16
その他	1	0	0	0	1	2
生物多様性や文化に対するダメージ						
地域個体群の分断、絶滅	13	2	3	0	4	22
自然環境の回復不能な悪化、表失	16	7	12	1	6	42
伝統文化の維持困難	6	2	1	0	4	13
その他	2	0	0	0	0	2

出典：文献（6）より改変

適応策になりうることを示唆しています。「過疎化」は農業部局、「身体的弱者（要介護者、高齢者）の多さ」「社会的弱者（高齢者、貧困層、母子家庭）の多さ」は保健部局が多く挙げており、「絶滅危惧種・希少種の存在」は環境部局が最も多く挙げましたが、他部局はどこも挙げていません。

適応能力については、全体では課題として、「気候変動の影響リスクに対処する行政の施策・計画」および「気候変動の影響リスクに対処する行政の推進リソース（人的、予算的）」が最も多く、環境、防災、農業部局から特に多く挙げられています。次いで、「インフラ」（特に防災部局）、「気候変動の影響リスクに関する住民や企業における備え・知識」（特に環境系・防災部局）、「ＢＣＰ」（特に防災系・産業観光部局）が多く、行政のリーダーシップや責任を自覚しつつも、住民や企業の対応能力の向上が必要と考えている状況がうかがえ、住民や事業者に対する普及啓発の必要性も大きいことが示唆されます。適応能力に「課題あり」との認識についても、防災部局はすべての項目を挙げており、中でも「インフラ（堤防、防潮堤、水門、下水道、貯水池、遊水池など）」が多く、大きな費用が必要になるハード対策が不十分な状況がある一方、ソフト対策である「警報システム（防災、暑熱など）」も度数が多く、ハード・ソフト両面で適応能力を高める必要性が大きいことがわかります。そのほか、度数としては多くないものの「医療・保健サービス」については、ほぼ保健部局のみが課題だとして挙げています。

回避すべき事態のうち『人命被害』については、対応するリスクが主に防災分野であることを反映し、防災部局が多くの項目について「回避すべき」としており、特に「土砂災害による人命被害」、河川や内水の「氾濫による人命被害」について多く挙げています。特に土砂災害についての命にかかわるリスクという認識が非常に高いものと推測されます。また、暑熱による人命被害は回答した保健部局の多くが回避すべき事態としています。『生活や産業における喪失、ダメージ』について、全体として最も多く挙げられたのが、「交通・通信機能の分断・途絶」および「食料・ライフラインの供給・途絶」（特に産業観光部局および防災部局）です。これらは、発災後の被災者救出および生命維持において回避すべき事態として極めて重大であることは自明です。分野別では、産業観光部局は交通・通信機能の分断・途絶をはじめライフラインや長期的な経済の衰退を、防災部局は同様にインフラ機能の停止のほか、建物の流出・倒壊・損傷、長期の避難生活など、短期から長期にわたって起こる可能性のある事態を挙げています。ほかの部局は比較的長期にわたる事態に注目しており、保健部局は暑熱による日常生活や屋外活動の困難を、農業部局は農業の維持困難を、環境部局は長期的な水資源状況の悪化を最も多く挙げています。『生物多様性や文化に対するダメージ』については、「自然環境の回復不能な悪化、喪失」が最も多く挙げられています。環境部局ではそれに加えて「地域個体群の分断、絶滅」が多く挙げられています。生物多様性や文化に対するダメージでは、環境部局と産業・観光部局で「回避すべき」との回答が多くなっています。

●気候変動影響

前述したように、影響については全体で１００を超える指標を設定しており、それぞれに対して、現在の発現状況、将来の発現可能性、影響の重大性、対策の緊急性、施策の状況などの評価基準に対する政策担当者の認識を、それぞれの選択肢の中から一つずつ選択する回答形式となっています。また、気候変動影響については各部局の施策に密接に関連してきますので、部局ごとに対応する分野についてのみ回答を求めています。

なお、横軸には評価基準のうち「現在／将来の気候変動の影響発現」として、現在の発現状況と将来の発現可能性それぞれについて評価された結果を統合したものを用いています。すなわち「1：現在特に発現しておらず将来も発現の可能性なし」「2：現在、将来ともに現状では評価できない、現在特に発現しておらず将来については現状では評価できない、現状では評価できないが将来も発現の可能性なし」「3：現在特に発現していないが将来は発現の可能性あり、現在の発現については評価できないが将来は発現の可能性あり、現在すでに発現している」です。縦軸には、影響の重大性、対策の緊急性、施策の状況のそれぞれについて評価された結果をそのまま用いています。したがって、一つの影響項目について3種類のグラフを作成しています。図の右上領域は、影響が現在発現もしくは将来発現の可能性があり、影響が大きい／対策の緊急性が高い／新たな施策を検討中か実施中のものがプロットされることになります。逆に左下領域は、影響が発現しておらず、将来も発現の可能性がなく、影響が小さい／対策の緊急性が低い／新たな施策は検討しないものなどとなっています。

図3に防災部局を対象とした分析結果のうち、一例として河川に関連する短時間強雨の増加や大雨の発生について示します。「現在すでに発現しているか将来発現の可能性」があり、かつ「対策の緊急性が非常に大きい」の回答が最も多くなっています。その一方で、対策の検討・実施状況については、「現状では評価できない」とする回答も多くなっています。このように施策については、現象が発現しているか、将来発現するという共通の状況下で、すぐに対策に取りかかる状況でもないという傾向は、河川に関連する洪水被害、内水被害、山地に関連する土石流・地すべりなど多くの影響項目についてみら

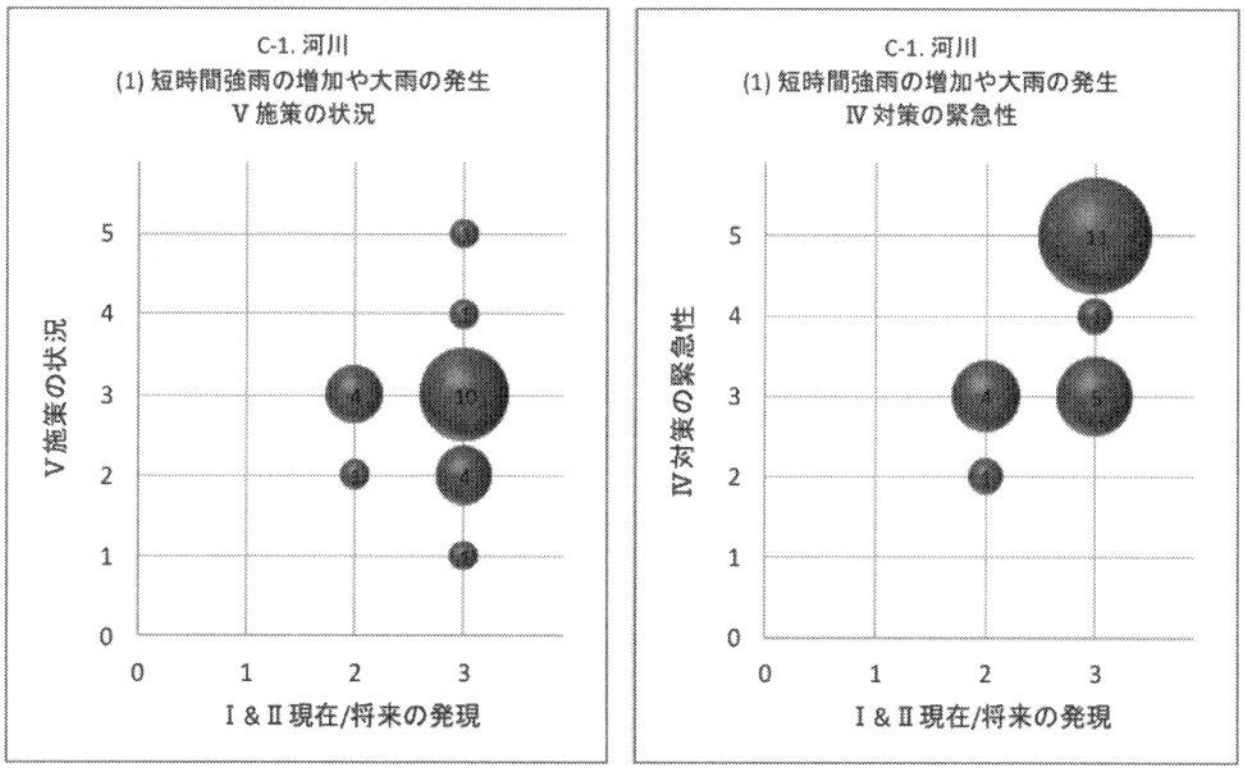

図３　防災部局における気候変動影響と対策への評価（河川・短時間強雨や大雨の発生）（出典：文献(6)より改変）

れました。なお、沿岸に関連する海面上昇、高潮・高波、海岸浸食については必ずしも対策の緊急性も高くない傾向がみられました。

図4に農林水産部局を対象とした分析結果のうち、一例として水稲について示します。水稲は気候変動の影響の重大性が大きく、対策の緊急性も高いとの評価が多いものの、施策については対応がばらついています。野菜および果樹については、重大性・緊急性が水稲よりは低いスコアであることが多く、施策の状況も「現状では評価できない」が多い傾向にあります。また、麦・大豆・飼料作物などや畜産では、影響の発現状況と重大性・緊急性ともに「現状では評価できない」が多い一方で、麦・大豆・飼料作物などでは影響が重大、対策の緊急性が高いとの認識も多いのですが、施策の状況は大きくばらつき、畜産については、施策は「従来対策で対応可能」が多い傾向がみられました。

林業、特用林産物（きのこ類など）では、重大性や緊急性について「現状では評価できない」とする評価が多い一方で、重大性が非常に大きく、対策の緊急性が非常に高いものも少なくありません。施策については「現状では評価できない」以外では、「従来対策で対応可能」や「新たな施策の検討予定なし」という状況が多い傾向がみられました。また、回遊性魚介類については、影響が現在出現／将来出現の可能性ありと認識されているものの、その重大性および対策の緊急性については「現状では評価できない」とする評価が多く、施策では「従来対策で対応可能」や「新たな施策の検討予定なし」が多くなっています。

以上のように、農林水産部局では、影響の重大性が大きく、対策の緊急性も高いとの評価が多いものの、施策では「現状では評価できない」とする評価が多く、「従来対策で対応可能」「新たな施策の検討予定なし」なども少なくなく、対応がばらついている

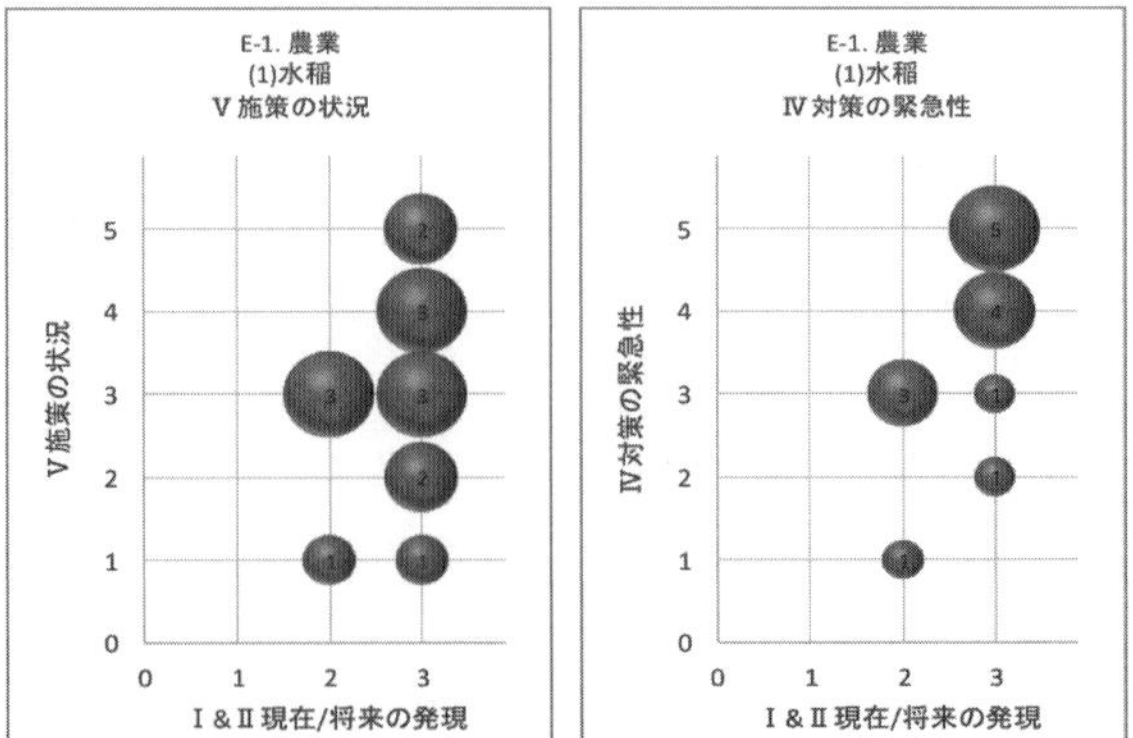

図4　農林水産部局における気候変動影響と対策への評価（水稲）（出典：文献(6)より改変）

傾向がみられました。

図５に保健部局を対象とした集計結果のうち、一例として熱中症について示しています。熱中症についてはほかの項目や分野と異なり、縦軸・横軸ともに「現状では評価できない」とする評価が１件ときわめて少ないのが特徴です。これは、現象の発現およびその影響の重大性と対策の緊急性をほとんどの自治体が認識している一方で、施策については「現状では評価できない」および「従来の対策で対応可能」が多く、新たな施策を検討、実施しようとする動きはみられません。

また、感染症については、重大性、緊急性、施策ともに「現状では評価できない」が多く、大気汚染濃度の増加、水質汚染による下痢発生、脆弱な幼児・妊婦への影響についてもほぼ同様です。感染症については、現状では気候変動影響との関連がほとんど認識されていない可能性が考えられます。

●おわりに

以上のように、担当部局によって注目する施策上の外力リスク・脆弱性・回避すべき事態は異なっていますが、共通の課題の発見につながる可能性は指摘できます。そして、各部局に固有の施策の状況も明らかにされるなかで、庁内横断的な検討会などで情報共有と意見交換を行うことによって、分野横断的な適応策を見いだしていくことが今後重要になると考えられます。

（馬場健司・工藤泰子・渡邊　茂・田中博春・田中　充）

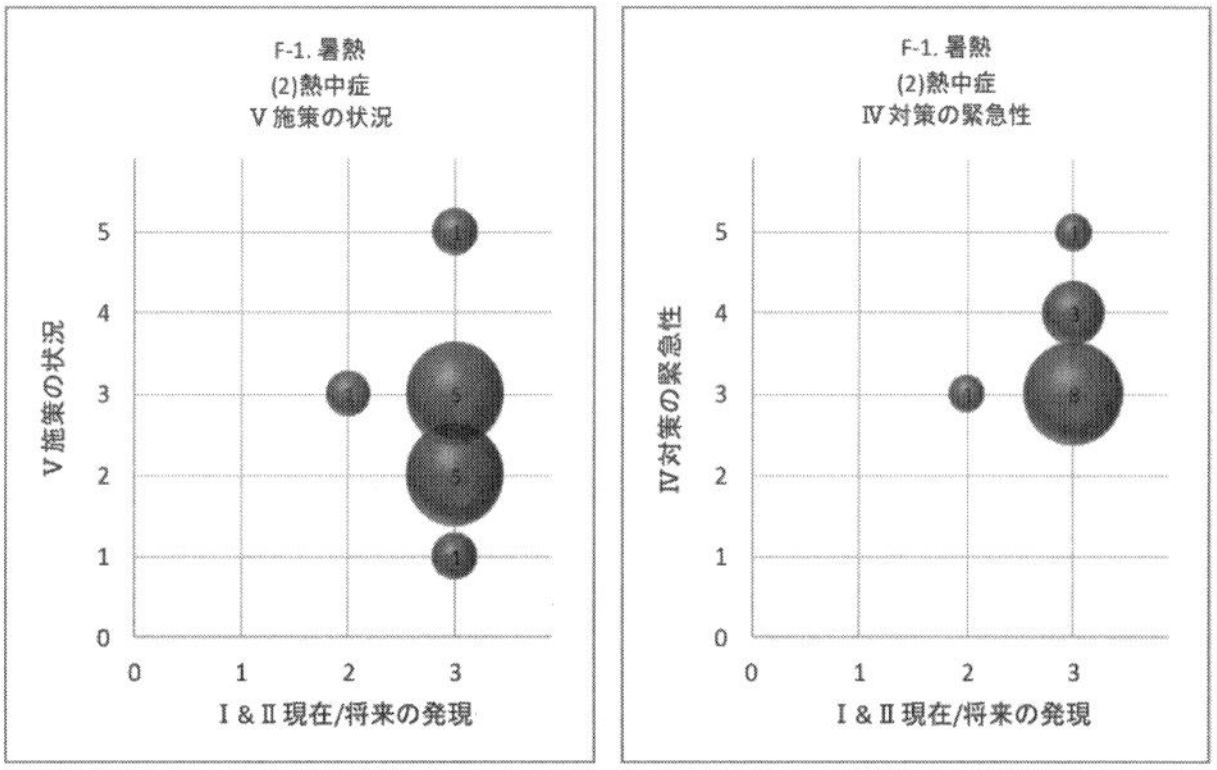

図５　保健部局における気候変動影響と対策への評価（熱中症）
（出典：文献(6)より改変）

6・3　自治体における適用事例

●はじめに

以下では、協力が得られた18団体のうち、比較的多くの部局からの回答が得られ、特徴的な傾向を示した自治体を取り上げ、気候変動リスクアセスメントシートの本来の趣旨である個別の自治体における各部局間での評価結果の相違を、施策上の外力リスク・脆弱性・回避すべき事態について確認していきます。

●A県における施策上の外力リスク

A県では、環境部局4課、農林水産部局6課、防災部局8課、保険部局3課、産業観光部局7課の合計28課より回答が得られました。

まず、自治体の施策上の外力リスクのうち「気象関連の災害（洪水、土砂災害、猛暑など）」「地球温暖化に伴う変化（気温上昇、海面上昇など）」について想定される事象の危機レベルについて部局別に集計した結果を**図6**に示しています。気象関連の災害については、前節でみた全国における集計結果と同様に、「ある程度」も含めた危機と想定しているという回答はいずれの部局も過半数を占め、特に防災部局で非常に強い危機感が現れています。ただし、環境部局で「か

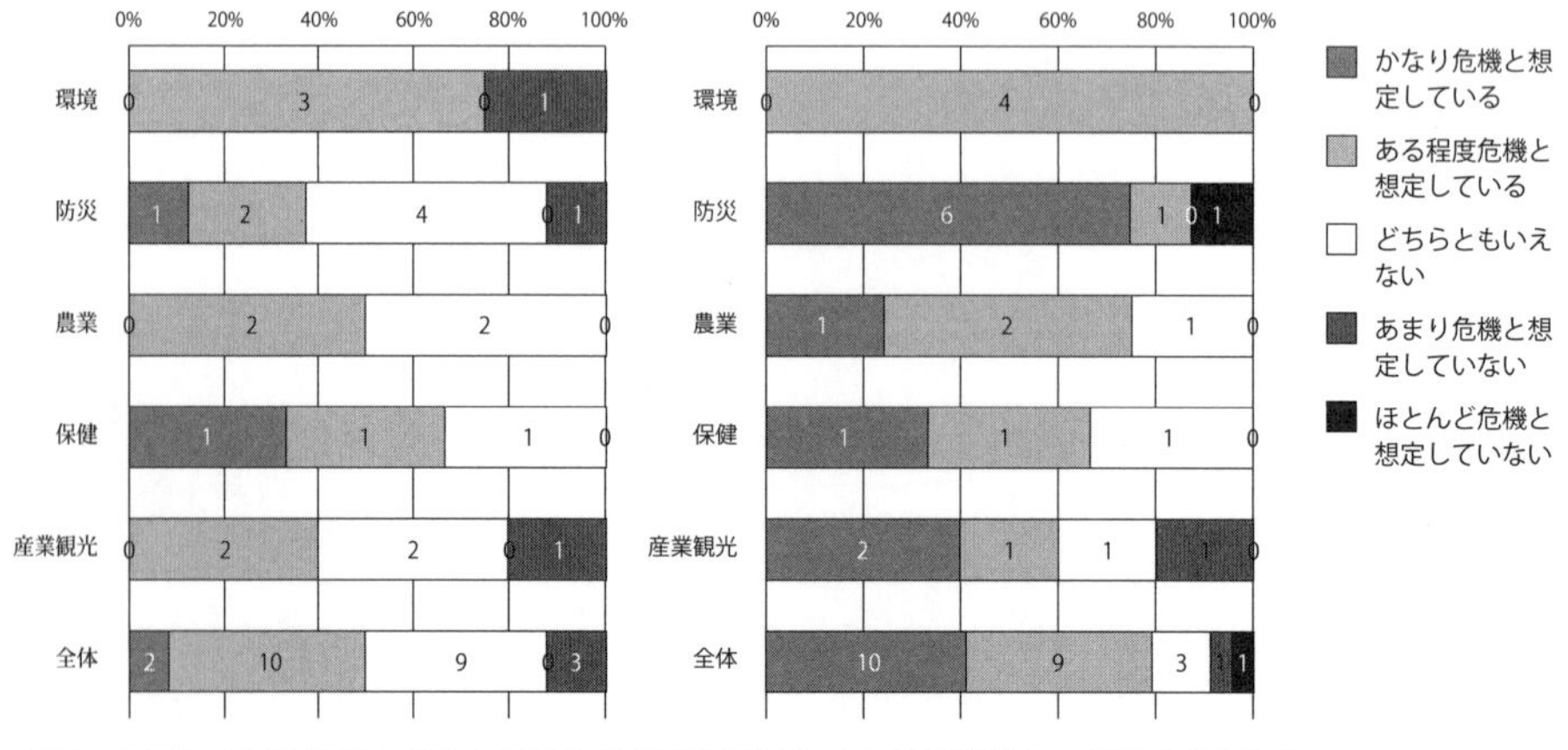

図6　A県における施策上の外力リスク（気象関連災害［左］・地球温暖化に伴う変化［右］）への評価

なり」危機と想定した課はなく、これは地球温暖化に伴う変化についても、環境部局では「ある程度」危機との想定が大半であり（これは他部局より多い）、中には「ほとんど」危機と想定していない課もあります。また、防災部局、保健部局に「かなり」危機と想定している課が一つずつあります。このように、環境部局は適応計画を主体的に立案していく担当部署ではあるものの、自身の所管業務との隔たりを率直に表している可能性があり、むしろ各部局の各原課においてすでに強い危機感を背景として施策の検討を進めるなどの温度差がありうることがうかがえます。

●A県における脆弱性・回避すべき事態

次に、脆弱性（感受性）と適応能力において課題があると評価した集計結果と、回避すべき事態について評価した集計結果のそれぞれについて、**表4～5**に示します。

脆弱性（感受性）については、A県では感受性に課題があるとする評価は、「インフラの老朽化」「森林・里山の整備が不十分」で高く、特に防災部局の各課で挙げられています。そのほかにも河川に関連する項目など、内陸県で山地が多く存在する地域特性と関連するリスクに対して課題が認識されている傾向がみられます。また、適応能力に課題があるとする評価は、「気候変動の影響リスクに対処する行政の施策・計画」および「気候変動の影響リスクに対処する行政の推進リソース（人的、予算的）」において多くの部局で高く、防災部局の各課ではこれに加えて「インフラ」でも多く挙げられています。

回避すべき事態については、やはり防災部局の各課が、「土砂災害」「交通・通信機能

表4　A県における脆弱性（感受性）と適応能力への評価

感受性 / 適応能力	環境	防災	農業	保険	産業観光	合計
回答数	4	8	4	3	5	24
【感受性】						
低地・ゼロメートル地帯に人及び財産が存在	0	1	1	0	0	2
（急）傾斜地に人及び財産が存在	0	3	0	0	1	4
軟弱な地盤上に人及び財産が存在	0	2	1	0	1	4
氾濫しやすい河川の流域に人及び財産が存在	1	1	1	0	0	3
浸水想定区域に人及び財産が存在	0	1	1	0	1	3
侵食されやすい海岸に人及び財産が存在	0	1	0	0	0	1
都市構造の問題（風に道が少、緑比率が小、建坪率・容積率が大）	0	0	0	0	0	0
インフラの老朽化	0	5	1	0	0	6
過疎化	1	2	1	0	0	4
工場や住宅の密集	0	0	0	0	1	1
空家の多さ	0	0	0	0	0	0
単身世帯の多さ	0	0	0	0	0	0
住宅の問題（老朽化、断熱の悪さ、粗雑な造り）	1	0	0	0	0	1
身体的弱者（要介護者、高齢者）の多さ	1	1	0	2	0	4
社会的弱者（高齢者、貧困層、母子家庭）の多さ	1	1	0	2	0	4
利用可能な水資源量が不十分	0	1	0	1	0	2
森林・里山の整備が不十分	1	4	2	0	0	7
絶滅危惧種・希少種の存在	3	0	0	0	0	3
単作的な農業	1	0	0	0	0	1
【適応能力】						
気候変動の影響リスクに対処する行政の施策・計画	1	4	3	1	2	11
気候変動の影響リスクに対処する行政の推進リソース（人的、予算的）	1	4	2	2	1	10
インフラ（堤防、防潮堤、水門、下水道、貯水池、遊水地など）	0	5	1	0	0	6
モニタリング（時間降水量など）	0	2	0	0	0	2
気候変動の影響リスクに関する住民や企業における備え・知識	1	2	0	0	1	4
警報システム（防災、暑熱など）	0	2	0	0	0	2
避難場所の整備	0	2	0	0	1	3
BCP（事業継続計画）	0	3	0	0	1	4
近隣関係、コミュニティのつながり	0	1	0	0	0	1
医療・保健サービス	0	0	0	0	0	0

表５　A県における回避すべき事態への評価

回避すべき事態	環境	防災	農業	保険	産業観光	合計
回答数	4	8	4	3	5	24
【人命被害】						
河川の氾濫による人命被害	1	1	0	0	3	5
内水氾濫による人命被害	0	3	0	0	2	5
土砂災害による人命被害	1	7	1	0	2	11
高波・高潮災害による人命被害	0	2	0	0	0	2
複合災害による人命被害	0	3	0	0	2	5
暑熱による人命被害	0	1	0	2	2	5
【生活や産業における喪失、ダメージ】						
長期的な肉体的・精神的健康被害	0	3	0	2	2	7
食料・ライフライン（電気・水道・ガス）の供給途絶	1	2	0	0	3	6
交通・通信機能の分断・途絶	0	5	0	0	4	9
金融サービス機能の停止	0	0	1	0	3	4
産業活動・サプライチェーンの停止	0	2	0	0	4	6
建築物や家屋の流出、倒壊､」損傷	1	3	0	0	2	6
長期的な避難生活	0	3	1	0	2	6
長期的な食糧事情の悪化	0	1	1	0	2	4
長期的な水資源状況の悪化	1	2	2	1	2	8
長期的な経済の衰退	0	1	0	0	3	4
行政活動の停止	0	1	1	0	2	4
砂浜の消失	0	1	0	0	0	1
農業の維持困難	1	2	2	0	2	7
漁業の維持困難	0	1	0	0	2	3
林業の維持困難	0	3	1	0	2	6
暑熱による屋外活動の困難	1	0	0	2	2	5
暑熱による日常生活の困難	0	0	0	2	2	4
【生物多様性や文化に対するダメージ】						
地域個体群の分断、絶滅	0	0	0	0	2	2
自然環境の回復不能な悪化、喪失	0	3	2	0	2	7
伝統文化の維持困難	0	1	0	0	2	3

の分断途絶」をはじめ多くの項目を挙げています。また、「長期的な水資源状況の悪化」「農業の維持困難」なども他部局からも多く挙げられており、部局横断的な共通課題として検討される余地がありそうです。また、もう一つの特徴として、産業観光部局の各課がまんべんなくほぼすべての項目を挙げており、同部局の所管業務が広く係わってくることが示唆されています。

●おわりに

以上のように、A県では、施策上の外力リスク・脆弱性・回避すべき事態への評価が、回収数の多かった防災部局の傾向が強く出現することになりましたが、回収数が多いこと自体が危機感の現れでもあります。実際にA県では、その後に県と大学との共同で地域気候変動適応センターが設置されていますが、そのプロジェクトは防災系のものが中心的になっているようです。

（馬場健司・工藤泰子・渡邊　茂・田中博春・田中　充）

《参考文献》

（１）EC ACT-Adapting to Climate change in Time: Planning for Adaptation to Climate Change. Guidelines for Municipalities, 2010.
https://base-adaptation.eu/sites/default/files/306-guidelinesversionefinale20.pdf

（２）Department for Environment, Food and Rural Affairs: Adapting to climate change: A guide for local councils, 2010
https://assets.publishing.service.gov.uk/government/uploadssystem/uploads/attachment_data/file/218798/adaptlocal council guide.pdf

（３）ICLEI CANADA: Changing Climate, Changing Communities: Guide and Workbook for Municipal Climate Adaptation.
http://www.icleicanada.org/images/icleicanada/pdfs/Guide WorkbookInfoAnnexes_WebsiteCombo.pdf

（４）環境省「地域気候変動適応計画策定マニュアル（手順編）」２０１８
http://www.env.go.jp/earth/ 地域気候変動適応計画策定マニュアル_final2

（５）農林水産省「農業生産における気候変動適応ガイド（水稲編）［改訂版］」
https://www.maff.go.jp/j/seisan/kankyo/ondanka/attach/pdf/index-102.pdf

（６）馬場健司・工藤泰子・渡邊茂・永田裕・田中博春・田中充「地方自治体における気候変動適応技術へのニーズの分析と気候変動リスクアセスメント手法の開発」『土木学会論文集Ｇ（環境）』第74巻第５号、Ⅰ-４０５～Ⅰ-４１６頁、２０１８

（７）馬場健司・田中充「レジリエントシティの概念構築と評価指標の提案」『都市計画論文集』第50巻第１号、46～53頁、２０１５

（８）Tanaka, M. and Baba, K., ed. Resilient Policies in Asian Cities-Adaptation to Climate

Change and Natural Disasters-, Springer, 2019.

（9）太田俊二・武若聡・亀井雅敏編『気候変動適応策のデザイン -Designing Climate Change Adaptation-』インプレス、２０１５

第7章

地域社会とのコミュニケーション社会技術1：地域適応シナリオ

7・1 手法の概要

IPCC（Intergovernmental Panel on Climate Change）は、気候予測や影響評価などの科学的知見を生み出すための前提として、気候シナリオ（RCP: Representative Concentration Pathways、代表的濃度経路）や社会経済シナリオ（SSP: Shared Socioeconomic Pathways、共有社会経済パス）などを用意しています。こういった「シナリオ」は、多くの場合、定量的な出力を得るためのモデルを記述する前提条件などを指します。ただ、シナリオ構築手法を広く捉えると、その源流は米国ランド研究所が開発した米空軍向けの軍事シナリオにあり（例えば田崎ほか[1]）、70年代に入ってバックキャスティングの考え方がロイヤル・ダッチ・シェルの経営戦略立案をはじめ、Lovins[2]やRobinson[3]においてもエネルギー政策へ適用されました。シナリオプランニングやバックキャスティングの展開については、数多くのレビューがこれまでにも行われています（例えば、Quist et al.[4]、Amer et al.[5]、Dean[6]）。中でもSpaniol et al.[7]は、67年以降の405本のシナリオ構築に係わる文献をサーベイした結果、将来志向、定性的記述、もっともらしさ（単なる理想の追求ではなく一定のフィージビリティを持つ）といった六つの要素を満たすものを「シナリオ」と定義することを提案しています。

こういったシナリオ構築手法は、不確実性を伴う将来予測を補完し、ありうる将来に対する洞察を得るため、そして不連続な将来を想定して、それに対してバックキャスティングによりいくつかの道筋を描いたうえで、現在実施すべき政策やアクションプランについて検討を行うものとして確立されてきています。不確実性の高い将来の問題に対して、現在からの連続的な将来を予測した結果に基づいて行政計画を立案するという従来の方法は必ずしも適切ではなく、このようなシナリオ構築手法により立案された計画や施策が今後は重要になると考えられます。これまで緩和策については、「２０５０日本低炭素社会」シナリオチーム[8]や滋賀県[9]など、適応策については欧州におけるＣＬＩＭＳＡＶＥプロジェクト[10]などの実施例がみられます。

また、このようなシナリオ構築手法を実施する際に有効と考えられるのが、専門家や行政がトップダウン的に科学的エビデンス（専門知）を提供するとともに、ステークホルダーや一般市民がボトムアップ的に、現場知や生活知を提供し、それらを統合していくことです。気候変動適応の分野ではコミュニティ主導型適応（ＣＢＡ：community-based adaptation）と呼ばれ、住民も含めた地域社会のさまざまなステークホルダーの関与により、現場知や生活知が収集され、同時に専門知が提供され、地域社会としての適応オプションのプライオリティ付けがなされたり、その結果が政策決定へインプットされたりしています[11]～[13]。

本章では、筆者ら[14][15][24][27]が開発してきた「統合型将来シナリオ構築手法」とその適用事例について紹介します。本手法のプロセスは**図１**に示すとおりです。最初に、ステークホルダーの気候変動を入口とする地域社会の将来に係わる懸念や利害関心を明らかにし（ＳＴＥＰ１・ＳＴＥＰ２：現場知の収集と共有）、次に、これに対する専門家の判断（エキスパートジャッジメント）をデルファイ調査により得て（ＳＴＥＰ３：専門知の収集）、最終的にすべての関係者の間でシナリオの共有と将来像の具現化に向けた行動計画を案出します（ＳＴＥＰ４：現場知と専門知の統合）。

図１　統合型将来シナリオ構築手法のプロセス
（出典：馬場ほか[15]）

次節以降では、岐阜県長良川流域においてすべてのＳＴＥＰを適用した結果や、滋賀県高島市においてＳＴＥＰ３などを省略、簡略化して適用した結果について紹介します。そして、このような手法が政策過程でより活用されるための留意点を明らかにし、今後の気候変動問題におけるシナリオ構築手法とエビデンスベース政策形成過程の改善に資する知見をまとめていきます。

（馬場健司）

７・２　岐阜における防災分野を主とする地域適応シナリオ

●対象地域の概要

長良川は、その源を岐阜県郡上郡高鷲村の大日岳に発し、山間峡谷を南東に流下し、岐阜県美濃市で濃尾平野に出て、岐阜市中心部を流れ、伊自良川などを加え、木曽川、揖斐川と背割堤を挟み併流南下し、三重県長島町で揖斐川を合わせ伊勢湾に注いでいる流域面積１９８５平方キロメートル、幹川流路延長１６６キロメートルの河川です。岐阜県内にある中上流域は、岐阜市、関市、郡上市をはじめ6市1町にまたがり、流域内の人口は約24万人（２０１０年国勢調査）、幹川流路延長約１１０キロメートル、流域面積約１５９０平方キロメートルとなっています。中上流域の治水対策は、歴史的な経緯や地域事情、さらに技術的な課題などがあり、長年の懸案となっています。２００４年10月には、台風第23号により中上流域の沿川に甚大な被害をもたらしています。この水害を契機として、岐阜県では２００５年11月に「長良川中上流域における総合的な治水対策プラン」を立案し、総合的な治水対策に取り組んできています(16)。

国土交通省の気候変動を踏まえた治水計画に係る技術検討会により「気候変動を踏まえた治水計画のあり方（提言）」が２０１９年に公表され、翌年には社会資本整備審議会より「気候変動を踏まえた水災害対策のあり方について～あらゆる関係者が流域全体で行う持続可能な「流域治水」への転換～」の答申が出され、気候変動予測結果を踏まえて、河川整備基本方針や施設設計への降雨量変化倍率を設定するように政策環境が変化しています。このような状況のなか、本節では気候変動を入口とした長良川中上流域の将来シナリオを描いた事例をご紹介します。

●ステークホルダー調査・分析・会議

長良川に何らかの形で関わりを持つ各ステークホルダー（自治体職員、河川管理者、関係行政機関、漁業関係者、事業者など26団体・個人の計37名）を芋づる式に抽出して、個別にインタビューを実施しました（2016年12月～2017年2月）。質問内容は、①現在の仕事の内容と長期的な変化として感じていること、予想されること、②概ね30年後を想定した、このまま何も対策を取らなかった場合に迎える未来（なりゆき未来）と、適切な対策をとった場合に迎える未来（理想的な未来）の姿、③理想的な未来に向けた対策とその実現のための課題などです。概ね1時間で発話されたテキストデータに対してテキストマイニングを適用し、各ステークホルダーの類型と利害関心（分野）を特定した結果、次のとおりとなりました。まず、各ステークホルダーが言及した言葉の類似する傾向によってインタビュー対象である26団体を分類したところ、6グループに分類でき、これらのグループ共通の利害関心（分野）として「気候変動による環境の変化」「長良川のアユ・漁業」「これからの仕事・地域との関わり」の三つの分野に大別されることが明らかになりました(17)。

加えて、特に「なりゆき未来」と「理想的な未来」に関する発話データを抽出して、これに対してテキストマイニングを適用して、頻出する62語を対象に主成分分析を行い、将来像をめぐる発話を集約化した少数の軸を抽出した結果を**図2**に示します。

横軸に着目すると、正の方向には「地域」「自治体」「個人」などの社会環境要素が、負の方向には「河川」「長良川」「海」など、長良川流域のアユを含む自然環境要素がプロットされていると解釈することができます。一方で縦軸には、正の方向に「保全」「お金」「漁業」「生活」「観光」など、負の方向に「漁獲量」「防災」「担い手」「存続」などがプロットされました。これらの語が出現する「なりゆき未来」と「理想的な未来」のテキストを参照すると、漁師や鵜匠、紙漉きの職人などの後継者や、地域の若者が減少し、漁業や伝統産業の存続が危ぶまれたり、地域の結の作業や防災など地域活動の継続が困難になったりするのではないかという懸念や、地域の中でお金が循環する仕組みをつくったり伝統産業に新たな価値を見出したりすることで、多様な主体がつながりや係わりを持ちながら地域の豊かさの向上を目指していくという理想に関する記述がみられました。

これらのことから、縦軸は今後発生するであろう気候変動による自然災害も含めた社会や環境の変化について、正の方向にはそれらを利用した発展を目指す「理想的な未来に向けた積極的適応」、負の方向にはマイナス要素や被害をゼロに近づけることを目指す「なりゆき未来への消極的適応」と解釈することができます。この

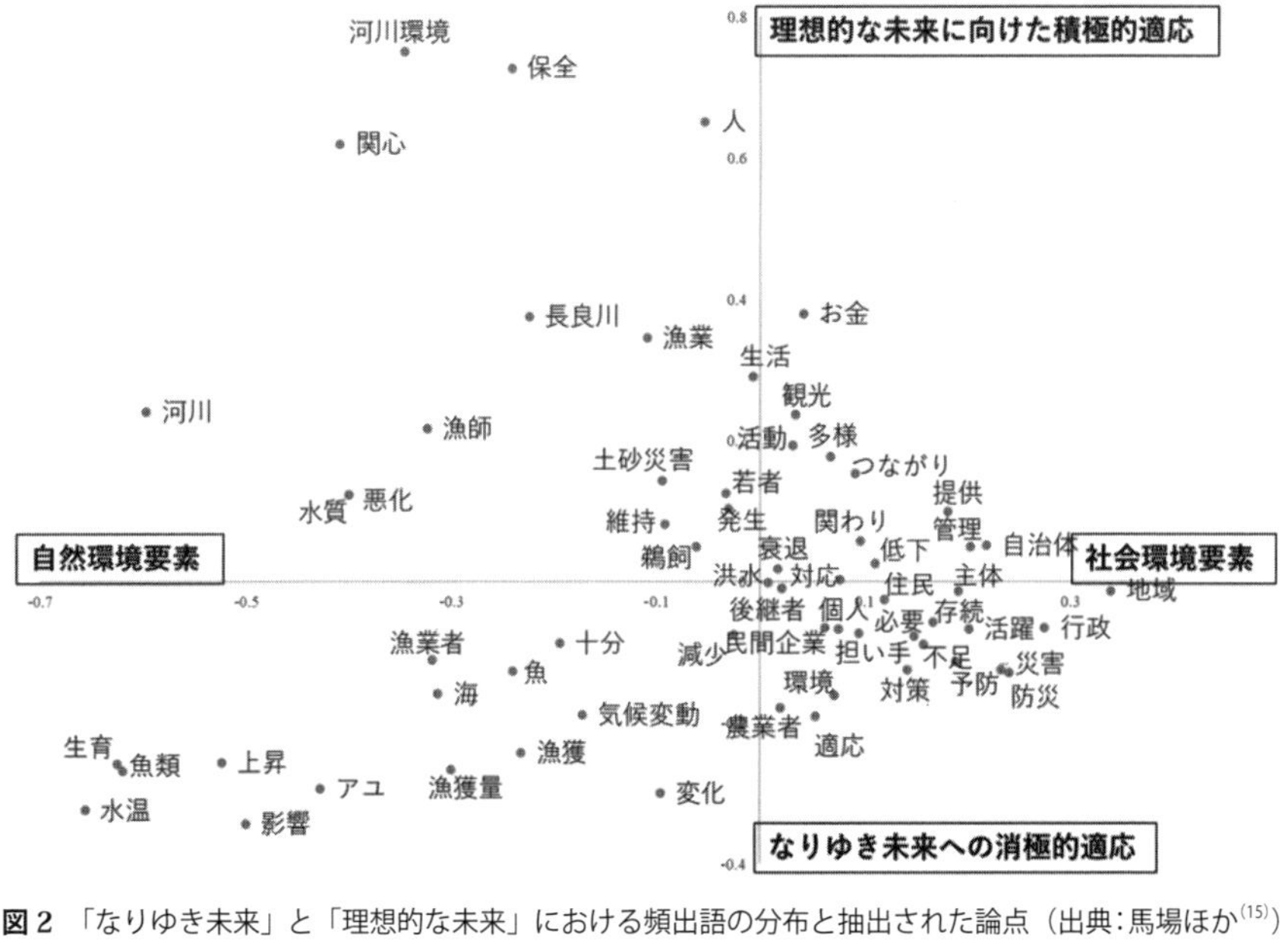

図２　「なりゆき未来」と「理想的な未来」における頻出語の分布と抽出された論点（出典：馬場ほか[15]）

ように、それぞれのステークホルダーが長良川について言及された内容の全体像と、その中で軸となった論点が明確化されました。

ステークホルダー会議は２０１７～２０１８年にかけて３回にわたって実施されました。これまでの結果を情報共有しつつ、追加的な意見を収集したうえで、前述のように特定された利害関心のそれぞれの分野について、**図3**に示すような考え方で、「現状把握」「未来予測」「なりゆき未来」「理想的な未来」「適応行動」「理想的な未来に向けた対策とその実現のための課題」というインタビューの設問に即して、ある種の因果関係を表わしたストーリー群（シナリオを構成する素材）として整理しました。その結果、前述の三つの分野「気候変動による環境の変化」については自然災害を中心に30個のストーリー（以降、自然災害分野）、「長良川のアユ・漁業」については26個のストーリー（以降、漁業分野）、「これからの仕事・地域との関わり」（以降、地域社会分野）については23個のストーリーが整理されました。**表1**はこのうち自然災害分野の洪水に係わる四つのストーリーを、次に述べるデルファイ調査時の調査票に用いた一例として示しています。これと同様の方法により全体で79個のストーリーについて整理され、調査票に記載されています。

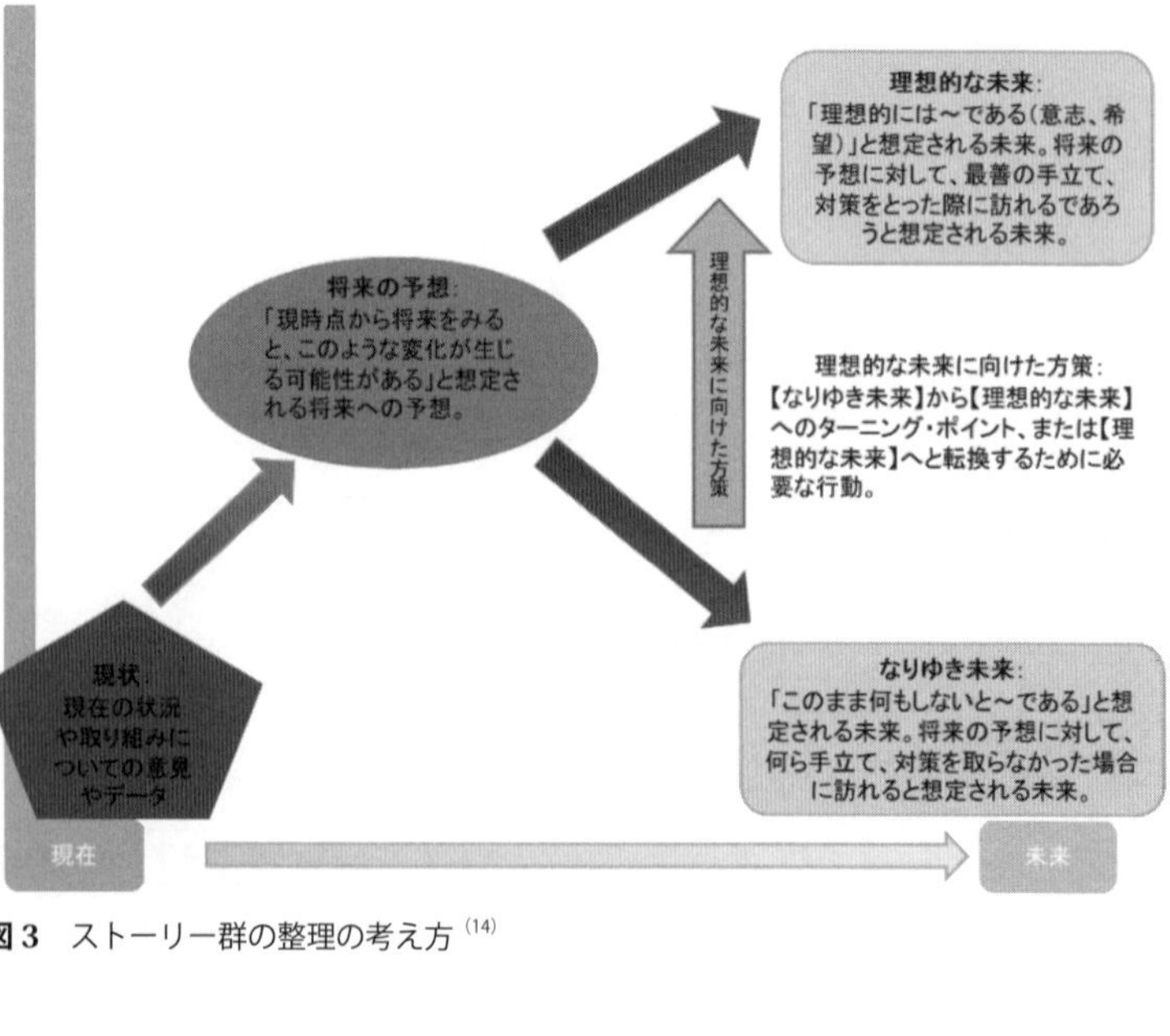

図3　ストーリー群の整理の考え方[14]

●専門家デルファイ調査

このようにして整理されたストーリー群に対して、各分野の専門家から評価（エキスパートジャッジメント）を得るため、表1に一例を示すような調査票を用いてデルファイ調査を実施しました。前述したように、調査票には、ステークホルダー分析で得られた三つの分野の合計79個のストーリーそれぞれが「現状把握」「未来予測（ステークホルダーによる懸念であるため「将来の予想」と表記）」「なりゆき未来」「理想的な未来」「理想的な未来への適応行動」「問題（理想的な未来に向けた対策とその実現のための課題）解決へのヒント」に分けて記述されており、専門家はこれらの記述を読みながら、「なりゆき未来の起こる可能性」「なりゆき未来が社会に悪影響を及ぼす可能性」「理想的な未来への適応行動の妥当性」「理想的な未来への適応行動の実現可能

表１　整理されたストーリー群・デルファイ調査票の一例（自然災害分野：洪水）(14)

		現在		未来（現在の延長/探求される将来の姿）			
小項目	No.	【現状把握】 現在は、こうなっている	【将来の予想】 現時点から将来をみると、このような変化が生じる可能性がある	【なりゆき未来】 このまま何もしないと～である	【なりゆき未来】 が起こりうる可能性	【なりゆき未来】 が社会に悪影響を及ぼす可能性	【理想的な未来】 理想的には～である （意志、希望）
洪水	1 2 3 4	●洪水によって被害が出ないのがあたりまえという雰囲気がある。近年洪水被害がないのは継続的に進めてきた防災事業の成果である。 ●年間の総雨量が変わらなくても極端な豪雨が増えてきている。長良川は本川中上流域にダムの適地がないため、降った雨を上流で貯めておくことはできない。 ●正確な降雨情報を得るためにウェザーニューズ等の民間気象会社と契約している市町村も多い。	●50～100㎜/時間以上の豪雨の発生数が年々増える傾向にある。夏のゲリラ豪雨、夕立ではない時間帯の大雨、前線や台風の巨大化など雨の降り方が激しくなるのではないか。	●100年に一度だった洪水が50年に一度、30年に一度起こりうるようになる。			●長良川流域でも川の氾濫や洪水など、災害が少ない状態が続く。 ●豪雨や洪水の頻度が増加したとしても、危険な場所に住まないことによって被害が避けられる。

予悔（未来からふりかえって「予め悔いる」）			問題解決の方針・方策・行動計画	
【理想的な未来への適応行動】 何がなりゆき未来から理想的な未来を実現したポイントか	【理想的な未来への適応行動】の**妥当性**	【理想的な未来への適応行動】の**実現可能性**	【問題解決へのヒント】 理想的な未来の実現を目指す適応行動へのヒント	妥当性や実現可能性を高めるための**付帯条件や修正案、代替案**などがあればお書き下さい。
●1kmメッシュの降雨予測システムが整備され、危険予測がより早く正確に行われるようになる。			●降雨予測が狭い範囲でわかると良い。地域を絞った避難勧告が出せると実避難率も上がってくる。地図上に1kmメッシュぐらいで示されるといい。大規模災害になりうる降雨量のシミュレーション情報が知りたい。早い段階でわかれば何をすべきか、対応ができる。	
●ゲリラ豪雨など短時間降雨へのシミュレーションを基に、危険予測の精度が高まる。			●治水に対する計画・対策を明確にする。河川事務所は1000年に1回規模の洪水が起きたときの被害想定を昨年公表している。河川整備計画で基本高水が決められていて、改定もされている。既往最大なものにも対応でできるように、国土交通省とかの会議で議論されて決まってくるものだと思う。	
●危険予測を基に、危険性の高い地域への優先的な整備が実施され、安全性が高まる。			●土地開発の際に、開発許可権者や不動産業者などが、洪水ハザードマップを重要な情報として扱う。	
●危険情報を基に、住民が主体的に避難・危険回避の行動をとるようになる。			●雨の降り方の予測には限界がある。自分の家はこれぐらいの洪水リスクがあると知り、空振りでも逃げるようにしないといけない。	

性」についてそれぞれ5段階評価で回答するとともに、課題解決へのヒントや方策について自由記述により回答することが求められました。三つの分野(気候変動と自然災害、気候変動と河川生態系、人口減少下の地域社会）ごとに、関連する3名の専門家（大学教員、その他研究者、実務者）計7名（重複を省く）へこの調査票を電子メールにて送付し、それぞれの専門家に該当する分野のストーリー群に対する回答を求めました。調査は2回にわたって実施され、1回目の集計結果を統合して、ストーリー群を整理、統合、表現の修正などを施したうえで、1回目と同じ専門家から2回目の回答が得られました。

まず、「なりゆき未来」について、それが「起こる可能性」と「社会に悪影響を与える可能性」それぞれに対する5段階評価を、◎（いずれの可能性ともに高水準として4・0以上）、○（いずれの可能性ともに中程度の水準として3・0以上のうち、どちらかが4・0未満）、△（起こる可能性が4・0以上、悪影響を与える可能性が3・0未満）、×（上記以外）というように再カテゴリー化したところ、◎だったのは27個のストーリーでした。この27個のなりゆき未来のストーリー群に対置する（概ね逆の現象を記述）理想的な未来のストーリー群を設定したところ（記述のしやすさを追求したため必ずしも1対1ではありません）、三つの分野を合わせて37個となりました。

続けて、「理想的な未来への適応行動」に対する「妥当性」と「実現可能性」についても、同様に再カテゴリー化したうえでの評価結果として、◎だったのは21個のストーリーでした。自然災害分野では、実現可能性について、特に「防災に対する自治力の向上」に関連して、その重要性、妥当性の高さが評価されながらも、実際に担い手となる住民の意識変容、行動変容への効果的な方策が得られていないことが課題として挙げられていました。また、漁業分野において◎と評価されたストーリーはなく、実現可能性について各専門家の評価にばらつきがみられました。その背景には、漁業協同組合間の合意形成の難しさ、当事者である漁師や鵜飼のみならず河川管理者や周辺住民の理解と協力の必要が不可欠であることなど外部要因の影響の大きさが挙げられていました。地域社会分野において◎と評価された14個のストーリー群については、すでに取組み実績や兆しがあることなどから実現可能性が高く評価される一方、現在の社会システムや価値観の転換が必要であるとの指摘も多くみられました。

●地域適応シナリオの作成

以上の分析結果を基に、最終的な将来シナリオ（地域適応シナリオ）を作成しました。まず、なりゆき未来の起こる可能性および社会に悪影響を与える可能性の高いストーリー群（いわば最も避けたい未来）に対置する形で抽出された理想的な未来のストーリー群を軸に、妥当性と実現可能性の高い適応行動群の中から関連するものを付加する形で理想的な未来シナリオを三つの分野別に一つずつ作成しました。また、なりゆき未来シナリオについても、三つの分野ごとに対比的なストーリー群を組み合わせて、一つずつ作成しました。

このようにして作成された六つのシナリオ間の関係性は**図4**に示すとおりです。図2で抽出された二つの軸に沿って布置していますが、厳密に描かれたものではなく、積極的な適応行動が多く含まれる三つのシナリオが第一、二象限に布置され、逆の三つのシナリオが第三、四象限に布置されており、そして、三つのシナリオに含まれる自然環境要素と社会環境要素の多寡によって相対的に三つの分野が第一、二象限と第三、四象限の中で適宜布置されています。

三つの分野のシナリオは相補的であり、長良川の自然環境保全は漁業を中心とした経済活動のためだけでなく防災にもつながり、また防災力の強化としての地域づくりが地域特性の見直し、歴史や文化・産業など地域への深い理解へとつながり、持続可能な社会・経済づくりへとつながっていくことが記述されています。一方、個々の理想的な未来の中には経済活動や社会活動を抑制する可能性のあるストーリーも含まれます。

例えば、自然災害分野に含まれる「土砂災害のリスクのある土地がこれ以上開発されない・しないようになる」「沿岸地域の農業・漁業者が海水面の上昇に適応した生産活動を行うようになる」は、これまでの土地開発や農業・漁業の活動を制限したり、改めたりしていくことを求めるものであり、一時的であれ現行の活動を抑制することを求めています。また、地域社会分野に含まれる「小規模多機能自治組織など住民と行政の協働による自治体活動が行われる」は、人口減少により縮小していく行政サービスの効率的運用を目指し、地域住民にその権限と

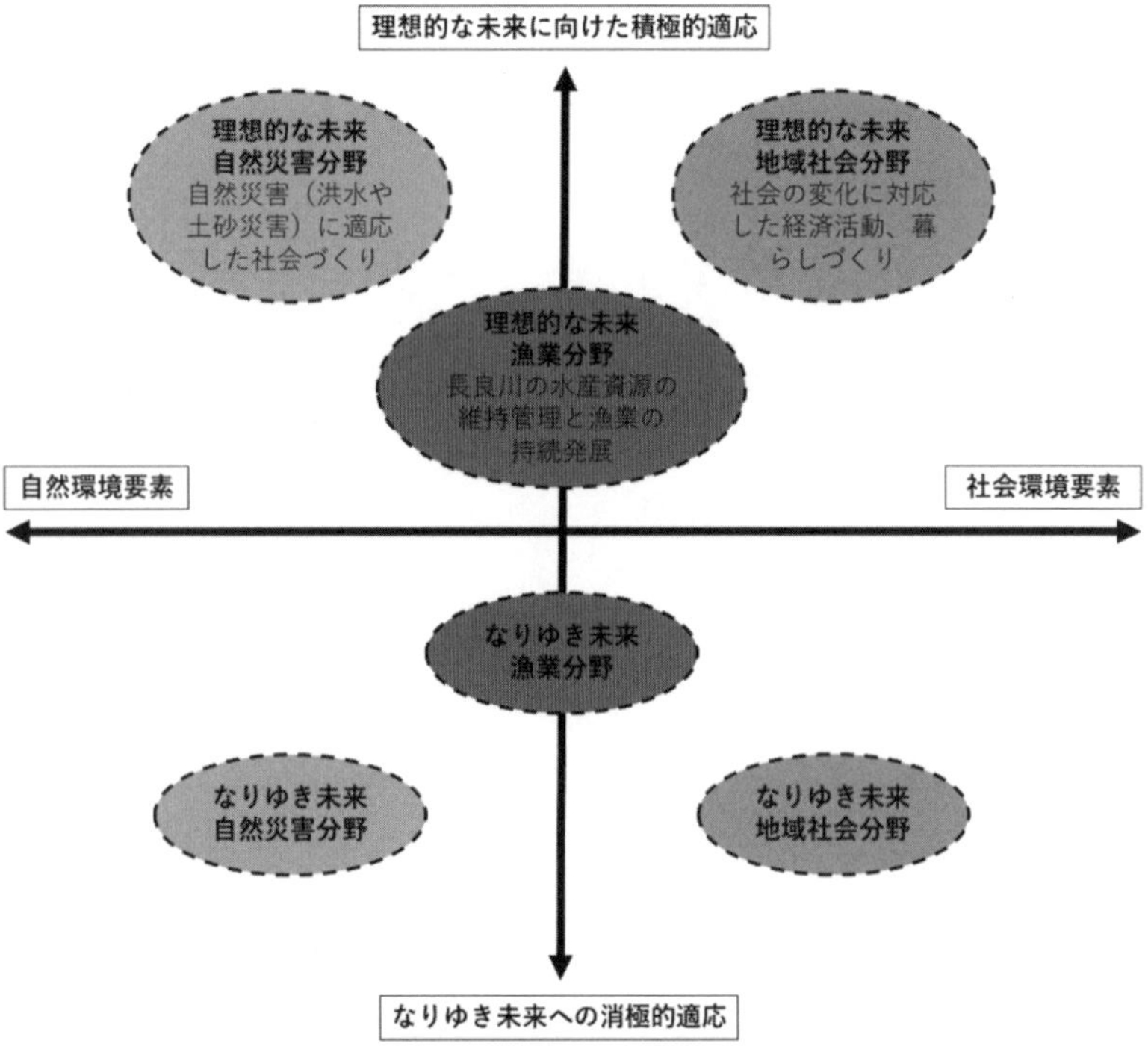

図 4　作成されたシナリオ間の関係性 (14)

ともに担い手となることを求めるものであり、その取組みによっては従来のサービスが廃止される、個々人の責任に委ねられるなどの不便を強いることにもなりかねません。理想的な未来において、このようなトレードオフ関係が存在することを十分に理解したうえで、その実現においてはステークホルダー、地域社会の中で合意形成を進めていく必要があります。

図5に、自然災害分野における最終的な地域適応シナリオの一例を示します。これらは調査への協力者（ステークホルダー、専門家ら）に実際に配布されたパンフレットに掲載されたものです。このパンフレットは、２０２０年1月30日に岐阜大学の主催により開催されたシンポジウムにおいて、多くの専門家による科学的知見とともに、筆者らによってシナリオ案が発表され、その際のフィードバックも踏まえて、後に発行されたものです。当該シンポジウムでは、専門家、政策担当者、ステークホルダー、一般市民ら約１４０名の参加があり、科学的知見やシナリオについて幅広く意見交換がなされました。

（馬場健司・稲葉久之・岩見麻子・田中　充）

Step4　地域適応シナリオの作成

デルファイ調査の結果に基づき、なりゆき未来、理想的な未来、理想的な未来への適応行動の各項目の評価・分析を行い、それぞれのカテゴリーについて地域適応シナリオを作成しました（各詳細については資料を参照）。

第1カテゴリー

自然災害（洪水や土砂災害）に適応した社会づくり

適応シナリオ：（なりゆき未来）

100年に一度だった洪水が50年に一度、30年に一度起こりうるようになり、河川の氾濫や土砂災害が増加する。一方で渇水により川の水量が減り、必要な水量が確保できない年が増える。財政のひっ迫や人材不足によって、河川堤防や河川構造物のメンテナンスレベルが低下するとともに、施設の老朽化等が進む。各自治体は地区の防災計画などを策定するための知恵や体力（体制）が十分になく、備えが不十分なまま時間が経過していく。その結果、土砂災害への対策が効果的に行われず、人的被害が増加する。

洪水や猛暑によって、観光客が減るとともに、洪水などで浸水被害が生じた際への実効性のある対策が取られない結果、旅館などは営業ができなくなる。災害への備えへのインセンティブが働かず、市民の防災への取り組みが行われない。

適応シナリオ：（理想的な未来）

河川堤防や河川構造物の点検やメンテナンス、地域特性に応じた減災策の立案により、豪雨や洪水の頻度が増加したとしても、川の氾濫や洪水など災害が少ない状態が続く。水利マネジメントにより、渇水の不安もなくなる。土砂災害・山地災害の発生が予測され、適切な避難によって人命被害が避けられるようになる。またリスクのある土地がこれ以上開発されない/しないようになり、危険な場所に住まないことによって、個人が所有する財産の被害が避けられる、あるいは最小化されるようになる。

地区防災計画、事前復興計画（災害が起こったあとの復興の進め方）が地域ごとに策定され、災害に対する備えが地域主体で進められるようになる。予めリスクを把握し、お客様へのより安全な誘導や計画的な対応を行うことで、より"安心な観光地"になる。洪水被害を受けたとしても、観光業に従事する人たちが生業を続けていけるようになる。

こうしたことにより個人、家族の安心安全な暮らしが維持されるようになる。

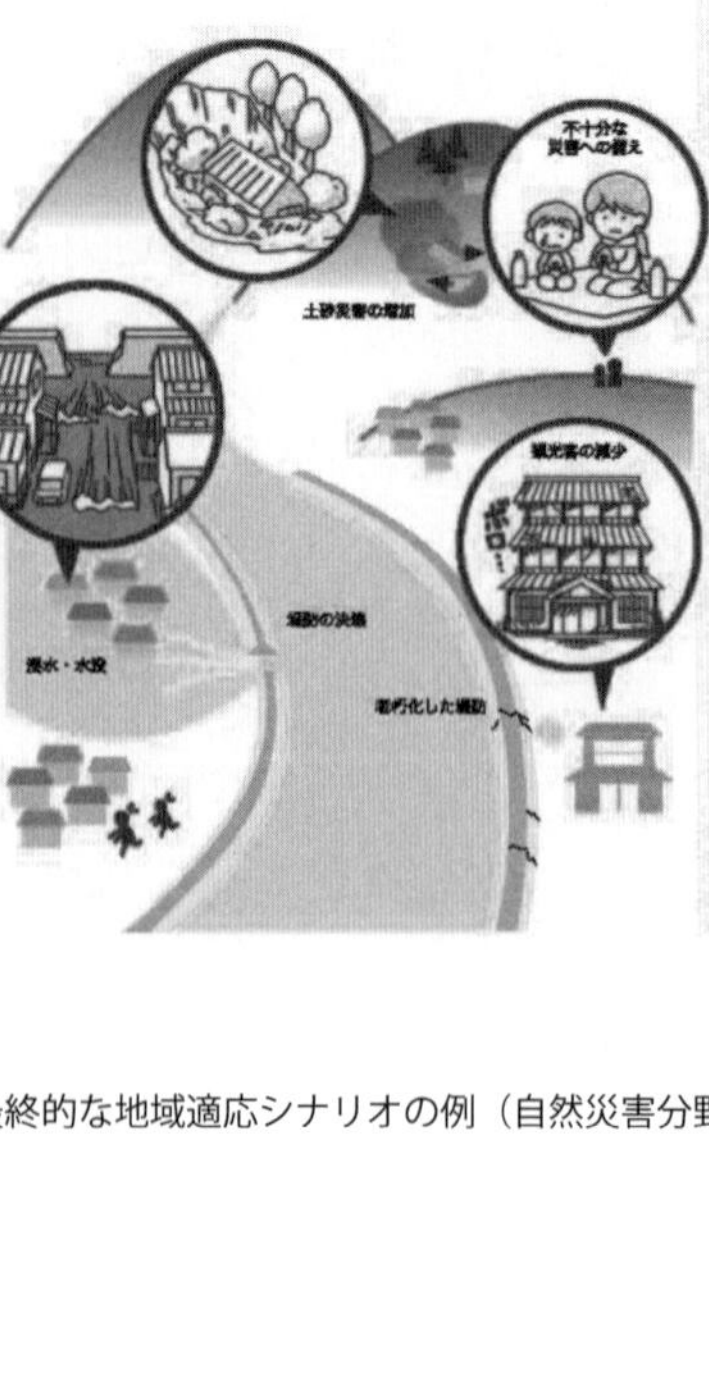

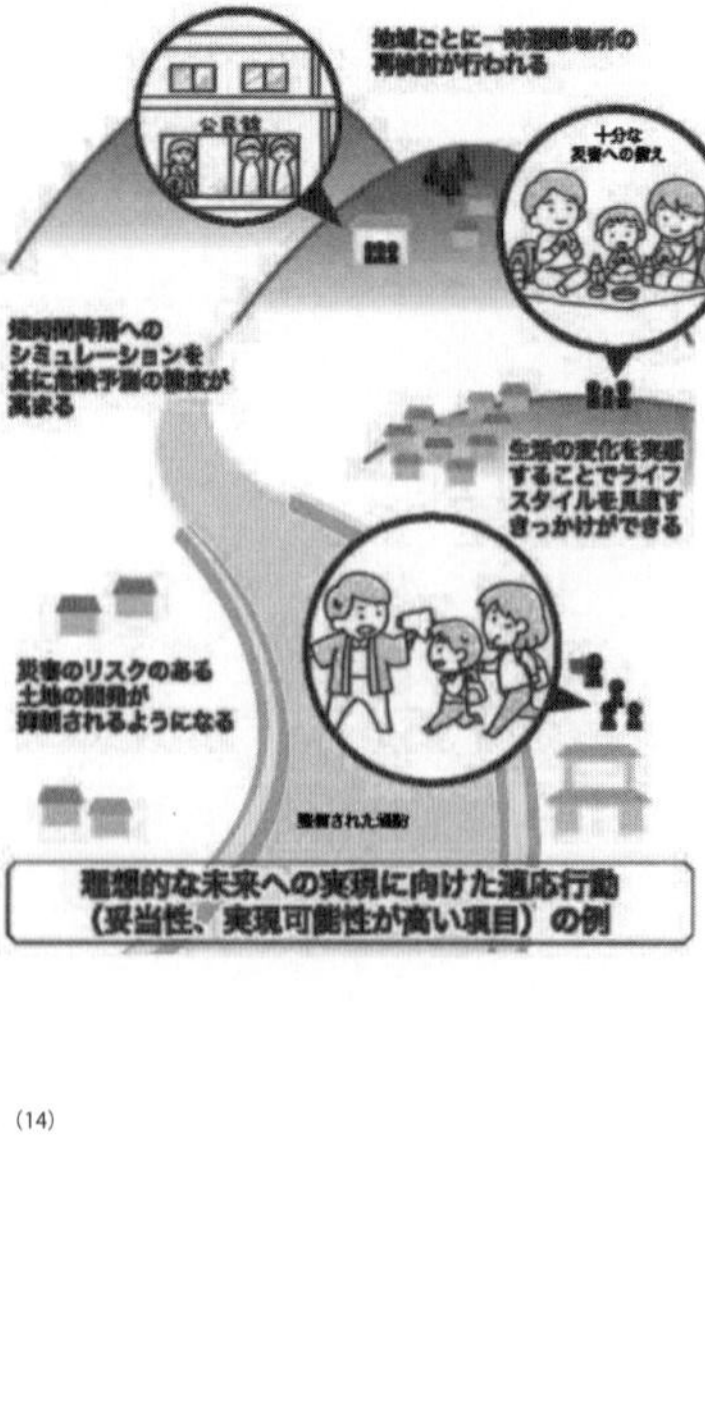

9

図5　最終的な地域適応シナリオの例（自然災害分野）(14)

7・3　滋賀県高島市での気候変動適応を考慮した将来社会シナリオ

気候変動影響は、地域の地理や自然条件などによって、生じる影響やその重大性が異なります。例えば気温が上昇することによって患者数が増えるおそれがある熱中症では、高齢者の方のリスクが高いことが知られており、高齢化が進んでいる地域では重大性が高い問題になると考えられます。このようなことから、適応策の検討においては、将来気候予測のみならず、将来の地域社会や経済状況についても考慮する必要があります。

しかし、気候変動影響評価については、まだ国レベルの研究プロジェクトが始まったばかりであり、地域特性を踏まえた影響評価情報は不足しています。また、科学的な地域の気候変動影響評価には、学際的な調査研究が求められ、これを地方公共団体の地域気候変動適応センターが独自かつ迅速に実施することは大変困難と考えられます。

一方で地域社会は、少子高齢化、人口減少や地域経済、地域コミュニティの衰退などが進行中のため、持続可能なまちづくりが急がれており、さまざまな地域で目指す将来社会像を作成する取組みが進められています。これら目指す将来社会像の作成において、気候変動影響を想定し適応策を組み込むことが重要となります。このようなことから、著者らは、滋賀県高島市を対象に、気候変動影響を考慮した将来社会像を作成する研究に取り組んできました。

本研究対象地の滋賀県高島市は、古くから京都や奈良の都と北陸地方を結ぶ地域として栄え、2005年に5町1村が合併し誕生しました。琵琶湖西部に位置し、滋賀県における森林面積の約18%を占め、一部にブナやトチノキの原生林が存在する自然豊かな地域です。また、日本海気候で積雪が多く、一部の地域は、豪雪地帯の指定を受けており、冬季にはいくつかのスキー場がオープンします。総人口は2020年4月時点で約4万8000人、高齢化率が約36%と、県内でも高齢化が進んでいる地域でもあります。

高島市では、気候変動影響評価が十分に進められておらず、目指す将来社会像に求められる適応策を検討するために、顕在化しつつある気候変動に対する認識や課題、今後の懸念を、ステークホルダーからインタビュー調査で把握することにしました(23)。地域社会の幅広い分野の気候変動影響を把握する目的で、本調査では、まちづくりステークホルダーを対象とし、高島市役所の主要な課レベルの部署からインタビュー調査を行いました。また、高島市役所への調査の際に、積極的な活動を行っている組織や団体、企業を紹介してもらうとともに、市民活動支援を行っている中間支援組織に候補者リストを作成してもらい、これを基に調査の依頼を行いました。また、対象者の代表性を確保するために、調査の際にも、対象者から関連する、または市内で話を聞いておいたほうがよい活動を行っている団体や組織、企業などを紹介していただき、新たな対象者が出なくなった時点で調査を終了としました。

以上により、最終的に36の対象者（**表2**）にインタビュー調査を実施することができました。インタビュー調査は、2017年9月から11月にかけて行いました。インタビュー調査の結果、得られた議事録を対象に計量テキスト分析(24)を実施し、主要な話題の抽出を行いました。全調査対象者の議事録から、共起ネットワークグラフという

表2　高島市ステークホルダーインタビュー調査対象者

ID	分野	区分	ID	分野	区分	ID	分野	区分	ID	分野	区分
1	移住定住	行政	10	教育子育て	市民	19	健康福祉	市民	28	地域経済	市民
2	移住定住	市民	11	健康福祉	行政	20	自然環境	行政	29	都市交通	行政
3	観光	行政	12	健康福祉	行政	21	自然環境	市民	30	都市交通	行政
4	観光	市民	13	健康福祉	市民	22	自然環境	市民	31	都市交通	行政
5	観光	市民	14	健康福祉	市民	23	森林林業	行政	32	農業	行政
6	教育子育て	行政	15	健康福祉	市民	24	森林林業	市民	33	農業	行政
7	教育子育て	行政	16	健康福祉	市民	25	地域経済	行政	34	防災災害	行政
8	教育子育て	行政	17	健康福祉	市民	26	地域経済	市民	35	防災災害	市民
9	教育子育て	行政	18	健康福祉	市民	27	地域経済	市民	36	行政計画	行政

手法を用いて、話題を要約した結果が**図６**です。

　高島市のまちづくりにおける主要な話題としては、「人」を中心に、「地域」「活動」「ボランティア」「仕事」などのキーワードから、地域コミュニティに関する話題、「木」「山」「お金」「たくさん」などの、森林・林業に関する話題、「移住」「地元」「空き家」「都会」「自然」などの移住に関する話題、「観光」「マキノ」「朽木」の観光に関する話題、「農業」「田んぼ」「農家」「野菜」などの農業に関する話題、「バス」「路線」「交通」「利用」などのバス交通に関する話題、「子ども」「お母さん」「環境」「学校」などの教育子育てに関する話題、「高齢者」「介護」「支援」などの高齢者介護に関する話題、「防災」「災害」「組織」「意識」「協議」などの災害防災に関する話題などを特定することができました。

　これら特定された話題について議事録を確認すると、気候変動影響認識としては、災害防災に関する話題において、「これまで発生したことのなかった水害が起きているので、高齢者が多い地域での避難活動に不安がある」や「大雨の回数や台風が通過する頻度が多くなっており、高齢化が進んでいる地域での復旧が迅速に行えない」などの意見が多く述べられていました。また、

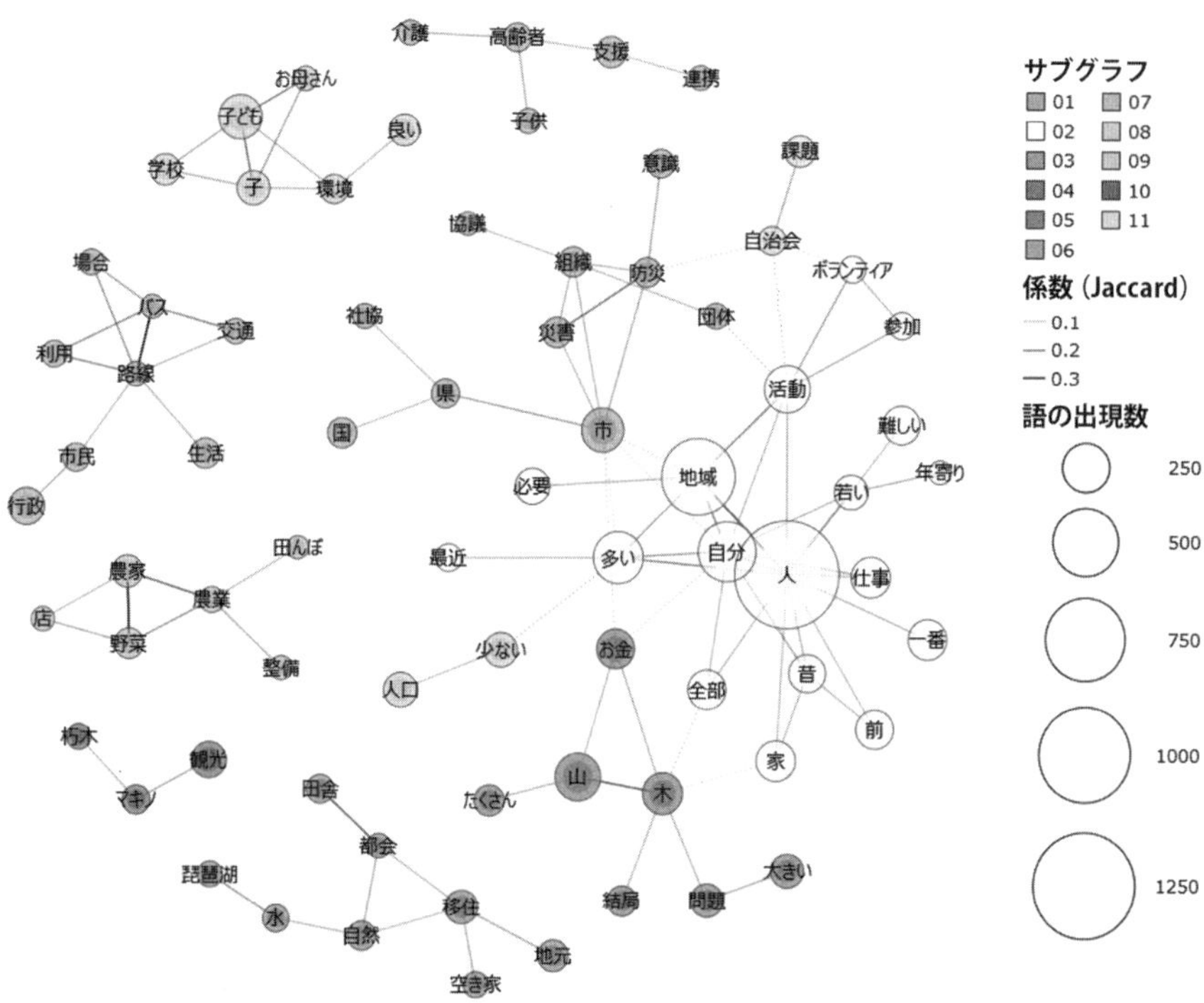

図６　高島市ステークホルダーインタビュー議事録共起ネットワークグラフ

観光に関する話題では、「積雪が減ってスキー場がオープンできない」、森林・林業に関する話題では、「積雪が減ってシカが増え、獣害が拡大している」、地域コミュニティに関する話題では、「積雪量が減って、除雪が楽になったが、突然大雪が降ると高齢者世帯だけでは対処できなくなっている」などの意見がありました。

これらの意見を詳しく見ると、高齢化と人口減少が進むことで、地域の自助、共助能力が低下しており、気候変動影響による災害の増加に対して防災面から脆弱性を抱えていることがわかりました。また、積雪量の減少などによる気候変動は、スキー場やメタセコイア並木、重要文化的景観など、風土を活用した観光スポットに与える影響も大きく、地域資源と密着した観光や人々の暮らしにもまた脆弱性が潜んでいると考えられます。

ステークホルダーインタビューを通じて把握できた、高島市における気候変動影響を回避、または軽減するための適応策を考えるにあたり、２０４０年を目標年とする将来社会像に沿って、適応策を考えることにしました。これらは、高島市役所市民生活部市民協働課のご協力を得て、第2期高島市まちづくり推進会議に参画させていただき、市民参加型ワークショップとして開催しました(25)。

第2期高島市まちづくり推進会議は、２０１７年から2年間のプログラムとして、市役所の各部局の担当職員と公募で選ばれた26名の市民委員で構成され、プログラムの構成やワークショップのファシリテーション、情報提供などで、研究者が運営に参画しました。

1年目は主に、全員参加のワークショッププログラム(26)において、人口や経済、交通などのさまざまな統計データを確認し、高島市の実情を踏まえたうえで、実現可能な市民が望む将来社会像の作成を行いました。作成した２０４０年の高島市の将来像を要約すると、以下のような社会です（**図７**）。

（１）豊かな森林資源とともに歩む林業を通じて供給される木材は、地場産業にて活用され、地域の雇用を多く生み出しています。整備・活用された美しい自然景観を目当てに琵琶湖一周サイクリングやトレイルなどを目的に多くの観光客が訪れ、地元産野菜や琵琶湖や河川の湖魚を使った伝統料理が人気を博しています。

（２）地域で受け継がれている生活の知恵や地場産業の技、伝統や文化、豊かな生物多様性について、地域の人々が相互に学びあい、知識を深めています。学校教育の現場では、地域の人々が子どもたちの教師となって郷土教育を実践することで魅力を伝え、高島市に住むことに誇りを持ち地域コミュニティを支える人材を育成しています。

図７　市民が望む 2040 年高島市将来社会像（イラスト：松井亜紀）

（3）集落人口は減少したものの、地域に残った若者や移住者が地域に溶け込み、地域サロンや集落行事、祭りなどが盛んに行われています。高齢者も市民活動によって提供されている移動支援を受けて活動に参加し、市民一人一人の安全や健康について支えあうコミュニティが形成されています。

（4）高島市内では、地域資源を活用した多様な働き方が広がっています。休耕地を活用した農業や、そこから供給される食材を活用したレストラン、高齢者向け配食サービス、自然や歴史文化を活かした観光ガイドなどを組み合わせてフレキシブルに働く場が増えています。子育てや介護などを地域コミュニティの支援を受けて無理なく行い、空いた時間で趣味や地域活動を行いつつ、豊かな自然の中でのびのびとした生活を送っています。

以上の将来社会像においては、ステークホルダーインタビュー調査の結果より、高島市の気候変動影響適応策を考えるうえで重要と思われる、自助、共助を支える地域コミュニティの形成や観光や生活における地域資源の活用について反映させることができました。

次に、これら将来社会像の実現に向けて、社会経済変化や気候変動影響への具体的な適応策を考える必要があります。今回の、ワークショップでは、市民委員の関心を重視して、①地域で支えあう、②多様な働き方ができる、③地域で育ち・学ぶ、④高島の文化伝統を継承する、⑤地域資源を活かす・守る・再生する、の五つのテーマ別にグループに分かれて検討しました。

残念ながら、すべてのグループで気候変動適応策を検討することはできませんでしたが、将来社会像を考え、そこに向かってさまざまな活動を進めるためには、人口予測などの社会経済指標のみならず、気候変動影響についても考える必要があることは、参加者の中である程度は共有できたと思います。2年目に検討した主な気候変動適応策に関係するものとしては、災害時の特に共助において重要と考えられる、地域コミュニティの形成、森林や農業などの自然資本の活用について具体的な検討を行いました。

主要な検討内容としては、まず「地域で育ち・学ぶ」の分野で、若い子育て世代は地域コミュニティへの参加にあまり興味がないという意見を耳にするが、実際に子育て世代全般に直接話を聞いたことがないので、しっかり調査をしようということになりました。そこで、ある小学校区の保育園から中学校までの保護者を対象とした全数アンケート調査を実施しました。

結果、子育て世代は、地域活動に平均して年約5回参加しており、参加理由として半数以上の人が「地域の人とのかかわりが必要だから」「子どもの成長に必要だから」「地域での暮らしに必要だから」のいずれかに回答しており、地域コミュニティは重要であると考えていることがわかりました。しかし、地域コミュニティでの人との付き合いの程度を聞いた結果、「生活面で助け合う」「困りごとを相談する」などの付き合いがある人は、3割程度に留まっており、深い関係性までは形成できていないと考えられました。また、「地域資源を活かす・守る・再生する」のグループでは、地域で行われている祭りのつながりが、台風での被害が発生した際に、「年齢や立場の上下を超えて、仲間意識が築かれて、お互いさまと助け合える地域を実感しました」との効果があると明らかにしています。

これら結果を受けて、日常的に地域コミュニティ内のコミュニケーションを促進するために、子育て世代のちょっとした困りごとを相談したり、助け合ったりするための活動や、地域の大人と子どもをつなげるための仕組みとしての声かけ運動、祭りの準備も含めて子どもが楽しく参加できる場を増やすなど、具体的な取組み案を作成し、報告書にまとめて広く一般に向けて公表しています。

以上のように、気候変動影響を考慮した将来社会像の作成と、その実現に向けた具体的な適応策の検討を行いましたが、地域資源の活用においては、気候変動影響を想定することが難しく、論点を見つけることができなかったため、適応策の検討まではできませんでした。今後、広範囲の分野において気候変動適応策を検討するためには、市民などの地域主体が実践できる影響評価手法の充実が求められ、これらから得た知見を反映させて、地域の将来社会像をアップデートしていくことが求められると考えています。

（木村道徳）

７・４　手法の総括

本章で紹介してきた「統合型将来シナリオ構築手法」の効果として、意思決定の質の向上、メンタルモデルの拡大と発見の促進、組織の認識力の向上、マネジメント力の強化、リーダーシップツールとしての活用などが挙げられます(18)。また、コミュニティ主導型適応（ＣＢＡ）の効果として、能力開発や脆弱性の低減などが挙げられています(5)(12)(13)。これらの要素を併せ持つ本手法もこうした効果が期待されます。以下、実際の地域社会への適用を通じて、筆者らが得られたと考えている効果や課題として残された点について検討していきます。

まず、当初のインタビュー調査では、気候変動影響の認知や適応策への態度について、ステークホルダーによって濃淡が大きく存在し、このうち特に関心の高いステークホルダーは、ステークホルダー会議、シナリオ案の評価という複数の機会を通じて専門知を獲得しながら、将来の地域社会における不確実性や脆弱性のポイントについて理解が深まったものと考えられます。その際に、詳細な個々の分野の専門知が独立的に提供されるのではなく、統合的で叙述的なシナリオとして提供されることにより、気候変動を入口とした地域社会全体の将来像を把握することができたのは、どのような適応策を準備すべきかについて比較的容易に気づきを与えたのではないかと考えています。また、シナリオ案の評価においても、あるステークホルダーからは、リスクを安易に回避できるとしたストーリーには真実味がなく、リスクを回避できない事態を想定したストーリーも必要だとの指摘があるなど、シナリオプランニングの趣旨を十分に踏まえたスタンスで臨む姿勢もみられました。

次に、このインタビュー結果である膨大なテキストデータからストーリー群を整理する過程において、本章で扱った事例では、長野の事例ではそうではありませんでしたが、後で実施した岐阜、滋賀の事例ではテキストマイニングや社会ネットワーク分析により、論点や関係性がよりわかりやすく可視化されるように改善されました。これらにより専門家に対しては、ステークホルダー間の利害関心のギャップについていくつかのパターン（類似度の計測距離などいくつかのパラメータの設定により異なる結果）が示されることが可能であり、ステークホルダーの利害を確認するうえで、そしてデルファイ調査に回答するうえで有効であったと考えられます。

第三に、地域適応シナリオ構築手法では、シナリオの検討範囲も岐阜や滋賀の事例では大きく拡大したといえます。シナリオ構築手法では、現在実施すべき政策やアクションプランについて検討を行うことが多いのですが、この点について妥当性と実現可能性から意味のある評価を加えるためには、その根拠として科学的知見が用意されていることが重要となります。特に岐阜の事例では、ステークホルダー会議では、岐阜県における気候変動の現状、気候変動影響予測の結果の一部、人口動態予測などの科学的知見が共有され、その後も、岐阜大学と岐阜県やステークホルダーとの間で、更新された科学的知見が共有されています。これには、例えば1キロメートル格子（三次メッシュ）まで力学的ダウンスケーリングされた気候予測データを用いた豪雨事象の発生確率や洪水規模頻度の予測、またこれらのリスク評価と人口動態予測とを併せることにより、災害曝露人口と地域防災力の将来変化予測などが含まれており、ステークホルダーが自分事として適応行動を案出する材料となったものと考えられます。また、専門家にとっても適応行動の妥当性と実現可能性を評価することが容易になり、デルファイ調査の内容をより精緻化したものと考えられます。かつては広域的な一次メッシュレベルなどでの予測結果が用いられていたところが、より詳細な地域レベルでの予測結果を得ることが可能となっており、気候変動科学の深化なくしては得られなかった効果といえるでしょう。

ただ、いずれの事例においても、手続きとしては専門知と現場知との統合を丁寧に行ってきたものの、十分に詳細な専門知が臨機応変に提供されたかという点では改善の余地があると考えています。例えば、冒頭で触れた欧州におけるＣＬＩＭＳＡＶＥプロジェクトでは、統合化アセスメントプラットフォームを用いて、専門家とステークホルダーとが相互作用を図る機会が提供されました。すなわち、ワークショップの場でステークホルダーから得た脆弱性評価は適応策の選択などに係わる回答がシステムに入力され、その場で適応策の効果に係わる結果が得られるなど、叙述的シナリオと気候モデル、影響モデルが連携され、オンラインでリアルタイムに結果が表示されるツールが用意されました。このような専門家とステークホルダーとの対話を促進するアプリケーションツールは有効であり、開発を急ぐ必要があるでしょう。

第四に、地域社会としての意思決定の質の向上の可能性については、最終成果としての地域適応シナリオの政策過程上の活用方法、つまり社会実装上の問題と結びついており、むしろ今後の課題が大きく残されたといえます。気候変動問題に係わる集合的な意思決定の質を向上させる方法の一つには、気候変動影響とその適応策を、これまでの緩和策に加えて行政計画として組み入れることが挙げられます。これは、長期的なリスクを予防原則的な視点から順応的に行政計画に組み入れることにほかなりません。このため、不確実性を考慮し、不連続な将来を想定して、シナリオプランニングなどの技法で得たいくつかの道筋を行政計画に組み込んでいくことが重要となります。そのような計画立案の手法が実際に適用された例はいくつか存在するものの（例えば、福岡市(19)）、現状では極めて稀です。1・2節で述べたように、筆者らは、ある技術革新が社会実験から部分的定着を経て波及していくためには、政策主体にも政策変容（政策イノベーション）や、社会全体でも制度や文化の変容を受容する素地が必要であると考えています。今後、気候変動問題に向き合うためには、短期的な課題にとらわれがちな計画立案のあり方を変えていく必要があり、そのための政策主体側への気づきを与えていくことが重要な課題であると認識しています。

そこで最後に、専門知（科学的知見）に基づくエビデンスベース政策形成の観点から、このようなシナリオ構築手法が気候変動政策過程でより活用されるための留意点について考察しておきます。1・3節でも述べたように、一般的に、科学的知見に基づくエビデンスベース政策形成には以下の阻害要因が伴います。①政策課題とその解決策について信頼できる、争いようのない科学的知見が欠落していること、②科学的知見があるにもかかわらず政策担当者が十分に注意を払わないこと、③政策担当者のしたいことが先にありきでこれに見合った科学的知見を探すか、政策決定を支持するように科学的知見を歪める傾向があること。

①については、気候変動科学の知見の深化が今後も文科省や環境省などによる研究プロジェクトで継続的に進むことが見込まれるとともに、専門家と政策担当者、ステークホルダーのギャップを可視化するような支援が提供されることなどにより、ニーズとシーズのギャップが埋まっていくことで、政策担当者やステークホルダーが理解しや

すいように、また関心を持ちやすいように、科学的知見の提供方法がさらに洗練されていくことが期待されます。このような予測情報やデータを理解されやすい形で地域のステークホルダーに提供していくことは、気候変動適応法が各地に設置を求めている地域気候変動適応センターの重要な機能の一つでもあります。岐阜県では、本事例で共同研究を行った岐阜大学のメンバーが中核となり、県との共同で地域気候変動適応センターが設置されており、このような要求に応えられやすい環境にあるといえます。滋賀県についても同様に、滋賀県気候変動適応センターで大きな役割を果たしている滋賀県琵琶湖環境科学研究センターのメンバーが前節のシナリオを作成しています。なお、両センターの概要は第2章で紹介されています。

②③については、背景には学術コミュニティと政策現場との言語の相違と、科学者が科学的知見の（不確実性も含めた）正確さを追求するのに対して、政策担当者は確実性と明確な解決策を求めるたり、利害調整を重視したりするなど、業務上のマナーの違いは大きいといえます。これは、ステークホルダーを含めるとさらに重要な点となってきます。岐阜の事例では、地域外の専門家である社会科学者（筆者ら）と地域内コンサルタントとの協働でシナリオ構築を担い、主として地域内の自然科学者らが科学的知見の生成を担いました。そして政策担当者やステークホルダーを研究の初期段階から関与させることにより、これら三者が相互作用を及ぼしながら、コデザイン、コプロダクションによる知見の生成を行ったといえます。このような超学際的な協働を通じて、科学者が政策アジェンダのプライオリティへの理解を深め、政策担当者がデータの読み解き方に理解を深めるといったことは、ステークホルダー会議などでも観察されました。因果関係を表わしたストーリー群を共有することで「構造」を理解する、適応行動を案出す

ることで適応力を高める、といった効果が得られた可能性があり、加えて、業務上のマナーの違いを埋める副次的な効果を持った可能性も指摘できます。各地の地域気候変動適応センターの機能の一つとして本手法を取り入れることにより、気候変動問題を入口として不連続な将来を見通した構造を理解する、適応力を高めるよう地域社会に普及啓発を行い、エビデンスベース政策形成に資することが期待したいところです。

（馬場健司）

《参考文献》

（１）田崎智宏・金森有子・吉田綾・青柳みどり「シナリオアプローチの類型とライフスタイル研究への適用性」『環境科学会誌』第27巻第1号、32～42頁、２０１４

（２）Lovins, A.: Energy strategy: the road not taken?. Foreign Affairs, 55, pp.63-96 , 1976.

（３）Robinson, J. B.: Energy backcasting A proposed method of policy analysis. Energy Policy, 10, pp.337-344, 1982.

（４）Quist, J. and Vergragt, P.: Past and future backcasting: The shift to stakeholder participation and personal for a methodological framework. Futures, 38, pp.1027-1045, 2006.

（５）Amer, M., Daim, T. U. and Jetter, A.: A review of scenario planning. Futures, 46, pp.23-40, 2013.

（６）Dean, M.: Scenario planning: A literature review. A repot of project No. 769276-2, UCL Department of civil, environmental and geomatic engineering, 2019.

（７）Spaniol, M.J., Rowland, N.J.: Defining scenario. FUTURES & FORESIGHT SCIENCE, 1, e3. doi:10.1002/ffo2.3, 2019.

（８）「２０５０ 日本低炭素社会」シナリオチーム「２０５０ 日本低炭素社会シナリオ：温室効果ガス70％削減可能性検討（２００８年６月改定）」２００７

（９）滋賀県「持続可能社会の実現に向けた滋賀県シナリオ」２００７

（10）Maes, M., Metzger, M., Stuch B., and Watson, M.: Report on the third CLIMSAVE regional stakeholder workshop, 2013.

（11）Adger, W. et al.: Are there social limits to adaptation to climate change? Climate Change, 93, pp.335-354 , 2009.

(12) van Aalst, M. K., et al.: Community level adaptation to climate change: The potential role of participatory community risk assessment. Global Environment Change, 18, pp.165-179, 2008.
(13) Gero A., Meheux, K. and Dominey-Howes D.: Integrating community based disaster risk reduction and climate change adaptation: examples from the Pacific. Natural Hazards and Earth System Sciences, 11, 101-113.EC ACT – Adapting to Climate change in Time: Planning for Adaptation to Climate Change. Guidelines for Municipalities, 2010, 2011.
https://base-adaptation.eu/sites/default/files/306-guidelinesversionefinale20.pdf
(14) 馬場健司・土井美奈子・田中充「気候変動適応策の実装化を目指した叙述的シナリオの開発：農業分野におけるコミュニティ主導型ボトムアップアプローチと専門家デルファイ調査によるトップダウンアプローチの統合」『地球環境』第21巻第２号、１１３～１２８頁、２０１６
(15) 馬場健司・稲葉久之・岩見麻子・田中充「岐阜県長良川流域における気候変動を入口とした将来シナリオ - 統合型将来シナリオ構築手法の開発と適用 -」『環境科学会誌』第34巻第２号、94～１０７頁、２０２１
(16) 岐阜県「長良川流域における総合的な治水対策プラン 改定版」２０１４
https://www.pref.gifu.lg.jp/uploaded/attachment/207964.pdf
(17) 岩見麻子・馬場健司「岐阜県長良川流域の社会・気候変動をめぐるステークホルダーの関心事項の可視化の試み」『環境情報科学学術研究論文集』第31号、29～34頁、２０１７
(18) 城山英明・角和昌浩・鈴木達治郎 編著『日本の未来社会 エネルギー・環境と技術・政策』東信堂、２００９
(19) 福岡市「福岡市新世代環境都市ビジョン」

http://www. city.fukuoka.lg.jp/kankyo/k-seisaku/hp/index2.html
(20) Cairney, P.: The politics of evidence-based policy making. Palgrave Macmillan Publishers, 2016.
(21) 馬場健司「超学際的アプローチとステークホルダーの関与」馬場健司・増原直樹・遠藤愛子編著『地熱資源をめぐる水・エネルギー・食料ネクサス - 学際・超学際アプローチに向けて - 』近代科学社、13～20頁、2018
(22) 岩見麻子・木村道徳・松井孝典・馬場健司「気候変動適応策の立案において地方自治体が抱える課題とニーズの把握 - コデザインワークショップの実践を通じて - 」『土木学会論文集G（環境）』第74巻第6号、II - 93～II - 101頁、2018
(23) 木村道徳・岩見麻子・河瀬玲奈・金 再奎・馬場健司「地域社会まちづくりステークホルダーにおける気候変動適応と地域課題の関係構造の把握 - 滋賀県高島市の事例 - 」『環境科学会誌』第34巻第2号、80～93頁、2021
(24) 樋口耕一『社会調査のための計量テキスト分析（第2版）』ナカニシヤ出版、2020
(25) 高島市「第2期高島市まちづくり推進会議報告書」
http://www.city.takashima.lg.jp/www/contents/1558922003666/simple/dai2kihoukokusyo.pdf
(26) 木村道徳・岩見麻子・熊澤輝一・王 智弘・河瀬玲奈・金 再奎・小野 聡・堀 啓子・上須道徳・松井孝典・馬場健司「市民参加による地域将来社会像作成の試みと受容要因の検討 - 滋賀県高島市を事例として - 」『環境科学会誌』第34巻第2号、108～123頁、2021

第8章

地域社会とのコミュニケーション社会技術2：気候変動リスクコミュニケーション

8・1　オンライン熟議による人々の適応策の受容性

●はじめに

これまでみてきたように、気候変動影響や適応策のように、科学的知見を提供する側と受け取る側でシーズやニーズにギャップがあるようなケースでは特に、科学的知見の提供が人々にどのような態度変容を起こしうるのか、という点を明らかにすることが重要となります。例えば、日本でも革新的エネルギー環境戦略の策定の際などに実施された討論型世論調査®の全世界での適用事例の横断的分析結果では、専門知の提供による参加者の知識の変化等が指摘されています(1)(2)。

この種の参加型手法には、ほかにもコンセンサス会議や共同事実確認など、さまざまなものが世界各地で適用されてきている一方で、より参加の機会を広げるツールとして、同種の試みをオンラインで実施する方法も少しずつ蓄積されています(4)~(7)。これらはいずれも、ランダムサンプリングに基づく一般市民により構成されたミニパブリックスを対象としたものです。これに対して筆者らは、より利害関心の強いステークホルダーを対象として科学的エビデンスを共有しながら合意を形成していくオンライン熟議実験を実施してきました(9)~(11)。一見すると、この方法は討論型世論調査®に類似していますが、参加者がランダムサンプリングによる一般市民ではなくステークホルダーであることに加えて、1回だけのface-to-faceによる討論ではなく、オンライン上で比較的長い期間をかけて議論することなどが異なります。

そこで本節では、馬場ほか[9]、小杉ほか[10]をベースとして、防災分野と農業分野における気候変動適応策を題材にオンライン熟議実験を実施した結果について紹介します。

●実験方法

図１に実験のフローを示します。まず、インターネット上での簡単なウェブ調査（T１：スクリーニング調査）を実施し、この問題に一定の利害関係を有すると考えられる参加者（防災分野では被災経験市町村の居住者、農業分野では農業関係者や農業に関心のある人）を年代別（20歳以上）、性別にインターネット調査会社のモニターより一次抽出し、これらの属性と気候変動問題の知識などへの回答状況より、ほぼ同等となるように30人ずつのコミュニティを防災と農業それぞれで三つずつ構成しました。
実施期間は２０１６年3月の2週間であり、各コミュニティに対して筆者らが構成した専門家パネル（両分野共通で気候変動科学と、防災分野については防災工学、防災行政、農業分野については農業技術、農業政策など）による支援を受けながら、専門知を逐次的に提供し、モデレーターにより議論が進められました。モデレーターは議論の様子を確認しながら収束の頃合を見計らって、専門知（プレゼンテーションソフトを用いて作成された数枚のスライド）を3回に分けて提供しました。第1回目は、参

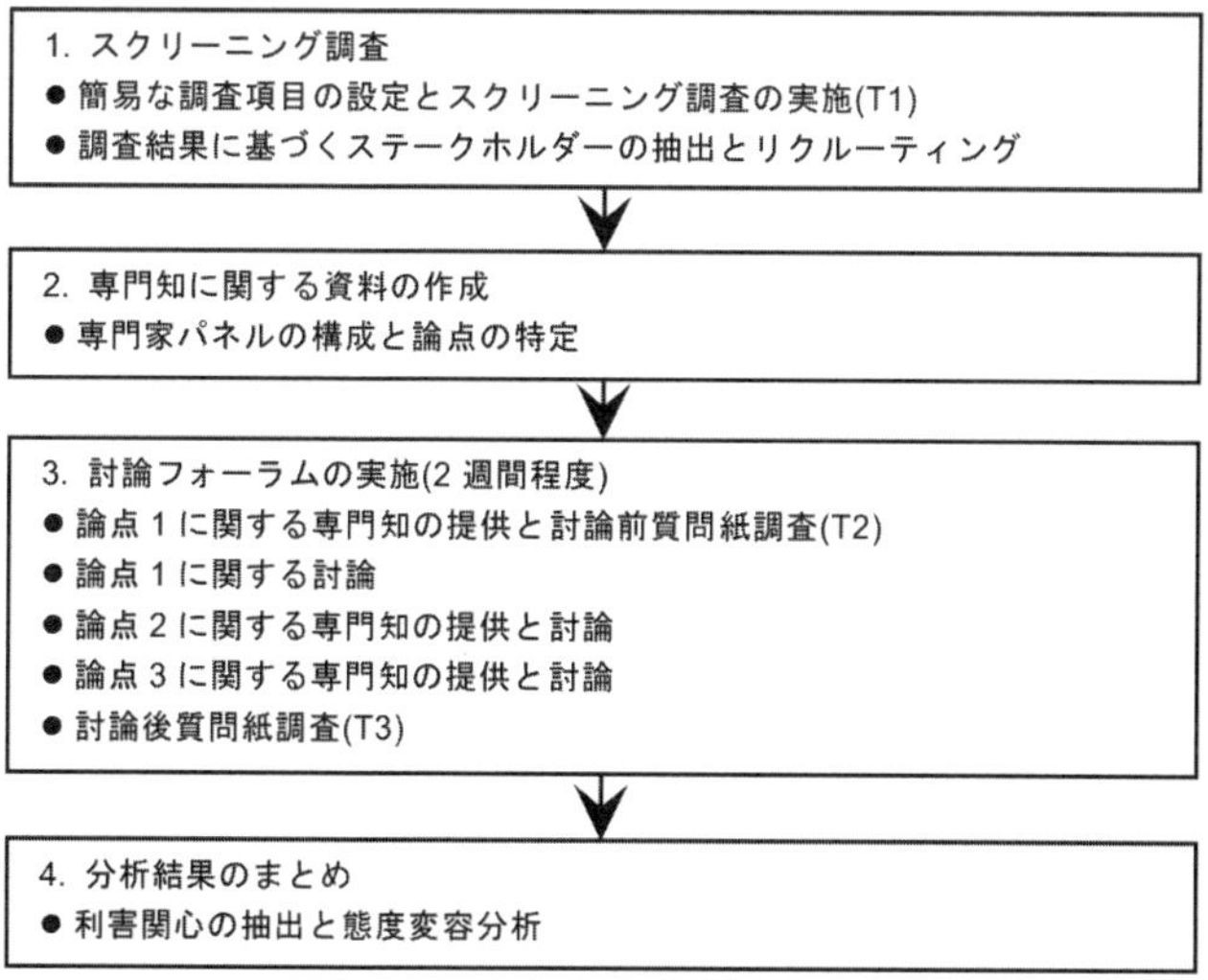
1. スクリーニング調査
● 簡易な調査項目の設定とスクリーニング調査の実施(T1)
● 調査結果に基づくステークホルダーの抽出とリクルーティング
2. 専門知に関する資料の作成
● 専門家パネルの構成と論点の特定
3. 討論フォーラムの実施(2 週間程度)
● 論点 1 に関する専門知の提供と討論前質問紙調査(T2)
● 論点 1 に関する討論
● 論点 2 に関する専門知の提供と討論
● 論点 3 に関する専門知の提供と討論
● 討論後質問紙調査(T3)
4. 分析結果のまとめ
● 利害関心の抽出と態度変容分析

図１　オンライン熟議実験のプロセス[9]

加者の知識レベルをある程度合わせるため、「日本の防災・農業それぞれの分野における気候変動影響」、第2回目は「防災・農業それぞれの分野における適応策の基本的な考え方」、第3回目は「防災・農業それぞれの分野における今後の適応策オプション」についてです。そして参加者の要望に応じて追加説明を提示し、オンライン掲示板に随時書き込むよう依頼しました。

専門知の提供や討論の前（T1）と後（T3）のほぼ2回にわたって同一設問によるウェブ質問紙調査を実施しました。これに加えて、発言（書き込み）データもログとして記録されており、したがって、各参加者にはT1～3の質問紙調査データ、発話データの合計4種類のデータセットが存在しています。ただし、最終的にすべてのデータセットがそろっている回答者は、防災分野は61名、農業分野は60名であり、質問紙調査結果にコミュニティ別での統計的な有意差はほぼみられなかったため、以下では防災と農業それぞれの全体での集計結果について述べていきます。

●防災分野での熟議の概要と態度の変容

まず、防災分野についてテキストマイニング手法を発話データに用いて、熟議の推移を概観してみます。**図2**は、参加者の各発言における出現件数を把握し、特に多かった・少なかったトピックをお題ごとに特定した結果です。図において灰色のセルはトピック間またはお題間のどちらか一方で出現件数の割合が高いこと（平均値＋標準偏差以上）を、黒色のセルはトピック間およびお題間の両方で出現件数の割合が高いことをそれぞれ示しています。斜線のセルはトピック間またはお題間の

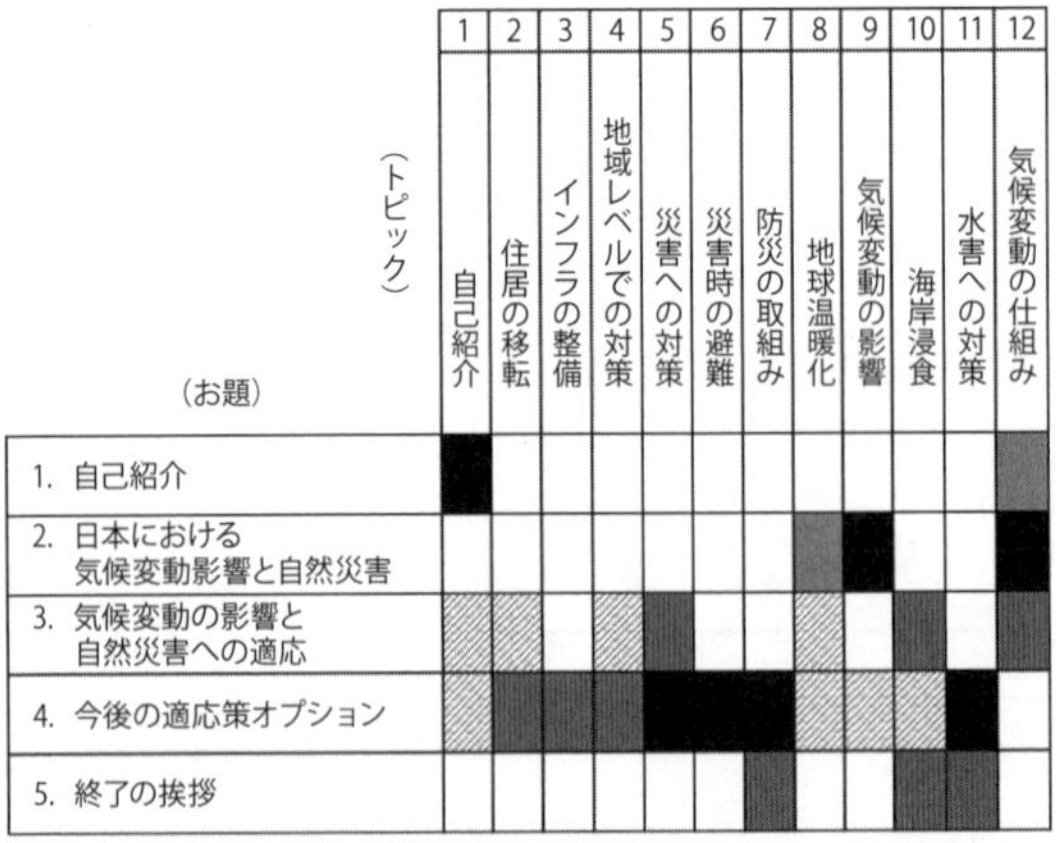

図2　防災分野において議論されたトピック(9)

どちらか一方で出現件数の割合が低いこと（平均値－標準偏差以下）を意味しています。それぞれのお題において黒色と灰色の特に多く議論されたトピックに着目すると、「日本における気候変動影響と自然災害」のお題では「地球温暖化」や「気候変動の影響」「気候変動の仕組み」に関するトピック、「気候変動の影響と自然災害への適応」のお題では「気候変動の仕組み」に加えて「海岸侵食」のトピックの出現件数の割合が特に高かったことがわかります。続く「今後の適応策オプション」のお題では、「災害への対策」「災害時の避難」「防災の取組み」やそのほかにも「住居の移転」「インフラの整備」「地域レベルでの対策」「水害への対策」など防災対策に関するトピックの出現件数の割合が特に高くなっています。このように、熟議はさまざまなトピックに言及する形で最終的には適応策オプションに関する議論や検討が進んでいったことがわかります。

以降では、参加者の考えや態度がどのように変化したのかについて、熟議の前後での質問紙調査への回答データ（Ｔ２とＴ３）の比較によりみていきます。

表１は、気候変動影響実感として、今後、影響頻度・強大化が起こる可能性について、農作物、水資源、健康、風水害、生態系、生活被害と海面上昇に対する認知について、６点尺度（６：頻度の増加、影響の強大化が新たに発生する可能性が非常に大きい～１：頻度の減少、影響の強大化が新たに発生する可能性はない）で尋ねた結果を、事前と事後の平均スコアで示しています。すべての項目で認知が高くなっており、特に、事前の認知が低かった「水不足や水質悪化」が大きく変化し、また事前・事後ともに、「健康被害」と「風水害」の認知が最大となっています。これは、熟議中の発話状況でゲリラ豪雨や台風等を想定する人が多かったことからもうかがえます。ただし、これらすべての項目で統計的に有意な事前と事後での変化はみられていません。

表１　気候変動影響実感（影響頻度・強大化が起こる可能性）(9)

	事前	事後
1. 農作物や魚介類の品質低下・収量減少等による食糧生産への被害	4.16	4.39
2. 降水量減少による水不足，水質悪化等水資源への被害	4.00	4.34
3. 夏の熱中症，体調悪化等健康被害	4.89	5.07
4. 局地的な大雨，豪雨，台風等による風水害	4.89	5.10
5. 絶滅種の増加等による生態系への被害	4.13	4.36
6. 豪雪による交通網分断等生活全般への被害	4.08	4.36
7. 海面上昇による高潮被害や水没	4.08	4.39

「健康被害」とともに「風水害」の認知が高いことは、これまでの調査結果と概ね同じです。2010年に全国で実施した調査(11)では、「風水害」の認知が73・4%、「健康被害」が43・8%で上位二つ、2014年に三つの農業地域で実施した調査(12)では、「風水害」が66・6%、「健康被害」が55・9%で1位と3位を占めており、これらが気候変動影響実感として常に上位を占めています。

表2～**3**は、予防、順応、転換の具体的な適応策として地方自治体が取りうる18対策と個人が取りうる19対策を挙げ、実施への賛否について6点尺度(6＝賛同～1＝反対)で尋ねた結果を示しています。スコアの平均値を熟議の前後で比較すると、事前よりも事後において反対が増えている適応策(スコアが小さくなっているもの)はほとんどなく、熟議を経て各施策への賛同が増えている傾向がみられます。特に、有意に賛同が増えた施策は、地方自治体が取りうるものについては8施策でしたが、個人が取りうるものについては12施策とほとんどであり、熟議により個人として実施すべき対策(自助)についての理解が深まったことがうかがえます。これらは熟議中の発話状況から、適応策オプションの論点において「災害への対策」「災害時の避難」「防災の取組み」や「住居の移転」「インフラの整備」「地域レベルでの対策」「水害への対策」などのトピックが多かったことからもうかがえます。

表4は、予防、順応、転換という三つに大別された適応策について、有効性認知、規範意識、負担便益評価など、6点尺度(6：全くそのとおりだ～1：全くそうではない)で尋ねた結果を、事前と事後の平均スコアで示したものです。全体をみると、予防、順応に比べて転換のスコアが低く、概して否定的な反応が多いことがわかります。また、予防、順応、転換のいずれについても、事後で有効性認知のスコアは有意に上昇してお

表 2　各適応策への賛否（地方自治体が取り得るもの [公助]）(9)

		事前	事後
予防策	1. 堤防やダム等の設備の整備や、モニタリング環境の整備を強化する対策	4.33	4.80
	2. 防災教育や健康維持活動を地域で実施すること	4.48	5.00
	3. 堤防やダム等の各種防災機能・施設を建設・整備すること	4.31	4.57
	4. より詳細な警報や予報等を配信すること	4.75	5.10
	5. 自然環境を保護する対策	5.05	4.95
	6. 伝統文化の保存の推進	4.41	4.41
	7. 災害協定等予防に係る各種規制・協定	4.54	4.72
	8. 被害を最小限にして乗り切るため、地域状況に合わせた災害の備えや、被害状況に応じた対応策	4.70	5.16
順応策	9. ライフラインのバックアップ機能強化	4.89	5.16
	10. 避難所・消防・救急等の初動対応の強化・整備	4.79	5.16
	11. インターネットやテレビにより、リアルタイムに情報を共有すること	4.84	5.08
	12. 防災マップ等により、地域毎の情報を提供すること	4.84	5.11
	13. インターネット等で、被害情報の収集・調査に多くの人が参加できる環境整備	4.62	5.03
	14. 被害時に専門家や支援を迅速に受け入れるための整備	4.75	4.85
転換策	15. 影響や被害が頻発する地域での住宅等の移動・撤退や、都市構造転換等の中長期的、抜本的対策	4.57	4.56
	16. 影響や被害が頻発する地域での建築制限等の規制	4.61	4.62
	17. 都市機能の見直し・集約化という計画	4.31	4.48
	18. 都市構造としての次世代通信・エネルギー等の整備支援計画	4.72	4.89

濃い網掛けは 1%有意、薄い網掛けは 5% 有意であることを示す

表 3　各適応策への賛否（個人が取り得るもの [自助]）(9)

		事前	事後
予防策	1. 自宅や地域の設備を十分整備したり、防災に関する知識や情報を積極的に得るようにしたい	4.51	4.89
	2. 自宅には、災害を考慮した工夫・整備をしたい	4.48	4.92
	3. 防災教育や健康維持活動に参加したい	4.26	4.59
	4. 警報や予報等の情報を自主的に得るようにしたい	4.79	5.07
	5. 省エネルギーに取り組みたい	4.80	5.02
	6. 再生可能エネルギーを導入したい	4.36	4.64
	7. 自然環境を保護する活動に参加・協力したい	4.44	4.56
	8. 災害のための備えを準備し、被害時には、地域で助け合えるように取り組んでいきたい	4.43	4.89
	9. 伝統文化の保存に取り組み・協力したい	4.08	4.23
	10. 日頃から、避難のための備蓄・避難経路の確保等の備えをしたい	4.51	5.07
順応策	11. 災害時には、一般市民として、自分の身は自分で守るできる限りの対策をしたい	4.85	5.20
	12. 災害時に備えて、地域で協力して、避難訓練や避難場所、経路の確保等の備えをしたい	4.39	4.87
	13. 災害時に備えて、地域での食料・エネルギー備蓄や自給自足に取り組んでいきたい	4.30	4.82
	14. 隣近所や地域団体で、災害時の支援や助け合い等について、話し合って、備えをしたい	4.28	4.70
	15. 影響や被害を減らす対策について、自分も地域の取組みに積極的に協力したい	4.23	4.72
転換策	16. 地域の将来像を考え、都市構造転換等の中長期的なまちづくりに参加したい	4.18	4.57
	17. 外出時には、熱中症、水災害に常に備え、時間や経路、外出先を選ぶようにしたい	4.38	4.48
	18. 自分の住んでいる地域が、影響や被害が頻発する地域になったら、引っ越ししたい	3.75	3.64
	19. 影響や災害の被害状況や拡大影響等を考慮して、住居や仕事場所を選びたい	3.95	4.28

濃い網掛けは 1%有意、薄い網掛けは 5% 有意であることを示す

り、熟議を経て有効性の認識が高まる傾向にあることがわかります。負担便益評価については、事前・事後ともに、ほかの項目よりも概して低いスコアとなっています。特に転換についてはスコアが低く、有意ではないものの事後のほうが低い項目が散見され、熟議を経て簡単に実施可能な施策ではないことが認識されたと考えられます。

ここまで統計的な有意差が確認された項目の態度変容と個人属性（社会関係資本と被災経験の有無）との関係性を分析したところ、「被災経験なし」や「地域社会との係わりなし」の参加者のほうが、それ以外の参加者よりも態度変容しているケースが多い傾向がみられました。このような層に、熟議前は気候変動適応策についての態度を固めておらず、この熟議を機会に認識を深めて変容する人が多い可能性が考えられます。

最後に、適応策に対する賛否の規定因を総合的に分析します。公助的予防策、公助的順応策、公助的転換策（以上、表1）、自助的予防策、自助的順応策（以上、表2）の賛否について、事前と事後それぞれに気候変動影響実感（表1）、有効性認知、規範意識、負担便益評価（以上、表3、なお、自助的転換策についてはど

表4　各適応策への有効性認知・規範意識・負担便益評価など[(9)]

	予防策		順応策		転換策	
	事前	事後	事前	事後	事前	事後
1. 地球温暖化や災害の影響や被害を防ぐために有効である	4.13	4.49	4.11	4.59	3.59	4.23
2. 地球温暖化や災害の影響や被害を深刻化させないために有効である	4.23	4.66	4.30	4.74	3.66	4.34
3. 地球温暖化や災害の影響や被害への備えとして有効である	4.18	4.66	4.34	4.72	3.90	4.48
4. 地球温暖化や災害の影響や被害を軽減するために有効である	4.13	4.64	4.20	4.70	3.87	4.48
5. この対策を実施すべきであると感じている	4.10	4.59	4.44	4.72	3.61	3.72
6. 私は、この対策は実施されて当然だと思っている	4.02	4.25	4.28	4.56	3.39	3.51
7. 地域の多くの人は、この対策に協力するはずである	3.67	3.98	4.05	4.20	3.00	2.92
8. 私の知り合いの多くは、この対策に協力するはずである	3.85	4.03	4.10	4.16	3.15	2.98
9. 社会的な規範として、この対策を実施すべきである	3.95	4.44	4.34	4.69	3.49	3.57
10. この対策は社会的に推奨されるものである	4.10	4.43	4.43	4.69	3.56	3.69
11. この対策を実施すると私たちの暮らしが快適になる	3.69	3.98	3.97	4.16	3.30	3.61
12. 総合的には経済的な利得につながる	3.56	3.97	4.00	4.26	3.59	3.69
13. 初期の投資額は支払い可能な範囲である	3.20	3.46	3.64	3.85	2.80	2.56
14. すぐにできる・時間がかからない	2.97	2.93	3.44	3.51	2.43	2.20
15. 簡単にできる・手間がかからない	2.80	2.90	3.38	3.38	2.39	2.15
16. 災害時の安全・安心の確保になる	4.21	4.46	4.41	4.66	3.92	4.30
17. 地域の活性化につながる	3.49	3.80	3.82	4.11	3.30	3.51
18. 私達の地域で実施することは、現実的に難しい	3.87	3.92	3.62	3.43	4.26	4.48
19. この対策をする機会を得ることができない	3.82	3.79	3.57	3.59	4.13	4.28
全項目の平均値	3.79	4.07	4.02	4.25	3.44	3.61

濃い網掛けは1%有意、薄い網掛けは5%有意であることを示す

のようにしても結果が得られませんでした）などで説明するモデルを構築したところ、概ね以下の点が指摘できます。第一に、多くのケースにおいて有効性認知が適応策への賛否に影響を及ぼしていること、第二に、気候変動実感が単独で適応策への賛否を決定づけることはなく、ほかの心理的な要因と結びついていること、第三に、自助的順応策以外は、事前と事後で規定因が変わっており、熟議を経て規定因の構造が変化していることなどです。

予防、順応、転換の適応策について、地方自治体が取りうるものや個人が取りうるものの実施への賛否の変化については、事前よりも事後において反対が増えているものはほとんどなく、熟議を経て特に個人として実施すべき対策（自助）についての理解が深まったことがうかがえます。そして、予防、順応、転換のいずれについても、熟議を経て、有効性認知が高まっています。その一方で、予防、順応に比べて転換策に対しては概して否定的な反応が多く、熟議を経て、特に負担便益評価が低くなっており、簡単に実施可能な施策ではないことが認識された可能性があります。この点からは、負担便益評価について人々のフレーミングを変えるようなわかりやすい専門知の提供が求められることが示唆されます。

●農業分野での熟議の概要と態度の変容

次に、農業分野について、熟議の推移を概観してみます。**図３**は、参加者の各発言における出現件数を把握し、特に多かった・少なかったトピックをお題ごとに特定した結果です。Ａ～Ｃの三つのコミュニティそれぞれで集計しています。この図の読み方は図

2と同様です。それぞれのお題において黒色と灰色の特に多く議論されたトピックに着目すると、「日本における気候変動影響」のお題では「気候変動の要因」「温暖化の仕組み」などのトピック、「気候変動の影響を受けた30年後の日本」のお題では「適応策」「農産物流通」などのトピック、「未来のシナリオ」のお題では、「就農者支援」「土地改良」などのトピック、「最も重要だと思うオプション」のお題では「気候変動の影響」「行政支援」などのトピックについて議論されていたことが読み取れます。つまり、まず、気候変動に関する実感などの自己紹介がされた後、気候変動や地球温暖化の要因や影響、対策、行政の動きに関する情報が共有され、適応策として農産物の流通や後継者が不足していることなどの課題について議論された後、提示された未来のシナリオについては災害時の農作物への影響など農家への支援に関する議論が特に多くなされ、重要な政策オプションの選択の際にも行政支援や農産物の流通、就農者の支援に関して議論や検討が進んでいったことがわかります。

以降では、参加者の考えや態度がどのように変化したのかについて、熟議の前後での質問紙調査への回答データの比較によりみていきます。防災分野の設問とは類似のものもありますが、そうでないものが多くあります。

表5は、農業に限らずさまざまな分野における適応策の有効性認知について5点尺度で尋ねた結果を示しています（1：全く効果はない

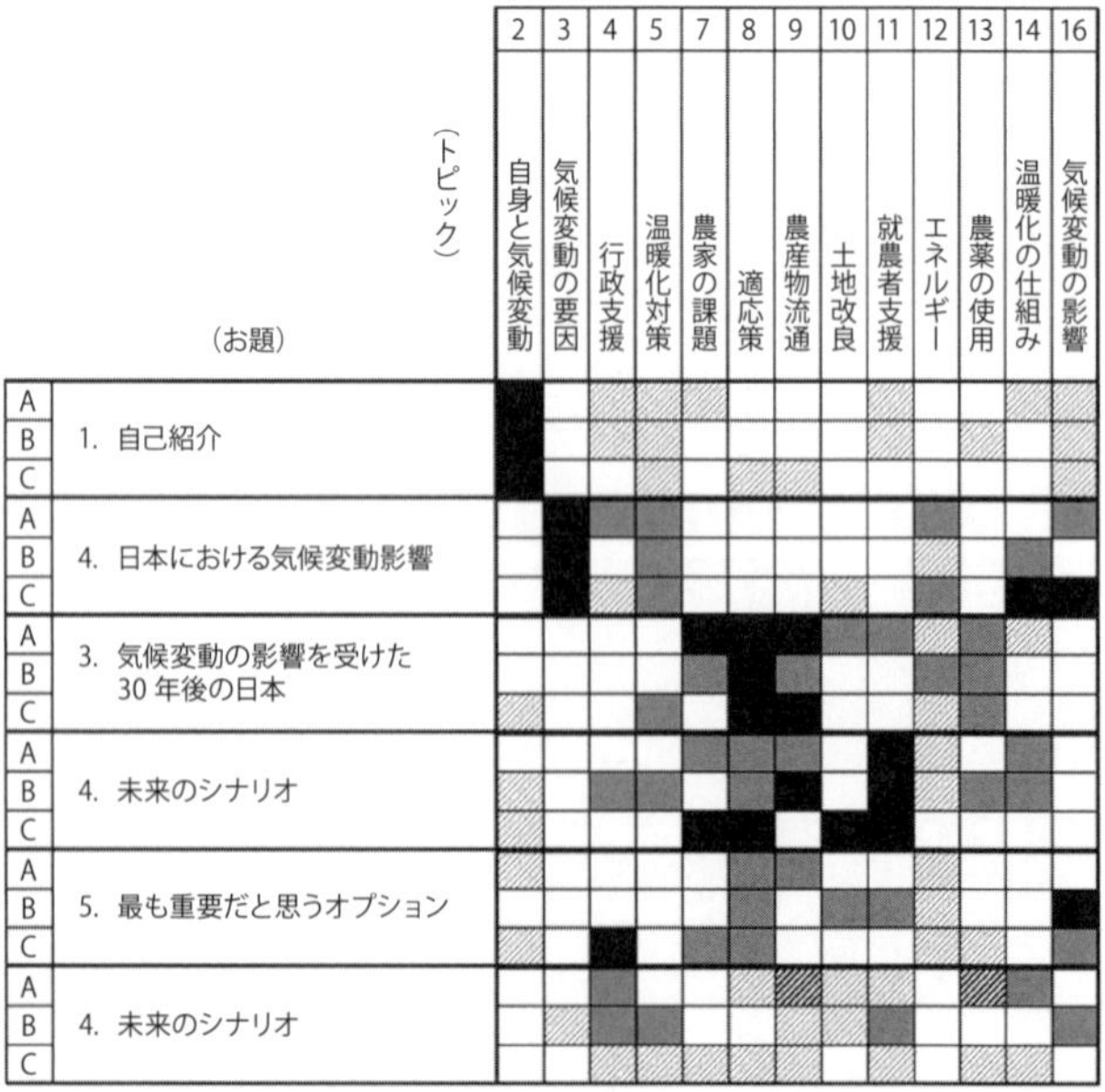

図3 農業分野において議論されたトピック(10)

～５：とても効果がある）。評価点の平均値を熟議の前後で比較すると、ほぼすべての項目において熟議後のほうが高い評価となっており、熟議に参加することによりさまざまな施策の有効性認知が高くなる傾向にあることがわかります。特に「２：地球温暖化の影響があった場合に、保険（公的、私的含む）で補償するような、経済システムの構築」「３：農作物の栽培地域を適地に移動したり、品種改良したりするなど、食糧生産の確保」に対する評価が、熟議後に有意に高まることが示されています。

今後、農業へ気候変動の影響や被害が出るような場合の農業生産者としての行動意図（非生産者も生産者になったつもりで回答を求めました）と、消費者としての行動意図のスコアの平均を**表６**に示します（１：全くそう思わない～５：とてもそう思う）。スコアの平均値を熟議の前後で比較すると、ほぼすべての項目において熟議後のスコアが高くなっており、熟議に参加することにより行動意図も高まる傾向にあることがわかります。ただし、熟議前後でスコアに有意な差が見られたのは、生産者としての行動意図としては「４：温暖化の影響で農業環境が変わったら、これまでの作物にこだわらず、その環境にあった作物・品種を積極的に取り入れたい」のみでした。消費者としての行動意図については、「１：色、大きさ、形が悪くなっても」「３：価格が高くなっても」「４：種類が限定されても」「５：新しい品種になっても」「６：産地が変わっても」購入したいという多くの項目について熟議後のほうが有意に高くなりました。

表７は、農業分野における気候変動適応策について同意の程度を５点尺度で尋ねた結果です（１：全くそう思わない～５：とてもそう思う）。スコアの平均点を見ると、熟議後、「４：万一の際に保険や共済制度で補償（リスク移転）」への同意傾向は高まり、「５：何もしない（リスク保有）」については同意の程度が下がる傾向がみられました。また、

表５　各分野における適応策への有効性認知

	事前	事後
1. 地球温暖化の影響をより受けやすい地域を特定し、その地域に対するモニタリング（監視）や情報提供	3.63	3.85
2. 地球温暖化の影響があった場合に、保険（公的、私的含む）で補償するような、経済システムの構築 **	3.03	3.63
3. 農作物の栽培地域を適地に移動したり、品種改良したりするなど、食糧生産の確保 *	3.52	3.88
4. 渇水対策や下水再生水・雨水等の利用など、水資源の確保	3.80	4.02
5. 熱中症の予防対策、感染症のワクチン・新治療薬の開発、媒介蚊の対策など健康対策	3.57	3.75
6. 海岸保全や堤防の整備、土砂管理などの防災対策	3.50	3.77

** は 1% 有意、* は 5% 有意であることを示す（出典：文献（10）より改変）

「施設等の設備を十分整備（予防策）」「地域状況に合わせて対応・工夫（順応策）」「現在の農地からより適した地域への移動・撤退を進める（転換策）」についても、熟議前後で同意が同一あるいは下がる傾向がみられたものの、全項目において統計的に有意な差はみられていません。以上のことは専門家の知見を得たうえで熟議を経て、気候変動の高い不確実性が理解された結果、適応策を講じることは必要である認識が高まった一方で、ある特定の適応策を進めるよりも保険・共済を通したリスク移転が効果的であるという考え方が浸透したものと考えられます。

今後の農業分野における気候変動適応策に積極的に取り組むべき主体について、複数選択で尋ねたところ、最も多くの参加者が「国や地方公共団体（70・0％）」を選択し、ついで「幅広く国民（60・0％）」「農地の所有者（40・0％）」を選択しました。今後の施策実施にとって、これらの主体への信頼が重要な要因と考えられます。なぜなら、各主体の農業政策や気候変動政策の取組み姿勢への信頼が、今後の政策の受容や気候リスクに関わる情報源としての信頼性評価に関わると考えられるからです。そこで、各主体への信頼を、能力と誠実性、一般的な信頼に分けて5点尺度（1：まったくそう思わない～5：とてもそう思う）による回答を求めた結果を**表8**に示します。これによれば、地域の自治体行政職員全般や農政担当者、農業試験場・果樹試験場の職員については、能力に対する信頼が高く、JA職員は能力よりも誠実性に対する信頼が高く、個々の農家については一般的、全般的な信頼感が高い傾向がみられました。

表6　今後の農業への気候変動影響に対する行動意図

	事前	事後
【生産者】として		
1. 温暖化の影響で農作物の色、大きさ、形が悪くなっても、現在と同じ作物・品種を作り続けたい	2.87	3.03
2. 温暖化の影響で農作物の味、食感が悪くなっても、現在と同じ作物・品種を作り続けたい	2.43	2.47
3. 温暖化の影響で農作物の収量が減っても、現在と同じ作物・品種を作り続けたい	2.55	2.68
4. 温暖化の影響で農業環境が変わったら、これまでの作物にこだわらず、その環境にあった作物・品種を積極的に取り入れたい *	3.39	4.13
5. 温暖化の影響で、これまでと同じように（品質、収量、味など）農作物を生産できなくなるなら、農業をやめたい	3.03	2.97
【消費者】として		
1. 温暖化の影響で農作物の色、大きさ、形が悪くなっても気にせず購入したい *	3.70	3.97
2. 温暖化の影響で農作物の味、食感が悪くなっても気にせず購入したい	2.82	2.97
3. 温暖化の影響で農作物の価格が高くなっても気にせず購入したい **	2.85	3.18
4. 温暖化の影響で農作物の種類が限定されても気にせず購入したい **	3.33	3.72
5. 温暖化の影響で農作物が新しい品種になっても気にせず購入したい *	3.62	3.95
6. 温暖化の影響で農作物の産地が変わっても気にせず購入したい *	3.67	4.02

** は 1% 有意、* は 5% 有意であることを示す（出典：文献（10）より改変）

最後に、農業分野についても適応策に対する賛否の規定因を総合的に分析します。適応策への賛否（表７）について「１：予防策」「２：順応策」「３：転換策」「４：リスク移転」の事前と事後それぞれを別々に取り上げて、有効性認知（表５）、気候変動影響に対する今後の生産者・消費者としての行動意図（表６）、各主体への信頼感（表８）などで説明するモデルを構築したところ、概ね以下の点が指摘できます。第一に、すべてのケースにおいて有効性認知が適応策への賛否の規定因として重要といえます。第二に、転換策以外では事前と事後の規定因に変化が見られ、熟議が規定因の構造変化をもたらしたといえそうです。第三に、転換策については、事前と事後で規定因の変化が見られず、転換策に対する認識の構造を変えることはほかの適応策と比較して困難といえそうです。

そもそも受容性が最も高い順応策については、熟議前は有効性認知のみが規定因でしたが、熟議後には農家への信頼感と生産者としての行動意図がネガティブな規定因として追加されました。熟議での発話内容をみると、気候変動に対して「農業従事者が持つ脆弱性とすでに農業従事者が被っている被害」や、気候変動に対する「農業従事者のすでに行っている順応策や前向きな姿勢」を含めた議論が農業従事者と非農業従事者との間でなされていました。このことから、生産者としての行動意図

表７　農業分野における気候変動適応策への賛否

	事前	事後
1. 農業への影響や被害を防ぐため、水利施設や農業施設等の設備を十分整備し、現在の農業の形態を守るべき	3.68	3.43
2. 農業への影響や被害を軽減するため、品種・品目転換を図るなど地域状況に合わせて対応・工夫しながら生活すべき	4.03	4.00
3. 農業への影響や被害が起こりやすい地域では、現在の農地からより適した地域への移動・撤退を進めるべき	3.37	3.37
4. 農業へいつどの程度、影響や被害があるか分からないので、万一の際に保険や共済制度で補償すればよい	2.97	3.17
5. 農業へいつどの程度、影響や被害があるか分からないので、特に対策をとる必要はない	2.15	1.87

出典：文献（10）より改変

表８　農業分野における気候変動適応策に関与する主体に対する信頼感

	地域の自治体行政職員全般	地域の農政担当者や農業試験場・果樹試験場の職員	地域の JA の職員	個々の農家
職務や業務を果たす能力がある	3.68	3.43	3.43	3.43
職務に一生懸命取り組んでいる	4.03	4.00	4.00	4.00
頼りになる	3.37	3.37	3.37	3.37
信頼できる	2.97	3.17	3.17	3.17

出典：文献（10）より改変

として、気候変動影響を受けても「現在と同じ作物・品種を作り続け」ることが、すでに受けている被害を拡大させてしまうという危機感を共有した結果、生産者としての行動意図がネガティブな規定因として追加されたこと、またその被害を軽減させるための「農業従事者のすでに行っている順応策や前向きな姿勢」が共有されたことで、農家への信頼感につながったことが考えられます。

転換策はそもそも受容性が低いため、2週間の熟議だけでは認識の構造が変化しにくいようです。熟議における発話内容をみると、例えば、「先祖代々、引き継がれてきた農地、そこで生産できなくなったら逆に就農をやめる人が増えるのではないでしょうか。確かに移動は災害対策でしょう。しかし、移動ではなく現地を災害に強い農地に改良・設計支援する方針を行政は提示すべき。」といった否定的な発話がなされ、転換策に対する受容性を高めるには、予防策、順応策が十分に実施されたうえで、より長期的な対話を行う必要があると考えられます。

●おわりに

以上でみてきたように、防災分野と農業分野で共通してみられたことは次の2点です。一つは、適応策の賛否には有効性認知が一貫して影響を及ぼしており、重要な規定因となっていること、もう一つは、多くの場合、熟議の前後で規定因が変わっており、熟議を経て参加者の相互作用や専門知の獲得を通じて認知構造が変化していることです。

オンライン熟議では、実際の地域社会では利害関係を持って十分な意見交換ができないかもしれない人たちが全国から集まり、匿名性を持てる安全なサイバー空間で一定の期間で意見交換を行うことができます。この実験を行ったのはコロナ禍の発生よりもずいぶんと前になりますが、コロナ禍により一気に日常生活に普及し、多くの人々が利用に慣れたウェブ会議システムを活用することにより、ＳＯＣＩＥＴＹ５・０が目指すサイバー空間とフィジカル空間を高度に融合させたシステムの具現化、より有効な課題解決策の案出が期待されます。

（馬場健司・小杉素子・岩見麻子）

8・2　日本人のリスク認知特性とコミュニケーション方策

気候変動が及ぼすさまざまな影響やそれに係わる施策について地域社会と円滑なコミュニケーションをとるためには、まず相手のことを知る必要があります。本節では、日本人が気候変動リスクについてどのように感じ、考えているのか、同じような感じ方・考え方をしている人々がどの程度の規模で存在しているのかを、質問紙調査データの分析を使って解説します。また、それらを基にしてどういったコミュニケーション方策が、気候変動への理解や対策行動の促進に効果を期待できるのかについても考察します。

●世論調査が示す日本人の気候変動に対する意識

内閣府の世論調査によると、2001年に行われた調査では82・4%の回答者が地球温暖化について「関心がある（「関心がある」「ある程度関心がある」の合計）」と回答しています。同様に、2005年の調査では89・1%、2007年の調査は92・3%、2016年の調査では87・2%と、常に8～9割の回答者が関心があると回答しており、日本人が地球温暖化に対してかなり高い関心を持っていることがわかります。

また2016年の世論調査では、6割程度の人が地球温暖化の影響として「洪水・高潮・高波などの自然災害が増加すること（63・1%）」「農作物の品質や収量が低下すること（57・7%）」を問題視していることが示されています。しかし一方で、

ＣＯＰ21で採択されたパリ協定を「内容まで知っている」人は７・０％と僅かであり、「名前は聞いたことがある（52・６％）」人を含めても６割程度です。２０３０年度の温室効果ガス排出量の削減目標についても「目標の数値も含めて知っていた（17・７％）」「目標があることは知っていたが数値までは知らなかった（45・０％）」を合わせて６割強で、十分に知られているとは言えません。温暖化対策のための賢い選択を促す国民運動「ＣＯＯＬ ＣＨＯＩＣＥ」はさらに認知度が低く、「内容までよく知っている（５・７％）」「名前は聞いたことがある（22・４％）」を合わせても３割に満たず、知らない人が過半数を占めています。つまり、世論調査によれば、日本人は８割以上の人が地球温暖化に感心があると言いながらも、自然災害の増加や農作物への影響を気にしつつ、対策についてはよく知らないのです。

●地球温暖化に対する態度の特徴で日本人を細分化する

コミュニケーション方策を検討するためには、世論調査からわかる内容だけでは十分ではないため、日本人の地球温暖化に対する関心や理解、日常生活での影響の実感や懸念、対策の理解と行動などについてより詳しく調べることを目的に質問紙調査を行いました。

著者らが調査を設計する際に、米国の Yale project on Climate Change Communication を参考にしました。この一連の研究では世論調査データから、気候変動に関わる信念、態度、リスク認知、問題への関与、政治的選好と行動に関する36項目を用いて、米国人を六つのタイプに分類しています。最も気候変動を警戒し、自分の行動を変え政策を積極的に支持するAlarmed（回答者の18％）、深刻な問題と認識しつつも行動は起こさないConcerned（同33％）、問題意識はあるものの対策の必要性を感じないCautions（同19％）、興味も関心も薄いDisengaged（12％）、気候変動は自然変化のためであり将来世代への影響はないとするDoubtful（11％）、気候変動は人為由来の脅威ではなく国が対応すべき問題ではないと強く信じているDsmissive（7％）です。Yale projectでは、この6タイプについて気候変動に対する態度だけでなく、年代や性別、価値観や支持政党、接触する情報源などの詳細な特徴も明らかにしています。

著者らも日本人を地球温暖化への態度によりいくつかのタイプに分類し、その態度や価値観、性別や年齢などの個人属性の特徴を明らかにしたうえで、それぞれのタイプに応じたコミュニケーション方策を提案することを目的として2回の調査を行いました。1回目の調査は日本人を複数のタイプに分類し特徴を明らかにすることを目的とし、2回目の調査は1回目の調査で得られたタイプ分類を再確認し、そのうちの重要と思われるタイプの人々についてグループインタビューを行い、知識や考え方をより詳しく把握することを目的としました。

1回目の調査は２０１７年3月に実施しました。質問紙では、地球温暖化のメカニズムに関する知識、リスク認知、地球温暖化に対する態度、地球温暖化の適応策や緩和策に対する支持、地球温暖化の影響に対する実感などについて尋ねました。2回目の調査は、２０１８年9月に1回

表9　調査方法の詳細

	1回目調査	2回目調査	
実施時期	2017年3月	質問紙調査 2018年9月	グループインタビュー調査 2018年10月
回答者	3 522名（男性49.4%、女性50.6%） ・民間調査会社のインターネットモニターに対しメールで回答を依頼 ・回答者が日本人の人口統計学的な特徴を代表するように、性別と居住地（都道府県レベル）および年代（20歳～79歳までの10歳刻み）を日本の人口統計に基づいて割り付け	5 841名 （男性49.4%、女性50.6%） ・調査方法は1回目と同じ	34名 質問紙調査で警戒派、無関心派、懐疑派に分類された人々6人で1グループ（男女別）×3タイプで合計6グループ（2名当日欠席）
調査概要	質問項目： 地球温暖化に対する関心、主観的知識、リスク認知、発生原因等のメカニズムに関する知識、地球温暖化に対する態度、科学者の合意について、影響の実感の程度、地球温暖化の緩和策と適応策に対する支持、対策の効果に対する認知、自分自身や地域社会への地球温暖化の影響と将来予測など	質問項目：地球温暖化に対する関心、地球温暖化に対する態度、主観的知識、リスク認知など（1回目調査の3割程度）	グループインタビューは、①地球温暖化についての自由討論、②司会者による資料「A：地球温暖化のしくみと影響について」の読み上げの後討論、③司会者による資料「B：地球温暖化の対策（水災害）」の読み上げの後討論の3つのセッションで構成 ・所要時間は120分

目と同じ調査方法および分析手法で回答者を分類し、そのうちの三つのタイプに焦点を絞り、グループインタビューを行いました（方法の詳細は**表９**を参照して下さい）。

●日本人の５タイプ（5 Japanage）：質問紙調査の分析から

ここでは１回目の調査の結果を説明します。地球温暖化に対する考え方を尋ねる13項目（**表10**）を用いて分析を行い、回答者を五つのクラスターに分類しました。**図４**は、各クラスターの人々が上述の13項目の考え方についてどの程度同意する傾向があるのかを示しており、それぞれが異なる特徴を持つことがわかります。いくつかの特徴を**表11**にまとめました。

「無関心派」は、回答者の44・3％と最も大きいクラスターです。男女はほぼ半数ずつで、平均年齢は回答者全体の平均とほぼ同じです。地球温暖化に関する知識は少なく、25％は地球温暖化について「ほとんど知ら」ず、12％は「興味・関心がない」と回答しています。地球温暖化のリスク認知（１＝まったく危険でない〜５＝とても危険：平均値3・17）は「どちらともいえない（＝３）」に近いものでした。緩和策の実施に関しても「どちらともいえない」と回答する人が最も多いです。

「警戒派」は、回答者の38・４％が含まれる２番目に大きなグループで、女性がやや多く、相対的に会社員（管理職以外）が少なく、専業主婦（主夫）と定年退職者を多く含みます。そのためか平均年齢は高いです。地球温暖化について「よく知っている」と認識しているのは10・４％であり、約６割の回答者は地球温暖化についての意見を形成するためには「もっと情報が必要」だと考えています。94％が地球温暖化は人間行動に

表10　分析に用いた項目

1. 地球温暖化は現実に起こっている
2. 温室効果ガス削減の対策を行う必要がある
3. 地球温暖化の問題が心配だ
4. 地球温暖化問題の解決には、個人が環境に配慮した行動や商品を選択するなどの行動をとるべきだ
5. 地球温暖化問題は、企業、工場などの活動が主たる原因であり、彼らがもっと責任をもって対処すべきである
6. 身近なところに地球温暖化の影響が出ている
7. 地球温暖化の問題は、私個人にとって重要だ
8. 人間は地球温暖化を抑えることはできない
9. 個人が大きく生活を変えることなしに、新しい技術が地球温暖化を解決するだろう
10. 地球温暖化を防ぐために自分の行動を変えたくない
11. 一人の人間の行動は地球温暖化になにも変化をもたらさないだろう
12. 地球温暖化の影響を減らすために私たちは適切に行動している
13. 地球温暖化が起こっているかどうか疑わしい

より引き起こされたものと考えており、リスク認知も高いです。こまめに電気を消したりエアコンを使わない省エネ行動を「いつもしている」人が51・9%、なるべく自家用車を使わず公共交通機関を使うように「いつもしている」人が28・8%と、行動する傾向も強いことが示されました。

「懐疑派」は小さいクラスターで、回答者に占める割合は3・7%です。このクラスターは、8割弱が男性で平均年齢も比較的若く、専業主婦（主夫）が少ない特徴があります。地球温暖化に対するリスク認知は最も低く、「人間の活動が主な原因」で地球温暖化が起こっていると考える人が少なく（17・1%）、74・4%は地球温暖化が起こっているかどうかについて「科学者の間で多くの意見の不一致がある」と思っています。地球温暖化についての知識はかなりあると認識している割合が高く、意見を形成するために「これ以上情報は必要ない」と回答する人が4割ほど存在します。電気をこまめに消したりする省エネ行動を「いつもしている」人の割合は大きい（29・5%）一方で、自家用車をなるべく利用しないという対策は「ほとんどしていない」人（47・3%）が半数近くいます。

「否定派」は2・4%と最も小さいクラスターです。平均年齢は最も若く男性のほうが多く、会社員（管理職以外）の割合が相対的に多いという特徴があります。地球温暖化に対するリスク認知は相対的に低く、知識が乏しく、「興味・関心がない」という回答も

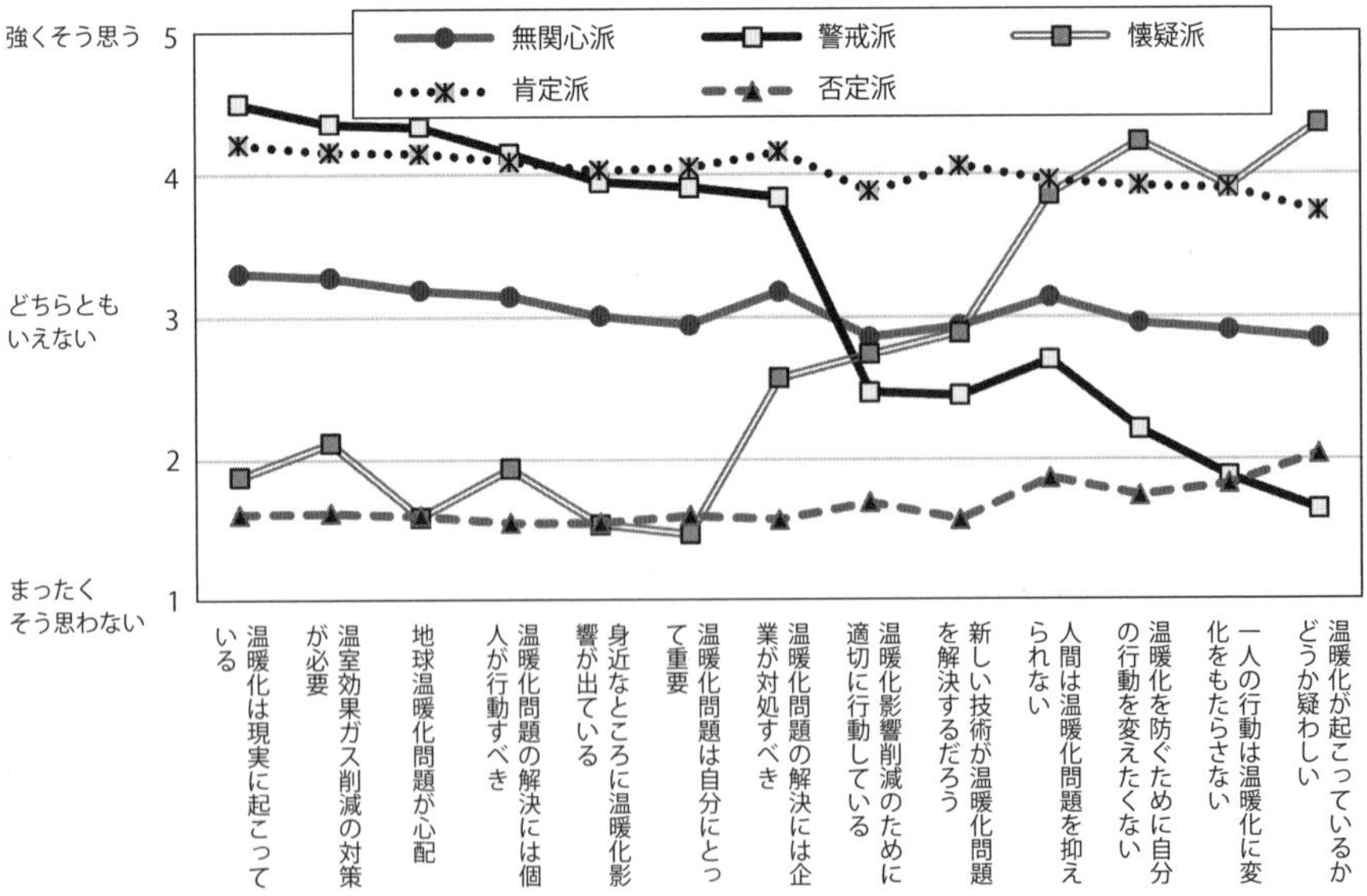

図4　地球温暖化に対する態度のクラスターごとの特徴

27・4%と多いです。地球温暖化に関する科学者の見解の一致・不一致に関しても、3割が「知識がないのでわからない」と答えています。これらの特徴から、この人々は地球温暖化問題の存在自体を否定しているように見えます。行動についても否定的で、省エネ行動や自家用車の利用を控える行動について「ほとんどしていない」の選択率が最も高くなっています。

「肯定派」は、全回答者に占める割合が10・5%、男女比はほぼ半々で、平均年齢は49・3歳、やや会社員（管理職以外）の割合が多いです。地球温暖化に対する態度項目で、「当てはまる（=4）」「そう思う（=4）」などの肯定的な反応が多い傾向にあります。地球温暖化についての知識は「よく知っている」と回答する割合（12・1%）より「ほとんど知らない」という回答（19・2%）のほうが多く、49%が意見を形成するために「もっと情報が必要」だと感じています。行動についても「ときどきする（=4）」の選択率が最も高く、省エネ行動で46・5%、自家用車の消極利用で35・1%の人々が「ときどきする」と回答しました。

このように、質問紙調査から地球温暖化に態度の特徴によって日本人が五つのタイプに分類され、無関心な人々が最もボリュームが大きく、およそ日本の成人の半数近くを占めることがわかりました。またそれぞれのタイプは、地球温暖化についての知識や態度だけでなく、性別や年代、職業などの構成も異なり、それに応じてライフスタイルや接触する情報源も異なると考えられます。ただ、否定派と肯定派をどう扱うべきかには課題が残ります。地球温暖化に対する肯定的な内容にも否定的な内容にも、常に「そう思わない」「当てはまらない」と回答する否定派と「そう思う」「当てはまる」と回答する肯定派は、地球温暖化について明確な態度を持たないと考えられるからです。そう考

表11　各クラスターの特徴（クラスター間の差違が大きい選択肢を一部抜粋）

クラスター	無関心	警戒	懐疑	否定	肯定
抽出率	44.3%	38.4%	3.7%	2.4%	10.5%
平均年齢	47.3歳	54.8歳	45.5歳	42.9歳	49.3歳
男女比率	50.2/49.8	44.1/55.9	78.3/21.7	65.5/34.5	51.5/48.5
職業：会社員（管理職以外）	25.7%	15.1%	25.6%	29.8%	28.5%
専業主婦・主夫	17.0%	22.7%	5.4%	14.3%	15.4%
地球温暖化の原因					
「主に人間活動」	61.1%	94.0%	17.1%	26.2%	74.5%
「環境の自然な変化」	20.9%	4.7%	40.3%	32.1%	18.9%
「地球温暖化は起こっていない」	15.6%	0.2%	34.9%	41.7%	5.8%
地球温暖化についてほとんどの科学者は					
「起こっていると思っている」	25.9%	69.1%	4.7%	14.3%	55.6%
「科学者の間で意見の不一致がある」	34.4%	22.3%	74.4%	35.7%	21.2%
リスク認知（5点尺度：平均）	3.17	4.03	1.98	2.58	3.79

えると、この二つのクラスターは無関心派に近いと見なすほうが妥当かもしれません。

●警戒派、無関心派、懐疑派：グループインタビューの分析から

2回目の調査では、まず1回目の調査と同じ地球温暖化に対する態度を尋ねる13項目を用い、先行研究と同様の五つのクラスターが抽出されることを確認しました（**図5**）。五つのクラスターは前回と同じ特徴を示し、出現率は警戒派34・2%、無関心派45・9%、懐疑派3・4%、肯定派13・7%、否定派2・8%でした。

五つのクラスターのうち、比率の大きい「無関心派」と「警戒派」、およびこれらの二つのクラスターとは明瞭に異なる知識やロジックを持つと考えられる「懐疑派」に焦点を絞り、グループインタビューを実施しました。

グループインタビューの発話データから、それぞれのクラスターの特徴を以下にまとめます。文中の「」をつけた引用は、発言中のキーワードを著者らが抽出したものです。なお、グループインタビューの分析の目的は、それぞれのクラスターに特有の知識や態度、その背後にある理解の仕方や知識のつながりなど質問紙調査では測定できない細部を把握することです。そのためグループインタビュー参

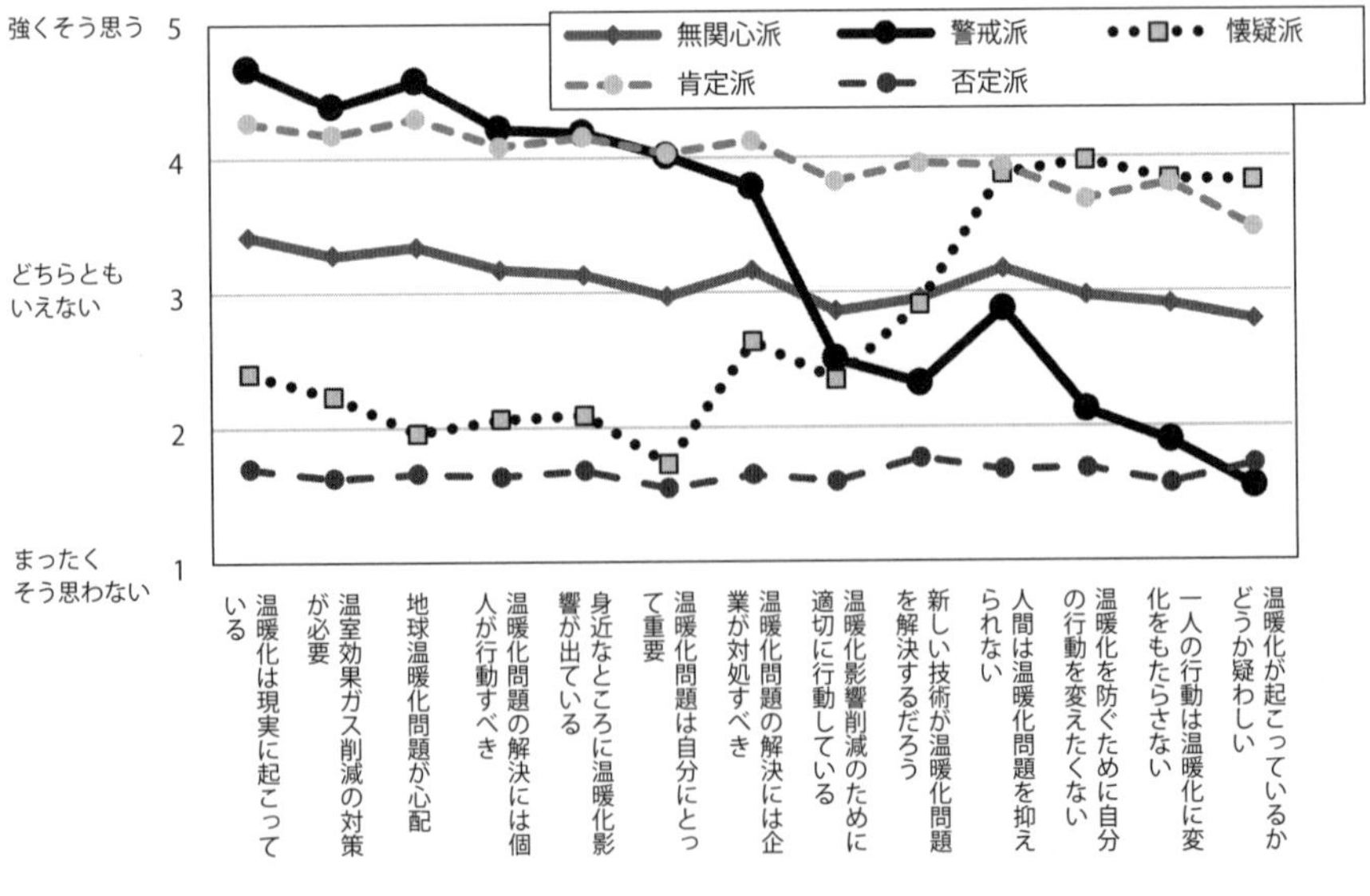

図5　地球温暖化に対する態度のクラスターごとの特徴（2回目調査）

加者の1人が発言した内容も、多くの参加者が同意して繰り返される内容も等しくひとつのデータとして扱っています。

「警戒派」は、猛暑や大型台風の増加、夏が長くなり春や秋の中間服を着る期間が短いこと、異常気象の影響で野菜の値段が高騰したり欠品したりすることから地球温暖化を実感しています。対策としては「消費エネルギーを減らす」「化石燃料を使わない」「太陽光発電を検討した」など具体的な行動への言及がありますが、「何か対策はしないといけないと思うけど、具体的に個人で何をすればいいのと思う」「自分でできることは少ない」「世界中で協力しないとどうしようもない」と、対策の効果についてはネガティブな発言も多く見られます。

「懐疑派」は、夏の猛暑の実感はありますが、「異常気象と地球温暖化が関係あるかは知らない」「温暖化していないと主張する学者がいる。言っていることが真逆でどれを信じていいかわからない」「フェイクニュースとか懐疑的な情報も聞くので、そっちの方を信じてしまう」「地球が存在してからの変化のただのひとつじゃないかなと思う」「車はどんどん低排出になり（中略）二酸化炭素は減っているイメージ」などの発言があり、地球温暖化の真偽について信頼できる情報が定まっていないことが示唆されます。対策については「分別が年々うるさくなってきた。その理由が地球温暖化対策だから協力してということだった」などゴミの分別への発言が多い傾向にあります。エアコンの設定温度やエコバッグの利用への言及もありますが、「地球温暖化のためではなく節約のためであり、「結局現代人は自分たちの便利さを追求する」「そもそものところで疑問があるからあまり真剣に考えられない」「１００年後には自分はもういないから」という発言があり、自分が関与するという認識が薄いのが特徴です。

「無関心派」は、「夏は暑くなっているが、冬は寒いまま」「今年の夏は結構暑かった程度」と猛暑に関する実感はありますが、それと地球温暖化との関連についての言及はほとんどなく、「世界的なレベルで各国がやっている政策のイメージ」「小学校の授業で教科書に出てきた」「ベクトルとしては寒冷化に向かっているらしいとテレビで見た」「あまり身近さは感じない。ニュースの中の出来事」など伝聞表現が多く、現実感が希薄であることが示されました。対策については、懐疑派と同様「ゴミの分別くらい。ゴミを燃やすのに二酸化炭素を出すので」「不要品はネットオークションで売る」「リサイクルできるものはリサイクルに回す」などゴミの少量化についての言及が多い傾向にあります。

すべてのクラスターで共通する特徴としては、グループインタビューのセッション③で話題に取り上げた水災害対策を地球温暖化の対策として認識していないということです。参加者は、昔から行われてきた治水・水害対策であり、それ自体の重要性や近年の被害の増大などには同意するものの、地球温暖化とは関係ない話題だと認識していました。

●コミュニケーション方策の提案

ここまで示してきた2回の調査結果を踏まえ、警戒派、無関心派、懐疑派にとって適切な理解が深まることが期待される情報内容について考察します。

地球温暖化の仕組みについては、警戒派は相対的に知識が多く、内容も科学的に正確です。情報の入手先も、ほかのクラスターでは出なかった「新聞」が挙げられており、従来のメディアで提供されてきた情報を多く入手していると考えられます。一方で、緩和策についてはCO_2排出を減らす省エネや再生可能エネルギーの利用等いくつかの知識はあるものの多くはなく、それがどのような効果を持つのかについてはほとんど知識がありません。適応策については、防災に関わる情報は地球温暖化とは別の文脈で理解されており、防災施策や個人の備えの重要性や具体的な行動内容は認識されています。従って、地球温暖化の影響がどの分野にどのような形で現れるのか、それがこれまでに行ってきた活動や対策とどう重なるのかを説明することで、統合的な理解が進むことが期待できます。

懐疑派は、それなりに自分は知識を持っていると自認しています。ただし彼らは、従来の普及啓発活動による情報ではなくテレビ番組やYouTubeで地球温暖化は起こっていないという情報を入手しており、それが地球温暖化の認識の混乱を招き、対策行動を抑制しています。よって、懐疑派の多くに信頼されている、または情報入手によく利用されている情報源やメディアを特定し、それらを介して科学者の統一した見解や研究知見を提供することが一定の効果を持つと期待されます。また懐疑派は「地球温暖化は起こっていない。だから対策は必要ない」というロジックで考えているため、地球温暖化の影響が生じているという実感が生じれば、対策を取る可能性があります。また、地球温暖化への認識が十分に生じない場合は、必ずしも猛暑や水害等を地球温暖化と関連づけず、エアコンの使用や水分補給、災害対策などを個別の異常気象への対処という文脈で説明するほうが彼らに受け入れられやすいでしょう。

無関心派は、地球温暖化に対する意識が希薄であることが最大の特徴であり、これはどのような内容の情報が適切かを検討する以前の問題です。彼らは、夏の暑さや豪雨のニュースを見ても地球温暖化には結びつかず、平均気温が0・85度上昇という資料を見ても1度にも満たない小さな変化だと見なします。このような人々に情報提供の工夫だけで地球温暖化を自分事として認識してもらうのは困難です。無関心派の人々に対しては、緩和策や適応策を地球温暖化と関連づけるのではなく、ゴミの少量化や光熱費の節約、暑さや豪雨への個別の対応と位置づけ、行動の促進や政策への協力を促すことを目指すほうが妥当ではないかと考えられます。例えば、地球温暖化の影響として生じる各分野の問題とそれへの対応を組み合わせ、防災なら自治体から、熱中症なら病院や福祉関係から、農作物の高値ならスーパーからとそれぞれ関連する機関や組織から情報を提供する方策について検討する価値はあるでしょう。

また知識の更新という意味では、クラスターによらず、学校教育で地球温暖化を学んでない40代以上の人々からは、「牛のげっぷ」や「オゾンホール」「ヒートアイランド」は地球温暖化とどう関係するのかという発言があり、断片的な知識を体系立てて理解しなおすための機会が必要と考えられます。

（小杉素子・馬場健司・田中　充）

《参考文献》

（1）Luskin, R. C., Fishkin, J. S. and Jowell, R: Considered Opinions: Deliberative Polling in Britain. British Journal of Political Science. 32, pp.455-487, 2002.
（2）Fishkin, J. S., He, B., Luskin, R. C. and Siu, A.: Deliberative Democracy in an Unlikely Place:

Deliberative Polling in China, British Journal of Political Science, 31, pp.1-14, 2001.
（３）ICLEI CANADA: Changing Climate, Changing Communities: Guide and Workbook for Municipal Climate Adaptation.
http://www.icleicanada.org/images/icleicanada/pdfs/Guide WorkbookInfoAnnexes_WebsiteCombo.pdf
（４）Davies, T. and Gangadharan, S. P.: Online Deliberation: Design, Research and Practice. CSLI Pub lications.
http://odbook.stanford.edu/static/filedocument/2009/11/10/ODBook.Full.11.3.09.pdf, 2009, [2015, June 22].
（５）Luskin, R. C., Fishkin, J. S. and Iyengar, S.: Considered Opinion on U.S. Foreign Policy: Evidence from Online and Face-to-face Deliberative Polling. The Center for Deliberative Democracy, Research Papers.
http://cdd.stanford.edu/2006/considered-opinions-on-u-s-foreign-policy-face-to-face-versus-online-deliberative-polling/, 2006 [2015, June 22].
（６）Grönlund, K., Strandberg, K. and Himmelroos, S.: The Challenge of Deliberative Democracy Online – A Comparison of Face-to-face and Virtual Experiments in Citizen Deliberation, Information Policy, 14, pp.187-201, 2009.
（７）Delborne, J. A., Anderson, A. A., Kleinman, D. L., Colin M. and Powell, M.: Virtual Deliberation? Prospects and Challenges for Integrating the Internet in Consensus Conference. Public Understanding of Science. 20 (3), pp.367-384, 2011.
（８）環境省「地域気候変動適応計画策定マニュアル・手順編」２０１８
http://www.env.go.jp/earth/ 地域気候変動適応計画策定マニュアル _final2
（９）馬場健司・岩見麻子・天沼絵理「オンライン熟議実験を用いた防災分野の気候変動適応

策を巡るステークホルダーの態度変容分析」『土木学会論文集Ｇ（環境）』第75巻第6号、Ⅱ-１５１～Ⅱ-１５９頁、２０１９

(10) 小杉素子・岩見麻子・馬場健司「農業分野の気候変動適応策に関するオンライン熟議と態度変化」『環境科学会誌』第30巻第6号、３７３～３８７頁、２０１７

(11) 馬場健司・杉本卓也・窪田ひろみ・肱岡靖明・田中　充「市民の気候変動適応策に対する態度形成の規定因―気候変動リスクと施策ベネフィット認知、手続き的公正感と信頼感の影響―」『土木学会論文集Ｇ（環境）』第67巻第6号、Ⅱ-４０５～Ⅱ-４１３頁、２０１１

(12) 馬場健司・河合裕子・小杉素子・田中　充「農業従事者や農村居住者の気候変動適応策に対する選好や関与意向およびその規定因」『土木学会論文集Ｇ（環境）』第71巻第5号、Ⅰ-１４３～Ⅰ-１５１頁、２０１５

(13) 内閣府：地球温暖化対策に関する世論調査、http://survey.gov-online.go.jp/h28/h28-ondanka/index.html.

(14) Leiserowitz A., Maibach E., Roser-Renouf C. and Smith N.: Global Warming Six Americas 2009. http://environment.yale.edu/climate-communication/files/climatechange-6americas.pdf.

(15) 小杉素子・馬場健司・田中　充「気候変動リスクに対する日本人の態度―対象者の明確化と情報提供の課題」『土木学会論文集Ｇ（環境）』第74巻第5号、Ⅰ-41～Ⅰ-51頁、２０１８

(16) 小杉素子・馬場健司・田中　充「気候変動リスクに関する情報提供の課題―対象者の細分化とそれに応じた情報内容の抽出」『土木学会論文集Ｇ（環境）』第75巻第5号、Ⅱ-１～Ⅱ-７頁、２０１９

第9章

ボトムアップによる社会実践：「気候変動の地元学」を入口とした気候変動適応コミュニティの形成

9・1 「気候変動の地元学」による適応策検討の考え方

「気候変動の地元学」は、市民参加型の気候変動の影響調べにおいて、市民学習をさらに促せないか、また学習した市民を主役として気候変動適応策の検討ができないだろうかという観点で、考案し、試行してきたボトムアップによる気候変動適応策の検討手法です。

●「気候変動の地元学」とは

各地域において、適応策を計画に記述する動きが活発化しているものの、その多くは適応策に相当する関連施策を関連部局から集め、それらを列挙するスタイルとなっています。「行政内での適応策の位置づけと基本方針の作成という段階にあり、将来影響予測情報を用いた検討や取組み方針の具体的検討には至っていない場合が多い」(1)という状況は、十分に改善されていません。

こうした原因の一つとして、適応策の検討がトップダウン・アプローチを中心としており、ボトムアップ・アプローチが不十分なことがあげられます（**図1**参照）。

トップダウン・アプローチは「将来予測結果という科学知」を起点とします。将来予測では、気候の変化だけでなく、気候が変化した場合の水・土砂災害の起こりやすさ、農産物の生産量や品質、生物の生息分布、熱中症の患者数等といった影響の計算結果が

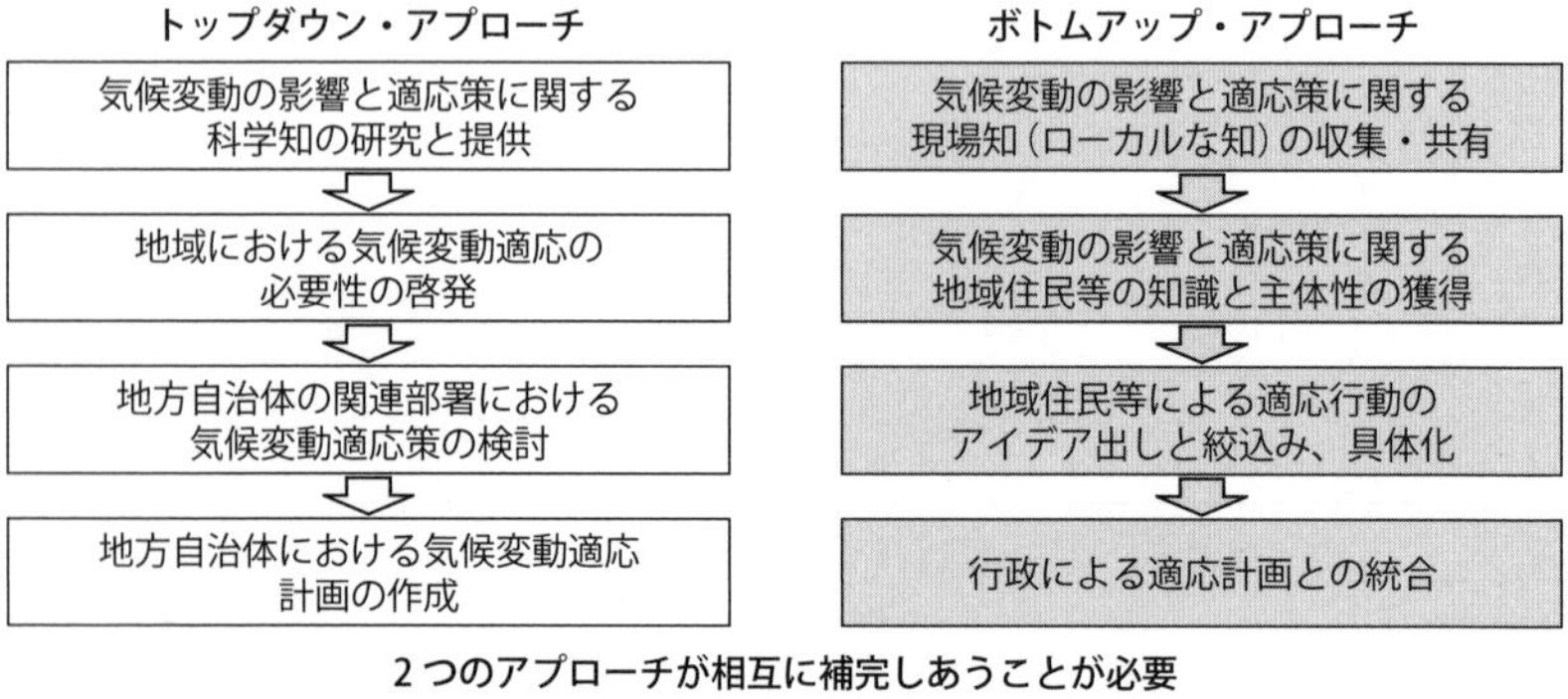

図1 気候変動への適応策検討の2つのアプローチ

示されます。

しかし、外部から提供される将来影響予測に依存する状況では、行政職員や地域住民、地元企業による主体的な適応策の検討が動き出しにくいのではないでしょうか。

そこで必要となるのが、トップダウン・アプローチが「将来予測結果という科学知」を起点とすることに対して、ボトムアップ・アプローチでは適応策の実施主体となる自治体職員や地域住民、地元企業等の地域主体が持つ気候変動の地域への影響や適応策に関する知識、すなわち「地域主体が持つ現場知」を起点し、それを共有し、理解や行動意図を高めた地域主体が適応策の立案や実践に参加し、地域主体が自らの適応能力（気候変動適応に対する具体的な知識や備え）を高めていくプロセスとして展開されます。

このボトムアップ・アプローチは、コミュニティ・ベースド・アダプテーション（Community Based Adaptation: CBA）ということができます。筆者らは、ＣＢＡを進めるプログラムとして、「気候変動の地元学」を提案し、実践してきました。「気候変動の地元学」は、「地域住民を中心とする地域主体が、地域で発生している気候変動の影響事例調べを行い、気候変動の地域への影響事例やそれを規定する地域の社会経済的要因を抽出し、それを共有し、影響に対する具体的な適応策を話し合うことで、気候変動問題を地域の課題あるいは自分の課題として捉え、適応策への行動意図を高め、適応能力の形成や適切な適応策の実施につなげるプログラム」です。

●水俣流「地元学」へのこだわり

「気候変動の地元学」というと、グローバルなこととローカルなことをくっつけていて、面白そうという人と、わかりにくいという人がいます。しかし、この言い方にはこだわりがあります。

もともと「地元学」は、水俣市の吉本哲郎氏が提唱し、実践してきた地域住民が主体となって、地域にあるもの（地域資源）を調べ、それを地域に役立てる方法を考えていく地域づくりの方法です。この水俣流「地元学」の考え方を踏まえて、あえて「気候変動の地元学」と名づけています。

吉本(2)は、「地元学とは…地元の人が主体となって、地域の個性を受け止め、内から地域の個性を自覚することを第一歩に、外から押し寄せる変化を受け止め、内から地域の個性に照らし合わせ、自問自答をしながら地域独自の生活（文化）を日常的に創りあげていく知的創造行為である」としています。

水俣流「地元学」では、見えなくなっている地域資源の発見、地域資源そのものと地域資源と地域住民等との関わりの再構築を狙いとします。「気候変動の地元学」では気候変動による地域資源の変化の発見とその変化に対する地域住民の関わりの再構築を図ります。この意味で、「気候変動の地元学」は、気候変動の影響による地域資源の変化という点に注視して行う水俣流「地元学」ということができます。

●「気候変動の地元学」の特徴

「気候変動の地元学」の特徴として、3点をあげることができます。

第1に、地域主体が参加するからこそ、気候変動による固有性のある地域資源への影響を網羅的に洗い出すことができます。トップダウン・アプローチでは抜け落ちてしまう気候変動の地域への影響、さらにはそれに対する適応策を、具体的な検討の土俵にのせることができます。

例えば、筆者は岡山県備前市の日生地域で漁師さん10名にインタビュー調査を行ない、同地域の水産業への気候変動の影響を整理しました。漁師さんたちは、気候変動によって増えてきている魚が網にかかっても、市場で売れないために持ち帰りません。漁獲高の統計をみていてもわからない、水産資源の変化は漁師さん達に聞かないとわからないはずです。

第2に、「気候変動の地元学」は、気候変動や適応策に関する地域主体の認知や行動意図を高める機会となります。参加者は気候変動の地域への影響を知ることで、気候変動が地球規模の将来の影響ではなく、現在、進行している地域の課題あるいは自分の課題として捉えます。そして、適応策を話し合うことにより、地域主体が気候変動の問題認知や適応策の行動意図を高めることが期待できます。

白井ら(3)(4)は、気候変動の影響実感が、環境配慮行動あるいはリスク対応行動における阻害側面を解消させることを、アンケート調査により明らかにしました。気候変動の影響実感は、気候変動を（地域課題とは無関係な）地球規模の課題ではなく、地域課題あるいは自分の課題として捉えさせ、緩和行動を促します。また、気候変動が不確実性のある将来リスクではなく、現在、確実に起こっていると実感されれば、適応行動が促されます。

第3に、「気候変動の地元学」では、気候変動の地域への影響だけでなく、それを規定する地域の社会経済的要因の抽出・共有を行います。気候変動の影響は、温度や降雨の変化という気候外力の変化だけでなく、地域の社会経済的要因によって規定されますが、その社会経済的要因の解消が適応策だといえます。この気候変動の影響を規定する地域の社会経済的要因を、地域の状況を理解していない外部専門家が見出すことは困難なため、「気候変動の地元学」が有効です。

例えば、豪雨の頻度が増加し、地区内の側溝から水が溢れる内水氾濫が起こっていますが、地区の過疎化と高齢化による互助による側溝の清掃等の維持管理ができなくなっており、適応策としては「側溝の維持管理ができなくなっている地域コミュニティの弱体化」という社会経済的要因の解消を図ることが重要です。この場合、豪雨でも氾濫しない、維持管理が不要な側溝に付けかえるという対処療法的な適応策もありますが、地域コミュニティの弱体化という根本的治療を行うことが望まれます。社会経済的要因の解消に踏み込んだ適応策への理解と実施を目指すことが、「気候変動の地元学」の特徴です。

（白井信雄）

９・２　「気候変動の地元学」の実践事例

「気候変動の地元学」の実践事例としては、①地球温暖化防止活動推進センターにおける地球温暖化防止活動推進員研修等で実施したもの、②神奈川県相模原市の藤野地区で実施し、自助・互助による適応策の立案まで実施したもの、③長野県高森町の市田柿という特産品の適応計画策定を行なったものがあります。

このほか、「気候変動の地元学」と言わずに、地域への気候変動の影響事例を出し合い、適応策を検討するワークショップ等が各地で開催されていますが、筆者は適応策の立案・実践につなげるＣＢＡを行なうことが大事であり、１回きりのワークショップで終わってしまっては不十分だと考えています。

全国各地でボトムアップでの適応策の検討が進行中であり、進行中の取組みが水平方向でネットワーク化されることで、ノウハウを共有していくことが求められます。

以下では、全国各地の取組みの参考になるように、①と②の取組みの成果と課題を紹介します。

●地球温暖化防止活動推進センター等での実施

地球温暖化防止活動推進センターや地方自治体に「気候変動の地元学」の実施を呼びかけました。その結果、２０１５年度に愛知、鳥取、宮崎、沖縄の４県の地球温暖化防止活動推進センターの地球温暖化防止活動推進員研修として実施しました。また、近畿地方環境事務所の事業として滋賀県大津市、兵庫県宝塚市、兵庫県丹波地域の3地域で一般市民を参加者とした「気候変動の地元学」を実施しました。

これらの実践は、2回のワークショップで構成されます。1回目のワークショップでは、気候変動の地域への影響と適応策に関する講演、影響事例の調査票の説明を行いました。講演では、適応策の定義、適応策の必要性と導入状況、適応策の基本的な考え方、良い適応策と悪い適応策、気候変動の地元学の実施例について、説明を行いました。

2回目のワークショップでは、1回目の振り返りとともに、事前に回収した気候変動の影響事例の集計結果を報告し、4~6名のグループに分かれて、検討を行いました。内容は、①影響事例および影響の社会経済的な原因、適応策で追加したいこと、②特に重点的に取り組むべき三つの適応策、③適応策と緩和策に対する行政予算配分の比率とそのように予算を配分する理由について、話し合いを行い、その結果を付箋紙と模造紙を使ってとりまとめて、グループごとに発表をしてもらいました。

この一連の実施において、2回のワークショップの前後での意識変化を把握するために、アンケート調査を実施しました。評価項目ごとに回答を得て、6件法の順序尺度を間隔尺度とみなし、前後の回答結果について、対応のあるt検定を行いました。1回目の前後、2回目の前後、1回目の後と2回目の前、1回目の前と2回目の後について、意識変化を分析した結果から、次のことがいえます（**表1**）。

- 1回目の前後の意識変化では、ワークショップへの参加により「影響認知」「緩和策及び適応策の必要性の支持」「適応策の行動意図」のスコアが有意に高くなりました。
- 2回目の前後の意識変化では、「現在の地域への影響」「将来の地域への影響」「社会

表１　２回のワークショップの前後での意識変化（対応のあるｔ検定）

評価項目			１回目の前後	２回目の前後	１回目後と２回目前	１回目前と２回目後
影響認知	ア	近年、世界・日本に影響がある	0.088 136	0.083 108	0.083　＊＊ 108	−0.162　＊ 74
影響認知	イ	近年、住んでいる地域に影響がある	0.348　＊＊ 135	0.364　＊＊ 74	−0.397　＊＊ 63	0.459　＊＊ 74
影響認知	ウ	将来、世界や日本に影響がある	0.172　＊＊ 134	−0.056 107	−0.188 64	−0.095 74
影響認知	エ	将来、住んでいる地域に影響がある	0.148　＊ 135	0.243　＊＊ 107	−0.359　＊＊ 64	0.189　＊ 74
影響認知	オ	将来、社会経済的要因により脆弱化する	0.552　＊＊ 134	0.257　＊＊ 108	−0.548　＊＊ 62	0.417　＊＊ 72
緩和意図	ア	行政主導の緩和策が必要だ	0.128　＊ 133	0.037 107	−0.169 65	−0.141 71
緩和意図	イ	企業主導の緩和策が必要だ	0.227　＊＊ 132	0.194　＊＊ 108	−0.200 65	0.139 72
緩和意図	ウ	地域や家族等の緩和策が必要だ	0.203　＊＊ 133	0.037 108	−0.231　＊ 65	−0.014 73
緩和意図	エ	一人ひとりの緩和策が必要だ	0.092 131	0.019 108	−0.292　＊＊ 65	−0.181 72
緩和意図	オ	抜本的な緩和策が必要だ	0.174 132	0.102 108	−0.308　＊＊ 65	−0.208　＊ 72
緩和意図	カ	予防的な緩和策が必要だ	0.167 132	0.102 108	−0.246 65	−0.056 72
緩和意図	キ	自分自身で緩和策を心がけたい	0.130 131	0.102 108	−0.292　＊＊ 65	−0.125 72
適応意図	ア	行政主導の適応策が必要だ	0.075 133	0.056 108	−0.123 65	−0.082 73
適応意図	イ	企業主導の適応策が必要だ	0.165　＊ 133	0.065 108	−0.172 64	0.000 73
適応意図	ウ	地域や家族等の適応策が必要だ	0.195　＊＊ 133	0.055 109	−0.138 65	0.068 73
適応意図	エ	一人ひとりの適応策が必要だ	0.144　＊ 132	0.139　＊ 108	−0.185 65	0.000 72
適応意図	オ	抜本的な適応策が必要だ	0.138 130	0.110 109	−0.328　＊＊ 64	−0.194 72
適応意図	カ	予防的な適応策が必要だ	0.115 131	0.110 109	−0.292　＊＊ 65	−0.282　＊ 71
適応意図	キ	自分自身での適応策を心がけたい	0.237　＊＊ 131	0.130　＊ 108	−0.338　＊＊ 65	−0.083 72

注）セルの上段は各項目について表側に該当する平均値の差、下段は該当する回答数。対応のあるｔ検定を行った結果、*** は有意水準１％で有意、* は同５％で有意。平均値の差が正の符号、かつ　* または ** の場合を網掛けしている

経済的要因による脆弱化」といった認知が大きくスコアを上昇させました。ワークショップにおける影響事例の共有や社会経済的要因の改善に踏み込んだ適応策の検討が、これらの認知上昇に効果をあげたといえます。

・1回目後と2回目前の差をみると、7地域ともに、1回目の後に影響事例の調査票への回答を行う期間を設け、1回目と2回目は2～3か月ほど間をあけて実施したことから、「影響認知」「緩和策及び適応策の必要性支持」「緩和策及び適応策の行動意図」とともに、1回目後よりも2回目前のスコアが大幅に下降したことがわかります。1回目の講演による意識変化が定着せずに、時間の経過とともに講演で得られた知識や感覚が薄れたためと考えられます。

・1回目前と2回目後の意識変化をみると、特に、「現在の地域への影響」「社会経済的要因による脆弱化」といった認知が有意にスコアを上昇させています。これらの評価項目では、1回目の前後にスコアを上昇させ、その上昇分が1回目後から2回目前にかけてのリバウンドで相殺されてしまいますが、2回目の前後で再度、スコアを上昇させ、1回目前に対して2回目後のスコアが上昇しています。2回目のワークショップ実施後にこの認知上昇が定着したかどうか不明ですが、2回のワークショップによる認知の向上効果が確認できたといえます。

以上のように、「気候変動の地元学」は、参加者の気候変動に対する意識変化をもたらす効果があることを確認できました。しかし、CBAのプロセスとしてみた場合、「気候変動の地元学」の成果は限定的です。例えば、影響事例および社会経済的な要因の網羅性や科学的な根拠は十分ではありません。また、意識変化は影響認知にみられますが、適応策および緩和策の行動意図の形成については、さらに次のプロセスが必要となります。加えて、1回目と2回目のワークショップの間で意識変化のリバウンドが大きく、2回目以降もリバウンドがあると考えられることから、継続的に適応能力を高めるプロセスを設けて、意識の定着化を図る必要があります。

そこで、「気候変動の地元学」を入口としたＣＢＡのプロセスを設定したのが**図2**になります。図2は、地域適応策の形成と参加者において、気候変動の地域への影響に関する現場知を共有し、（気候変動の影響認知や行動意図を高めるだけでなく、さらに専門的な知識の獲得や取組み姿勢を持つという意味での）適応能力の形成が同時に進行するものとして捉え、対応させています。

現場知と科学知を統合したコンテンツを地域主体で共有し、地域主体の気候変動適応に関する基礎的な知識をさらに獲得したうえで、地域主体自身が行う適応行動計画や地域行政への提案を検討します。それを地域行政が受けとめて、地域行政による気候変動適応の計画を策定という手順となります。

このプロセスは地域主体のアクティブ・ラーニングのプロセスとなります。現場知の共有により、気候変動の影響や適応を地域の課題として捉え、また自分に関わる問題として実感（自分の課題化）します。さらに科学知を得ることで、知識の精緻化を図り、行動計画を策定することで具体的な行動を主体的に捉えなおします。そして、地域行政と連携して、地域における気候変動適応の計画と実施に踏み出します。この「気候変動の地元学」を入口とした気候変動適応コミュニティの形成プロセスは、気候変動リスクに向きあう地域の力（レジリエンス）を高める学びのプロセスであり、持続可能な地域づくり(としてのＥＳＤ(Education for Sustainable Development)）ということもできます。

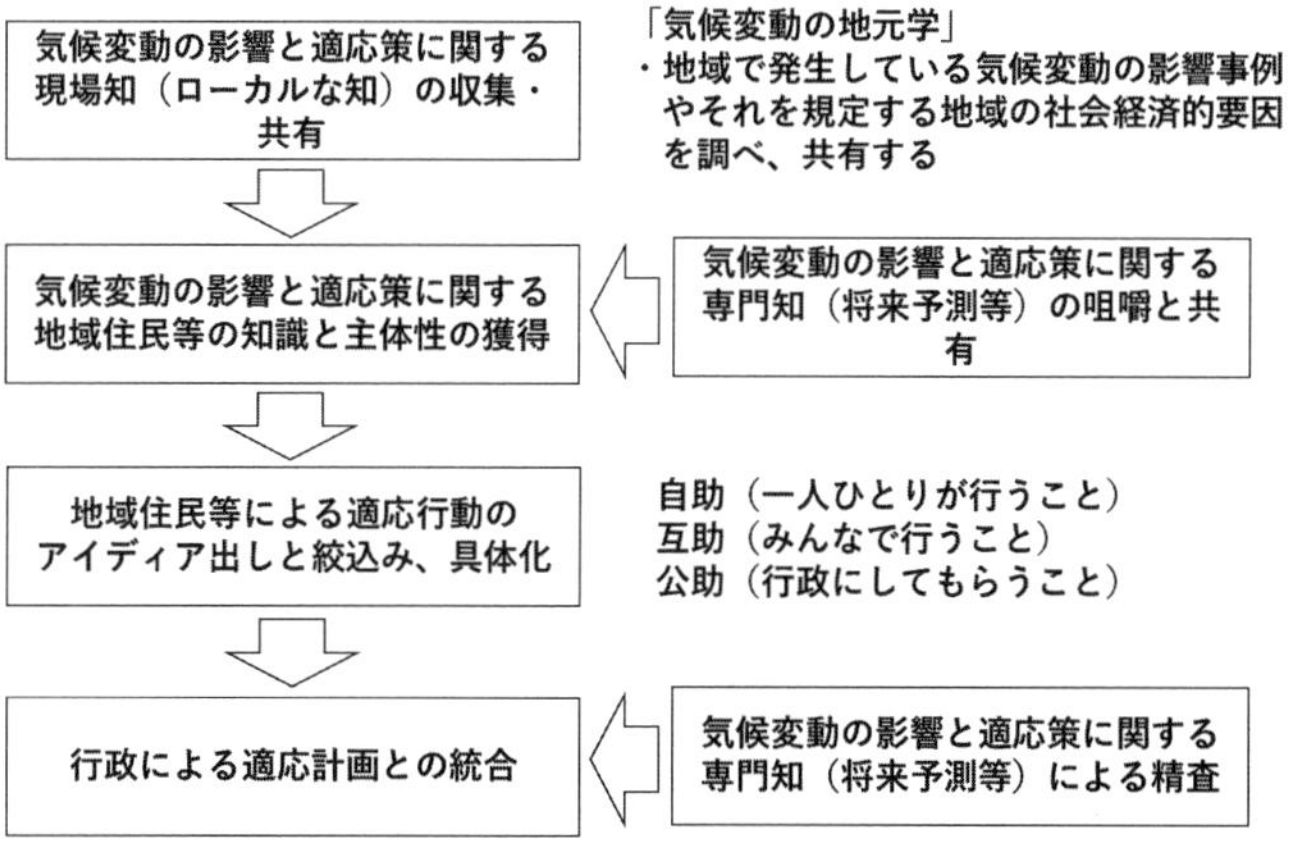

図２　「気候変動の地元学」を入口とした適応策の検討プロセス

●相模原市藤野地区での「気候変動の地元学」と地域での実践

前項に示した検討を踏まえ、「気候変動の地元学」を実践までつなげる試みができる場所を探すなかで出会った地域が相模原市藤野地区です。藤野地区は、パーマ・カルチャーやトランジション・タウンといった社会変革実験の取組みが活発な地域です。これらの活動に惹かれて移住する人が多く、旧住民と融合して、まちづくりを進めています。特に、トランジション・タウンは気候変動とエネルギーの問題を双子の危機として捉えており、このこともあって、「気候変動の地元学」の実践を提案しました。この結果、トランジション・タウンの関係者は移住者が多く、地域への気候変動の影響に詳しいわけではないということになり、同活動の関係者も所属するが旧住民を主体とする「NPO法人ふじの里山くらぶ」が「気候変動の地元学」の実施主体となりました。「気候変動の藤野学」と名づけられた藤野での実践手順を**図3**に示します。この実践において、重要な3点を説明します。

第1に、気候変動への適応行動として、自分たちで行なうこと（自助）とみんなで行なうこと（互助）をテーマに、行政関係者は参加せずに住民だけでワークショップを行ないました。行政にやってほしいこと（公助）はワークショップの最終回のテーマとしました。その際には市の適応策の担当者に、組織を代表しない個人として参加してもらいました。

とかく、行政が行う適応策の検討では、関係部署の適応策を集める作業が中心となり、自助や互助については行政からの期待として抽象的に列挙されることになります。これでは、住民の主体的な取組みは動き出すはずもありません。住民自身が自助と互助による適応行動を考え、実行に移していく流れをつくることが必要です。

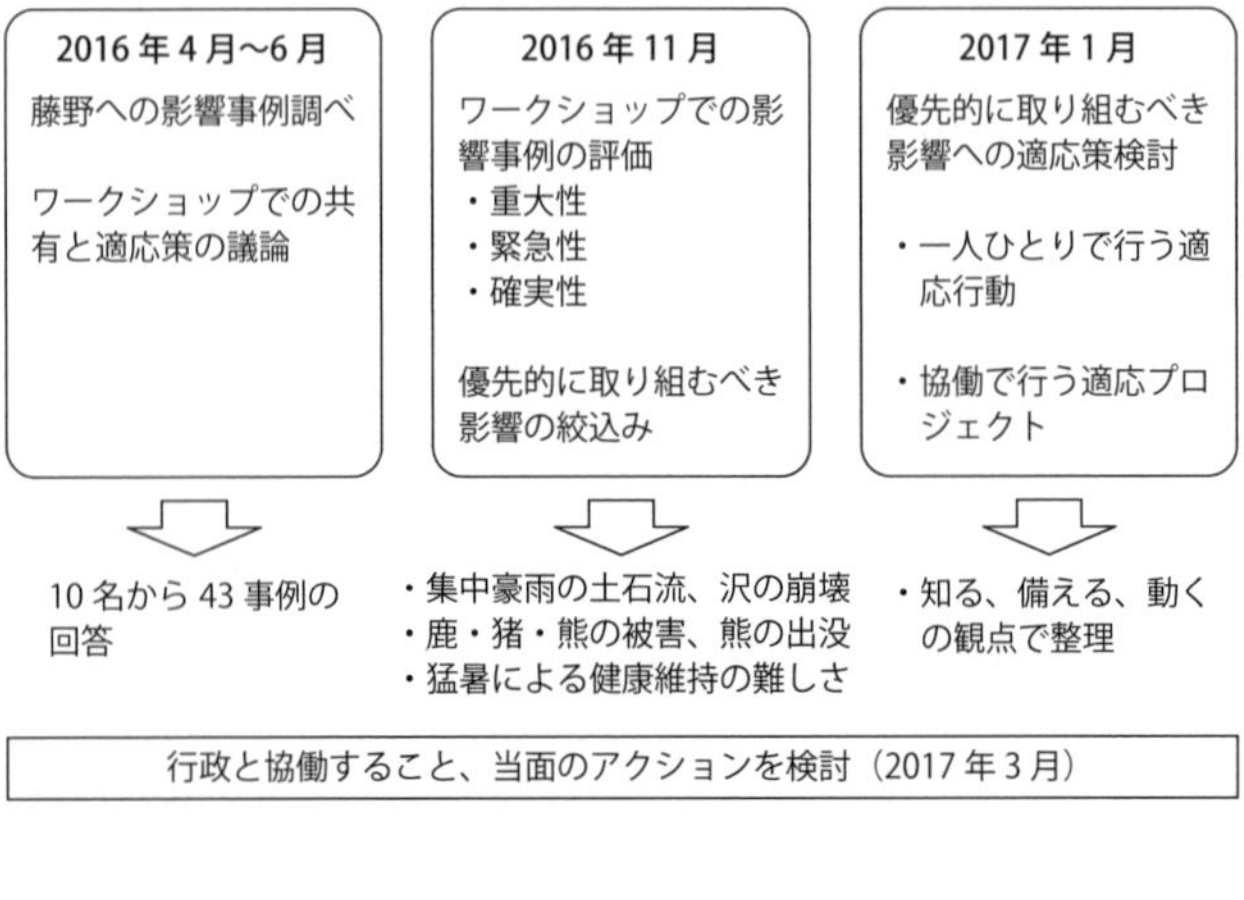

図3　「気候変動の藤野学」の検討手順

また、市の適応策の担当者は、気候変動の影響や適応策の幅広い分野に精通しているわけではなく、直接の担当部署でもないことから、住民へのワークショップに参加しても、踏み込んだ発言をすることができません。そこで、個人として参加してもらい、住民と対等の関係で意見交換をしてもらえるように工夫をしたわけです。

第２に、地元のＮＰＯが主体となり、それをコーディネイトするＮＰＯの中の人がいて、気候変動の地域への影響や適応策という住民にとっては身近とはいえないテーマでのワークショップを積み重ねていくことができました。

そのコーディネイターは企業の人材開発等を仕事としており、ワークショップの運営になれている方でした。外部のコンサルタントや大学の教員がコーディネイターをすることはできますが、やはり住民と同じ立場で日常的に活動をともにしている方がコーディネイターをすることで、住民の本気の検討を引き出すことができたと考えます。

第３に、適応策の理論的枠組みを研究してきた筆者が、ワークショップのデザインについて、コーディネイターと話し合いを行なうとともに、適応策の考え方や検討の枠組みを提供しました。枠組みを提供しないと、従来の防災や熱中症対策の強化だけの検討になってしまい、目新しい内容を打ち出していくことができません。

枠組みの提供において、こだわったのは、追加的適応策を検討しようということです。追加的適応策には二つの側面があります。一つは、気候変動の現在への影響への対策だけでなく、長期的に気候変動が進行することを踏まえた対策です。もう一つは、気候変動の影響は弱いところに発生するため、その弱さを改善するという観点で適応策を検討するということです。

（白井信雄）

9・3　長野県高森町での地域特産品に関する適応計画の策定

長野県南信州の地域ブランドの干柿「市田柿」の産地である長野県高森町において、コミュニティが主導し、気候変動への適応策を検討した事例を報告します。市田柿と本事例の対象地域である高森町の農業の姿を概観し、市田柿への気候変動の影響を整理します。そのうえで、コミュニティが主導した適応計画の作成事例の結果と意義を報告します。

●市田柿と高森町の農業

「市田柿」とは、下市田村（現在の高森町）が発祥で、長野県の飯田・下伊那地域で栽培される渋柿の品種です。市田柿は樹勢が強く、豊産で、ほとんど種子がなく、果実は100グラム程度と小さ目ですが、果肉は橙色で、肉質は極めて緻密です。飯田・下伊那は、品質の良い渋柿が生産できる土壌と、干すのに適した晩秋の気候に恵まれ、市田柿の栽培に適した地域です(7)。

干柿も「市田柿」と呼ばれます。干柿の中では完全に干し上げて作る「ころ柿」です(16)。干柿となった市田柿は、柔らかく、あめ色で、周囲に吹いている白粉は細かく美しく、甘みがあります(7)。干柿である市田柿は、年末の収入となることから、農家の冬のボーナスとも言われます(16)。

「市田柿」という名称は、大正時代に東京などに出荷した際に命名されました。大正時代末期の養蚕業の衰退とともに、桑に代わり市田柿が栽培されるようになりました。戦後、名古屋や東京の中央市場にも出荷されるようになり、生産量・出荷量も増大しました(6)。２００６年に地域団体商標登録制度により「市田柿」が商標登録され、２０１６年には地理的表示（ＧＩ）保護制度にも「市田柿」が登録されました。２０１５年度の全国の干柿生産量５９０４ｔのうち、55％を市田柿が占めており、生柿および干柿ともに市田柿の99％は長野県で生産されています(15)。

●市田柿への気候変動の影響と適応

市田柿への気候変動の影響は、干柿にする段階と生柿の栽培の段階の双方で見られます。市田柿に対する気候変動の影響と、現在行われている対策を白井ら(9)。から整理します。

干柿を干しはじめる11月の気象条件が気温15℃以上、湿度80％以上になると、カビが発生しやすいとされています。その時期の温度上昇などにより、２０１１年と２０１５年には、カビによる大きな被害が発生しました。カビ対策は硫黄燻蒸、設備による湿度・温度調整、予冷庫を用いた干柿の加工時期の調整があります。

柿は発芽時期が遅いため、これまで春先の凍霜害は受けにくいとされてきました。しかし暖冬化により、柿の発芽時期が早まり、凍霜害が発生するようになりました。果樹は積算温度で成長が決まるため、栽培時期が高温になると、収穫時期が早期化します。高温な時期に干さざるを得なくなると、カビの発生などの被害が起こりやすくなります。

予冷庫で柿を保存するという対策があるものの、それを購入するには多額の費用がかかります。

●コミュニティ主導での適応計画の作成方法

２０１７年度から２０１８年度にかけて、長野県高森町において同町と法政大学が共同でコミュニティ主導による市田柿に関する気候変動の適応計画の作成を行いました。なお高森町と法政大学は２０１７年5月に市田柿への気候変動の適応に関する検討を共同で進める協定を締結しています。

法政大学と高森町が連携して行った高森町における適応に関する活動を**図4**に示します。２０１５年度には、市田柿の生産農家や農業試験場、ＪＡ等へのインタビュー調査を行い、市田柿への気候変動の影響に関する情報を収集しました。２０１６年度には、市田柿生産農家にアンケートを行い、市田柿の気候変動への適応に関する農家の課題を把握しました。２０１７年度から２０１８年度はコミュニティ主導による適応計画の作成を行いました。２０１７年度から２０１８年度にかけて、適応に関するアイディアを洗い出すことを主目的として「将来の気候変動を見通した市田柿の対策（適応策）のアクションを考えるワークショップ」（以下、ワークショップ）を計4回開催しました。その後、２０１８年度には、アクションの体系化と重点的なアクションの絞り込み、５Ｗ１Ｈの具体化を行う「将来の気候変動を見通した市田柿の対策（適応策）の計画策定ワーキング」（以下、ワーキング）を計2回開催しました。そして２０１９年には、適応計画を決め、町内に広報するためにシンポジウムを開催し、ケーブルテレ

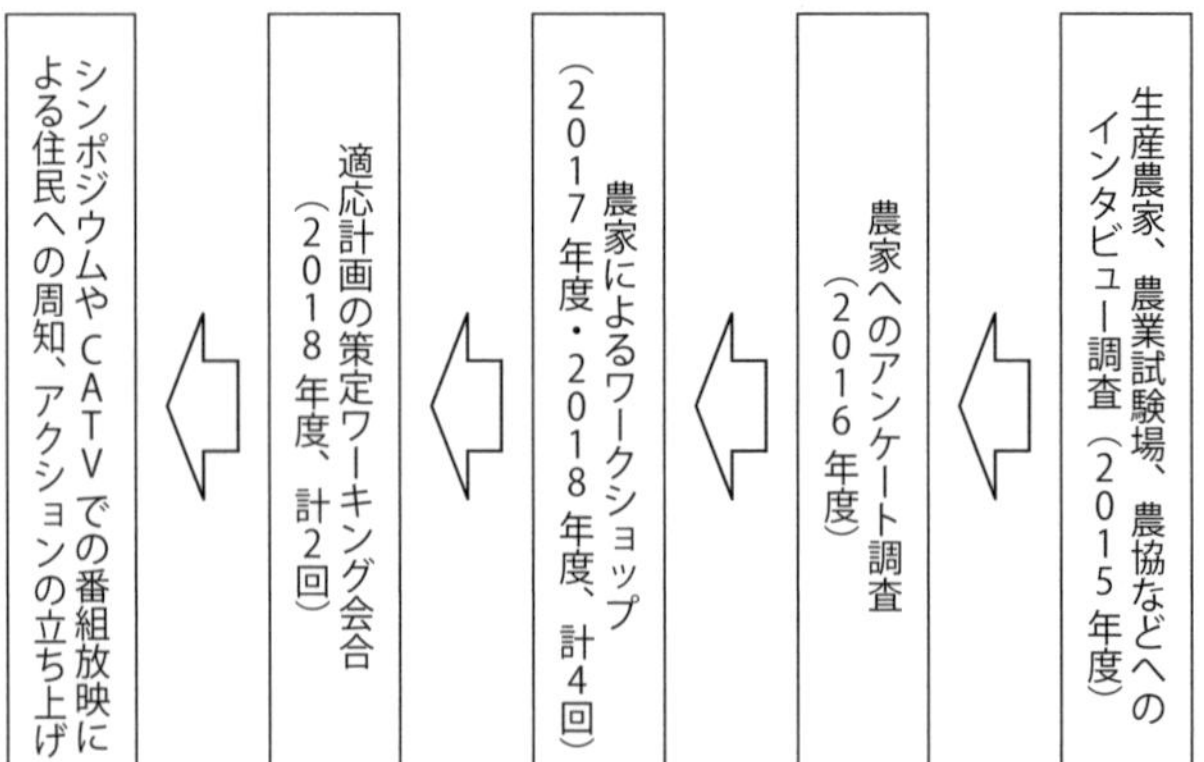

図4　高森町における活動の流れ

ビの番組を作成し、地域に情報提供を行いました。今後、具体的なアクションを可能なものから始めることとなっています。

コミュニティ主導による適応計画の策定の中心となったワークショップとワーキングの活動を紹介します。ワークショップは、地域における適応に関するアイディアを洗い出すために、市田柿生産者、ＪＡみなみ信州、南信州農業改良普及センター、南信農業試験場などの市田柿生産の関係者だけでなく、商工関係者、高校生、大学生などのさまざまな職業の10歳代から70歳代の男女、約65名の参加を得て、２０１７年７月（１回）、同９月（１回）、２０１８年５月（２回）の計4回開催しました。

ワーキングは、２０１８年８月、２０１８年10月の計2回、高森町役場内の会議室で開催しました。ＪＡみなみ信州、南信州農業改良普及センター、南信農業試験場、市田柿生産農家などの市田柿生産の専門家に加え、高森町職員など20名が参画しました。第１回のワーキングで、市田柿の適応策に関するアイディアに追加がないかを確認し、第２回のワーキングで、優先すべきアイディアについて革新性、協働性の観点から評価を行いました。ここでの革新性とは、新しいだけでなく、すでに行っていても将来的な伸び代があることとし、協働性とは、地域が一緒のやったほうが良いこととしました。その後、ワーキングのメンバーが担当する内容について、５Ｗ１Ｈの具体化を行いました。

そして２０１９年8月に高森町の「将来の気候変動を見通した市田柿の適応策計画推進協議会」において、策定された適応策が審議され、「将来の気候変動を見通した市田柿の気候変動の適応策」が決まりました。

この実践では、次の3点を重視しました（**表2**）。

表２　高森の事例で重視した、これまでの対策と新たに考えるべき対策

これまでの対策の状況	新たに考えるべき対策（例）
現在、進行している気候変動に対する対策の強化	長期的に進行する気候変動（高温化や豪雨の増加など）を見通した対策 ・標高の高いところへの移転　など
設備投資の負担や手間のかかる対策	より効率的で効果的な対策 ・ノウハウの共有、技術支援　など
農家が個別に実施	地域協働で実施 ・農家の経営連携、集団営農化　など
市田柿の生産だけに限定	経営の工夫、市田柿の高付加価値化 ・消費者との協働、6 次産業化　など
稼ぎのためで、楽しいとはいえない、後継者がいない	生産を楽しむことができる、後を継ぎたいと若い人が思える

1点目は「共助」です。品種改良やインフラの整備といった公的な機関が中心となって行う「公助」、個別の農家による「自助」に加え、この実践では地域住民がお互いに協力することで適応能力を強化するという「共助」の考え方を重視しました。例えば、個別の農家が持つ、極端な気象減少の影響を受けにくい優れた技術を、新規参入してきた農家が共有できるようにする取組みが挙げられます。

2点目は、長期的な変化を見通した取組みの重視です。現在の適応策は、すでに顕在化している影響への対策が中心ですが、この実践では50年後、100年後に地域で起こる変化を示し、それに向けた準備を今から始めるという視点を重視しました。例えば長期的な進行に対して、市田柿の生産場所を気温の低い、標高の高い場所に移転する準備を今から始めるという方法です。

3点目は、地域の社会・経済的側面の重視です。経済面では農家間での共同経営、農家と消費者の連携、生産から販売までを含めた高付加価値化が挙げられます。社会面では、農家が生産を続けるために重要な影響を与える要素を重視しました。市田柿の場合には白井ら(5)により、楽しさという視点が市田柿生産の継続性に大きな影響を与えることがわかっています。市田柿を生産する技術に加え、生産を続けたいという思いを引き出す、社会的側面を重視しました。

これらの視点の重視は、将来予測と品種改良やインフラ整備に加え、地域の適応能力を強化するためには地域住民がお互いに助け合い、将来に向けた準備を始め、環境・社会・経済のすべての側面を重視することが重要だと考えられたためです。

●コミュニティ主導で作成された適応策

表3にワークショップおよびワーキングから絞り込まれた対策と中長期的な実施方針との対応を整理します。出されたアイディアは、大きくは「1 柿の栽培・加工技術の改善」「2 生産・経営形態の改善」「3 市田柿を活かす地域づくり」の三つに分類されます。

「1 柿の栽培・加工技術の改善」は、短期的な活動、および中長期を先取りして現在進めるべき活動です。栽培される市田柿の影響を緩和するために、現在の栽培技術を改善し（表中の「従来の栽培技術の改善」）、さらに今後の気候変動の進行に備え、「革新的な栽培技術の開発・導入」「革新的な加工技術の導入」を、農業試験場といった専門的な機関が主導して進めます。栽培・加工に関する情報が農家間で十分に共有されていないという問題があることがわかったため、「生産・加工技術の共有」を高森町役場や長野県が連携し、進めることになりました。

「2 生産・経営形態の改善」は、中長期的な高温化に備え、経営基盤を強化するために、今から徐々に準備をすべき対策が中心です。生産農家の中には経営規模が小さく、単独では加工や出荷、経営の改善にかけられる労力も資金力も十分ではない世帯もあります。そのため、大規模な経営体と個別農家が連携することで、経営基盤を強化する「会社組織による共同加工・共同経営」を進めることになりました。それ

表3　絞り込んだ対策と短期的及び中長期的な視点からの実施方針との対応

大分類	中分類	小分類	時期の方針
1 柿の栽培・加工技術の改善	1.1 生柿の栽培の改善	1.1.1 従来の栽培技術の改善	中長期を先取りする新たな方法の開発・試行による備え
		1.1.2 革新的な栽培技術の開発・導入	
	1.2 干柿の加工の改善	1.2.1 革新的な加工技術の開発・導入	
	1.3 技術の蓄積・共有	1.3.1 生産・加工技術の共有	当面の高温化に対する従来の対策の強化と改善・普及
		1.3.2 経営規模を考慮した情報の共有	
2 生産・経営形態の改善	2.1 生産・出荷の共同化	2.1.1 会社組織による共同加工・共同経営	中長期的な先を見越した基盤づくりの漸進
		2.1.2 農家間での共同加工・共同経営・共同出荷	
	2.2 新たなビジネスモデルの構築	2.2.1 より買ってもらいやすい商品開発	
3 市田柿を活かす地域づくり	3.1 高森での体験の工夫	3.1.1 高森に来て食べてもらう工夫	
	3.2 若手生産者への支援		

と同時に小規模な世帯間が水平的に連携し、経営基盤の強化を目指す「農家間での共同による加工・経営・出荷」も行います。市田柿については、若い世代は食べていないのではないか、価格が高いのではないか、という意見がワークショップでも出ていたことから、「より買ってもらいやすい商品の開発」をＪＡが主導して進めることとなりました。

「３ 市田柿を活かす地域づくり」は、中長期的な先を見通した市田柿生産の基盤を作るために徐々に進める対策です。まずは高森に来て、食べてもらいたい、という市田柿生産農家の思いに応え、地域の資源を生かした「高森に来て食べてもらう工夫」を進めることとなっています。高齢化により市田柿生産を担う人口が減少していることから、若者や退職者も含めた新規参入者を呼び込むために、「若手生産者への支援」も行います。

●高森町における適応策策定の意義

高森町で策定した市田柿に関する気候変動への適応策の特徴は、技術的な側面に加え、経営形態の改善や地域づくりといった、地域固有の課題解決に資する取組みも、適応策として位置づけたことにあります。高森町では今後、人口減少と高齢化が進行し、後継者がいない農家が多いことから生産者が減少し、後継者の確保が課題となるという課題があります。さらに、２０１６年度に実施した市田柿生産農家へのアンケート(9)から、市田柿の生産が農家の負担になっているなかで、市田柿の生産の楽しさを向上させることが、気候変動が進行するなかでの農家の経営意欲を維持、増大させるうえで重要だという教訓も踏まえています。従来の適応策の検討は、単体の対策技術が中心ですが、本事例では生産・経営形態の改善や産地・地域づくりに踏み込んだ適応策を具体化することができました。そのため地域の適応能力を高める適応策の検討プロセスの実践例であるとともに、経営や地域の課題と適応策の同時解決という、適応策の新たな枠組みを提供するものとして意義を持つものと考えています。

ほかにも意義があります。コミュニティを基盤とした適応は多様な利害、状況、社会文化的背景、地域の人々が持つ期待などを適応計画に統合させることで、適応策の有効性が向上します(12)。また適応策には、地域性への配慮が欠かせず(10)、影響を受けやすい集団を考慮し、ジェンダーに配慮し、参加型で、透明性のあるプロセスで検討され、社会経済および環境に関する政策に組み込んでいくことが必要とされています(14)。高森町の事例は、気候変動の影響を受ける地域ブランド「市田柿」を対象とし、男女が参加した会合で検討を行い、結果を町内にオープンに知らせ、経営や地域づくりなどの地域の将来像のあり方に、気候変動への適応策を統合するという活動を行いました。そのため地域における適応策の有効性を高めたことも期待できます。

気候変動適応法は、地域の適応能力の強化を目指しています。適応に関する能力とは、「変化に合わせて新しいシステムを作り出すアクターの潜在能力」(11)とする定義もあります。この能力を向上させるカギは、多くの関係する人々が参加した学習、情報共有、意思決定の強化です(13)。本事例は、市田柿生産者、行政、研究・技術開発機関だけでなく、高校生や大学生などの若者、商工関係者などのさまざまな職業、性別、年齢の人たちが参加し、市田柿に関する影響について学習し、適応策に関する情報を共有し、優先度を付けるという意思決定を行いました。そのため高森町の適応能力向上をもたらした可能性もあります。

ただし課題も残されています。優先度の高い適応策を整理し、計画を策定しましたが、アクションを具体化する際には、行政の予算措置、加工に関する研究・技術開発機関との新たな連携構築、農家による自発的アクションを支援する体制など、多くの工夫と調整が必要です。しかし、町として地域固有の資源に着目した適応策の策定という先進的な取組みを、役場、農家、農協、試験場、若者が地域ぐるみで進めた高森町は、気候変動というピンチをチャンスに変える入口に、いち早く立ったことは間違いありません。

（中村　洋）

《参考文献》

（1）白井信雄「地域に期待される気候変動適応と取組状況、次なる課題」『環境管理』第52巻第9号、30～34頁、2016

（2）吉本哲郎「地域から変わる日本 地元学とは何か」『2001年現代農業増刊号』195頁、2001

（3）白井信雄・馬場健司・田中　充「気候変動の影響実感と緩和・適応に係る意識・行動の関係～長野県飯田市住民の分析」『環境科学会』第27巻第3号、127～141頁、2014

（4）白井信雄・田中　充・青木えり「気候変動への緩和・適応行動の意識構造の分析―地域における気候変動学習のために―」『環境教育』第25巻第2号、62～71頁、2015

（5）白井信雄・田中　充・中村　洋「『気候変動の地元学』の実証と気候変動適応コミュニティの形成プロセスの考察」『環境教育』第27巻第2号、62～73頁、2017

（6）市田柿の由来研究委員会「市田柿のふるさと―誕生から今日までの歴史をふりかえる」高森町、全49頁、2009

（7）岡田　勉「柿の文化誌」南信州新聞社、全263頁、2004

（８）高森町「将来を見通した適応策を策定」『広報たかもり』２０１９年11月号、４～５頁、２０１９
（９）白井信雄・中村　洋・田中充「気候変動の市田柿への影響と適応策：長野県高森町の農家アンケートの分析」『地域活性研究』第９巻、２０１８
（10）三村信雄「地球温暖化対策における適応策の位置づけと課題」『地球環境』第11巻第１号、１０３～１１０頁、２００６
（11）Chapin F.S., Lovecraft A.L., Zavaleta E.S., Nelson J, Robards M.D., Kofinas G.P., Trainor S.F., Peterson G.D., Huntington H.P. and Naylor R.L.: Policy strategies to address sustainability of Alaskan boreal forests in response to a directionally changing climate, Proceedings of the National Academy of Sciences of the United States of America, 103, pp.16637-16643, 2006.
（12）IPCC : limate change 2014; Impacts, adaptation, and vulnerability. Summary for policy makers, Working group II contribution to the fifth assessment report of the Intergovernmental Panel on Climate Change, 32pp, 2014.
（13）Pahl-Wostl C.: A conceptual framework for analysing adaptive capacity and multi-level learning processes in resource governance regimes, Global Environmental Change, Vol.19, No.3, pp.354-365, 2009.
（14）UNFCCC: Paris agreement, United Nations Framework Convention on Climate, 25pp, 2015.
（15）農林水産省「特産果樹生産動態等調査結果」Ｗｅｂサイト、www.maff.go.jp/j/tokei/kouhyou/tokusan_kazyu/（２０１８年11月５日アクセス）
（16）ＪＡみなみ信州Ｗｅｂサイト、www.ja-mis.ijan.or.jp/（２０１８年11月５日アクセス）

おわりに

2020年は、新型コロナウイルス感染症により、私たちのライフスタイルやワークスタイルが大きな変革を迎えた年でした。日本では、世界と比べて検査陽性者数や死者数が十分に少なく抑えられてきたとはいえ、今後もそのように推移するかどうかは予断を許さない状況ですし、産業経済活動のリカバリー（グリーンリカバリー）や危機的事態における意思決定・政策決定のあり方など多くの課題がつきつけられています。私たちが十分にうまく対応できた・できるかどうかは、後世の評価を待つしかありませんし、それぞれが可能な選択肢の中からニューノーマルへと適応するため行動変容を起こした結果、どのような社会が到来するのか十分に見通せていない状況にあります。ただ、本書で述べられてきた視点からすると、リスクに係わる科学的知見に基づいた政策決定がなされたのか（エビデンスベース政策形成：ＥＢＰＭ）という点は非常に重要であり、本書で述べてきたＥＢＰＭの阻害要因がコロナ禍でも繰り返されている可能性がありそうです。

私たちのリスクに対する意識は、多くの場合、長続きしませんし、より恐ろしいと感じるイベントが発生するとそれにより更新されるのが常です。コロナ禍以前はどのようなリスクに直面していたでしょうか。むろん完全に忘れ去ることはありませんが、随分昔のことのように色褪せてみえる人も少なくないのではないでしょうか。

人間には、たとえ異常な事態に遭遇しても、「正常の範囲」と誤認し、対応を誤る心理的傾向（正常性バイアス）があることが広く知られています。また、これを助長するものとして、周りの人と同じ動きをしていれば安心（多数派同調）という心理や、不都合な情報を遮断、過小評価することで自分を正当化しようとする心理（認知的不協和の解消）も挙げられます。例えば、ハザードマップをみて「自分の家は危険な場所にある」と理解したとしても、すぐに引っ越すのは難しく、「自分だけは危険な目に遭わない」「この地域は大丈夫、誰も逃げようとしていない」などと思うことで、精神的な安定を得ようとします。現に起きている災害でもこのような心理が働くときに、ましてや50年後、１００年後の気候変動影響とそのリスクについて「自分事」として対応する術をみつけるのはなかなか難しいところです。

本書で紹介してきた各種の社会技術は、このように一例として挙げられる難点を少しでも克服して、気候変動に適応する社会を具現化することを意図して、それぞれの著者が開発し、実践してきたものです。これらに概ね共通する要諦は、気候変動リスクと、それ以上に深刻な地域社会が抱えるリスクとを結びつけて、多重（マルチプル）リスクへ対応することにあるといえます。

一方で、２０５０年ゼロカーボンシティを表明した自治体の人口カバー率は、２０２１年8月で1億1千万人を超えています。今後、30年後を見据えた地域脱炭素ロードマップに沿って、各自治体で緩和策が強化されることが見込まれます。本来は地球規模で温室効果ガスの排出を削減するという利他的な側面の強い緩和策と、地域固有の影響へ対応し自身の生命・財産を守る利己的な側面に帰着する適応策のシナジー、そしてグリーンリカバリーがより一層求められます。

私たちが生活する地域社会からすれば、気候変動はあくまで入口であり、気候モデルや影響評価といった科学的知見は、どのような社会が到来するのかを見通すための見取り図の一つとして活用し、ほかのリスクについても予測や過去の経験から見通しを得て、脱炭素社会を実現し、気候変動に適応する長期的な地域社会づくりの戦略を検討していくことが肝要といえるでしょう。

馬場健司

執筆者一覧

稲葉久之　フリーランスファシリテーター・東京都市大学　5・2節、7・2節
岩見麻子　熊本県立大学　1・3節、5・2節、5・3節、5・4節、5・5節、7・2節、8・1節
内田東吾　一般社団法人イクレイ日本　1・4節
大西弘毅　みずほリサーチ&テクノロジーズ　1・3節、3章、4章
小楠智子　日本気象協会　1・3節
川原博満　関東地方環境事務所　2・2節
木村道徳　滋賀県琵琶湖環境科学研究センター　2・4節、5・4節、5・5節、7・3節
工藤泰子　日本気象協会　1・3節、6章
小杉素子　静岡大学　8章
嶋田知英　埼玉県環境科学国際センター　2・5節
白井信雄　山陽学園大学　9・1節、9・2節
田中博春　法政大学／成蹊中学高等学校　4・2節、6章
田中　充　法政大学　はじめに、1・1節、1・2節、1・3節、2・1節、4章、6章、7・2節、8・2節
田村　誠　茨城大学　2・7節
中村　洋　山口東京理科大学　9・3節
馬場健司　東京都市大学／法政大学　1・2節、1・3節、1・4節、4章、5・1節、6章、7・1節、7・2節、7・4節、8章、おわりに
浜田　崇　長野県環境保全研究所　2・3節
原田守啓　岐阜大学　2・6節
増原直樹　兵庫県立大学　5・3節
松井孝典　大阪大学　5・5節
吉川　実　みずほリサーチ&テクノロジーズ　1・3節、3章、4章
渡邊　茂　日本気象協会　6章

（五十音順）

索　引

気候変動適応に向けた
地域政策と社会実装

定価はカバーに表示してあります。

2021年10月5日　1版1刷発行　　ISBN978-4-7655-3478-9 C3030

編著者　田中　充
　　　　馬場健司
発行者　長滋彦
発行所　技報堂出版株式会社
〒101-0051　東京都千代田区神田神保町1-2-5
電　話　営　業（03）（5217）0885
　　　　編　集（03）（5217）0881
　　　　F A X（03）（5217）0886
振替口座　00140-4-10
U R L　http://gihodobooks.jp/

日本書籍出版協会会員
自然科学書協会会員
土木・建築書協会会員

Printed in Japan

装丁：田中邦直　印刷・製本：愛甲社